电焊机

结构与维修

全程图解

张能武 主编

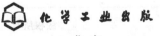
化学工业出版社

·北京·

图书在版编目（CIP）数据

电焊机结构与维修全程图解/张能武主编. —北京：
化学工业出版社，2018.3（2025.6 重印）
ISBN 978-7-122-31389-8

Ⅰ.①电… Ⅱ.①张… Ⅲ.①电弧焊-焊机-结构-图
解②电弧焊-焊机-维修-图解　Ⅳ.①TG434-64

中国版本图书馆 CIP 数据核字（2018）第 012459 号

责任编辑：曾　越　张兴辉　　　　　文字编辑：陈　喆
责任校对：王　静　　　　　　　　　装帧设计：刘丽华

出版发行：化学工业出版社（北京市东城区青年湖南街 13 号　邮政编码 100011）
印　　装：北京科印技术咨询服务有限公司数码印刷分部
880mm×1230mm　1/32　印张 9　字数 289 千字
2025 年 6 月北京第 1 版第 9 次印刷

购书咨询：010-64518888　　　　　　售后服务：010-64518899
网　　址：http://www.cip.com.cn
凡购买本书，如有缺损质量问题，本社销售中心负责调换。

定　　价：48.00 元

前言
FOREWORD

焊接技术被广泛应用于机械制造、船舶、车辆、建筑、航空、航天、电工电子、化工机械、矿山等各个行业。而电焊机是焊接工作的动力源，是焊接中必不可缺的设备。为了使初学者快速掌握电焊机维修技术，特编写本书。

本书在编写过程中理论内容尽量少而通俗易懂，注重维修技能；书中使用名词、术语、标准等均贯彻了最新国家标准。本书在内容组织和编排上强调实用性和可操作性，从电焊机维修工必须掌握的基础知识入手，深入浅出地对不同的电焊机维修技术进行了讲解，力求能满足焊接人员入门和提高的需要，实用性强。

本书共分六章，内容主要包括：电焊机维修基本知识，电焊机电路与元器件的识读与维修，通用电焊机的结构与维修，点焊机、对焊机和缝焊机的结构与维修，氩弧焊机和埋弧焊机的结构与维修，CO_2 半自动电焊机和切割机的结构与维修等知识。

本书可供从事电焊机维修工作的技术人员阅读，也可供具有一定经验的焊工及焊接技术人员参考。

本书由张能武主编。参加编写的人员还有：陶荣伟、周文军、过晓明、薛国祥、张道霞、许佩霞、邱立功、王荣、陈伟、刘文花、杨小荣、余玉芳、张洁、胡俊、刘瑞、吴亮、王春林、邓杨、张茂龙、高佳、王燕玲、李端阳、周小渔、张婷婷。我们在编写过程中得到了江南大学机械工程学院、江苏机械学会、无锡机械学会等单位的大力支持和帮助，在此表示感谢。

由于时间仓促，编者水平有限，书中不足之处在所难免，敬请广大读者批评指正。

编　者

目录
CONTENTS

第一章

电焊机维修基本知识

第一节 | 电焊机的分类、型号及特点

一、电焊机的分类与型号编制

1. 焊接设备的分类

目前焊接设备的主要分类如图 1-1 所示。

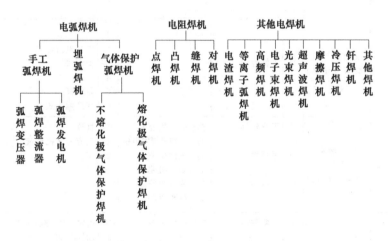

图 1-1 焊接设备的主要类型

2. 电焊机型号及代表符号

(1) 电焊机型号的编制排列秩序见图 1-2。

(2) 特殊环境的代表字母见表 1-1。

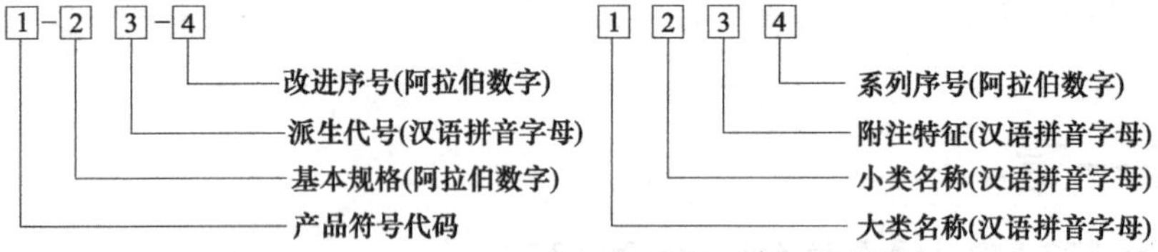

(a) 产品型号　　　　　(b) 产品符号代码

图1-2　电焊机型号的编制排列秩序

表1-1　特殊环境的代表字母

特殊环境名称	代表字母	特殊环境名称	代表字母
热带	T	高原	G
湿热带	TH	水下	S
干热带	TA		

（3）电焊机分类名称及代表符号见表1-2、表1-3。

表1-2　电焊机产品符号代码（GB/T 10249—2010）

产品名称	第一字母		第二字母		第三字母		第四字母	
	代表字母	大类名称	代表字母	小类名称	代表字母	附注特征	数字序号	系列序号
电弧焊机	B	交流弧焊机（弧焊变压器）	X	下降特性	L	高空载电压	省略	磁放大器或饱和电抗器式
							1	动铁芯式
			P	平特性			2	串联电抗器式
							3	动圈式
							4	
							5	晶闸管式
							6	变换抽头式
	A	机械驱动的弧焊机（弧焊发电机）	X	下降特性	省略	电动机驱动	省略	直流
					D	单纯弧焊发电机	1	交流发电机整流
			P	平特性	Q	汽油机驱动	2	交流
					C	柴油机驱动		
			D	多特性	T	拖拉机驱动		
					H	汽车驱动		
	Z	直流弧焊机（弧焊整流器）	X	下降特性	省略	一般电源	省略	磁放大器或饱和电抗器式
							1	动铁芯式
					M	脉冲电源	2	
							3	动线圈式
			P	平特性	L	高空载电压	4	晶体管式
							5	晶闸管式
							6	变换抽头式
			D	多特性	E	交直流两用电源	7	逆变式

续表

产品名称	第一字母 代表字母	大类名称	第二字母 代表字母	小类名称	第三字母 代表字母	附注特征	数字序号	第四字母 系列序号
电弧焊机	M	埋弧焊机	Z	自动焊	省略	直流	省略	焊车式
							1	
			B	半自动焊	J	交流	2	横臂式
			U	堆焊	E	交直流	3	机床式
			D	多用	M	脉冲	9	焊头悬挂式
	N	MIG/MAG焊机(熔化极惰性气体保护弧焊机/活性气体保护弧焊机)	Z	自动焊	省略	直流	省略	焊车式
			B	半自动焊			1	全位置焊车式
					M	脉冲	2	横臂式
			D	点焊			3	机床式
			U	堆焊			4	旋转焊头式
					C	二氧化碳保护焊	5	台式
			G	切割			6	焊接机器人
							7	变位式
	W	TIG焊机	Z	自动焊	省略	直流	省略	焊车式
			S	手工焊	J	交流	1	全位置焊车式
							2	横臂式
			D	点焊	E	交直流	3	机床式
							4	旋转焊头式
			Q	其他	M	脉冲	5	台式
							6	焊接机器人
							7	变位式
							8	真空充气式
	L	等离子弧焊机/等离子弧切割机	G	切割	省略	直流等离子	省略	焊车式
					R	熔化极等离子	1	全位置焊车式
			H	焊接	M	脉冲等离子	2	横臂式
					J	交流等离子	3	机床式
			U	堆焊	S	水下等离子	4	旋转焊头式
					F	粉末等离子	5	台式
			D	多用	E	热丝等离子	8	手工等离子
					K	空气等离子		
电渣焊接设备	H	电渣焊机	S	丝板				
			B	板极				
			D	多用极				
			R	熔嘴				
	H	钢筋电渣压力焊机	Y		S	手动式		
					Z	自动式		
					F	分体式		
					省略	一体式		
电阻焊机	D	点焊机	N	工频	省略	一般点焊	省略	垂直运动式
			R	电容储能	K	快速点焊	1	圆弧运动式
			J	直流冲击波			2	手提式
			Z	次级整流			3	悬挂式
			D	低频				
			B	逆变	W	网状点焊	6	焊接机器人

产品名称	第一字母		第二字母		第三字母		第四字母	
	代表字母	大类名称	代表字母	小类名称	代表字母	附注特征	数字序号	系列序号
电阻焊机	T	凸焊机	N R J Z D B	工频 电容储能 直流冲击波 次级整流 低频 逆变			省略	垂直运动式
	F	缝焊机	N R J Z D B	工频 电容储能 直流冲击波 次级整流 低频 逆变	省略 Y P	一般缝焊 挤压缝焊 垫片缝焊	省略 1 2 3	垂直运动式 圆弧运动式 手提式 悬挂式
	U	对焊机	N R J Z D B	工频 电容储能 直流冲击波 次级整流 低频 逆变	省略 B Y G C T	一般对焊 薄板对焊 异形截面对焊 钢窗闪光对焊 自行车轮圈对焊 链条对焊	省略 1 2 3	固定式 弹簧加压式 杠杆加压式 悬挂式
	K	控制器	D F T U	点焊 缝焊 凸焊 对焊	省略 F Z	同步控制 非同步控制 质量控制	1 2 3	分立元件 集成电路 微机
螺柱焊机	R	螺柱焊机	Z S	自动 手工	M N R	埋弧 明弧 电容储能		
摩擦焊接设备	C	摩擦焊机	省略 C Z	一般旋转式 惯性式 振动式	省略 S D	单头 双头 多头	省略 1 2	卧式 立式 倾斜式
	搅拌摩擦焊机		产品标准规定					
电子束焊机	E	电子束焊枪	Z D B W	高真空 低真空 局部真空 真空外	省略 Y	静止式电子枪 移动式电子枪	省略 1	二极枪 三极枪
光束焊接设备	G	光束焊机	S	光束			1 2 3 4	单管 组合式 折叠式 横向流动式
	G	激光焊机	省略 M	连续激光 脉冲激光	D Q Y	固体激光 气体激光 液体激光		

续表

产品名称	第一字母		第二字母		第三字母		数字序号	第四字母
	代表字母	大类名称	代表字母	小类名称	代表字母	附注特征		系列序号
超声波焊机	S	超声波焊机	D F	点焊 缝焊			省略 2	固定式 手提式
钎焊机	Q	钎焊机	省略 Z	电阻钎焊 真空钎焊				
焊接机器人	产品标准规定							

表 1-3 附加特征名称及其代表符号

大类名称	附加特征名称	简称	代表符号
弧焊发电机	同一轴电动发电机组 单一发电机 汽油机拖动 柴油机拖动	单 汽 柴	D Q C
弧焊整流器	硒整流器 硅整流器 锗整流器	硒 硅 锗	X G Z
弧焊变压器	铝绕组	铝	L
埋弧焊机	螺柱焊	螺	L
明弧焊机	氩 氢 二氧化碳 螺柱焊	氩 氢 碳 螺	A H C L
对焊机	螺柱焊	螺	L

二、电焊机的特点

电焊机的特点见表 1-4。

表 1-4 电焊机的特点

类型	特　　点
直流电焊机	直流电焊机(直流焊接电源)有如下多种形式: ①用交流电源给电动机供电,电动机再驱动直流发电机发电,产生焊接需要的直流电源,这种形式已淘汰 ②用三相变压器降压、二极管整流,用磁放大器(可控饱和电感)控制电流,可作为各种弧焊方法的电源,这种形式几乎淘汰 ③用三相变压器降压,用晶闸管可控整流。和第二种形式相似,这种形式的比较多 ④三相交流电源用二极管整流、电解电容滤波得到高电压的直流电,用 IGBT 或 MOSFET 将直流电逆变成高频交流电,经过高频变压器降压后用二极管整流为低压直流电。这种形式取消了体积大、重量大、材料多的工频变压器,它具有高效节能、重量轻、体积小、功率因数高等优点,可应用于各种弧焊方法,非常适合建筑等高空作业、移动作业 如果再将直流焊机直流输出用 IGBT 或 MOSFET 将直流电变换为 100～200Hz 的方波交流电,则既可以输出交流电,又可以输出直流电。交流电的正反向电流比例还可以调节,这就是矩形波交流弧焊电源。由于输出电流过零点时间短,与 50Hz 工频交流弧焊电源比,电弧稳定性好,适合于铝及铝合金钨极氩弧焊
手工电弧焊	手工电弧焊是利用焊条与工件之间建立起来的稳定燃烧的电弧,使焊条和工件熔化,从而获得牢固的焊接接头。在焊接过程中,药皮不断地分解、熔化而生成气体及熔渣,保护焊条端部、电弧熔池及其附近区域,以防止熔化金属氧化。焊条芯棒也在电弧作用下不断熔化,进入熔池,构成焊缝填充金属。也有焊条药皮掺和金属粉末,提高焊缝的力学性能。碱性焊条施焊时应采用直流反接法。酸性焊条施焊时应采用直流正接法 手工电弧焊的特点是设备简单、操作方便、灵活,可达性好,能进行全位置焊接,适合焊接多种金属
钨极氩弧焊	钨极氩弧焊就是以氩气作为保护气体,钨极作为不熔化极,借助钨电极与焊件之间产生的电弧,加热熔化母材(同时添加焊丝也被熔化)实现焊接的方法。氩气用于保护焊缝金属和钨电极熔池,在电弧加热区域不被空气氧化。适用于碳钢、合金钢、不锈钢、难熔金属、铝及铝镁合金、铜及铜合金、钛及钛合金,能进行全方位焊接,特别对复杂焊件难以接近部位的焊接等 一般氩弧焊有以下优点: ①能焊接除熔点非常低的铅因外的绝大多数的金属和合金 ②交流氩弧焊能焊接化学性质比较活泼和易形成氧化膜的铝及铝镁合金 ③焊接时无焊渣、无飞溅 ④能进行全方位焊接,用脉冲氩弧焊可减小热输入,适宜焊 0.1mm 不锈钢 ⑤电弧温度高、热输入小、速度快、热影响面小、焊接变形小 ⑥填充金属和添加量不受焊接电流的影响
CO_2 电弧焊	二氧化碳(CO_2)电弧焊是一种高效率的焊接方法。以 CO_2 气体作保护气体,依靠焊丝与焊件之间的电弧来熔化金属的气体保护焊的方法称 CO_2 电弧焊。这种焊接法都采用焊丝自动送丝,敷化金属大,生产效率高,质量稳定 CO_2 电弧焊与其他电弧焊相比有以下特点: ①生产效率高:CO_2 电弧焊穿透力强、熔深大,而且焊丝熔化率高,所以熔敷速度快,生产效率比手工电弧焊高 3 倍 ②焊接成本低:CO_2 电弧焊的成本只有埋弧焊与手工电弧焊成本的 40％～50％ ③消耗能量低:CO_2 电弧焊和药皮焊条相比,3mm 厚钢板对接焊缝,每米焊缝的用电降低 30％;25mm 钢板对接焊缝时用电降低 60％ ④适用范围广,不论何种位置都可以进行焊接,薄板可焊到 1mm,最厚不受限制(采用多层焊)。而且焊接速度快、变形小 ⑤抗锈能力强:焊缝含氢量低、抗裂性能强

类型	特　点
等离子切割	大功率的焊接电源还可用于等离子切割,利用等离子弧高速、高温、高能的等离子气流加热并熔化金属,再借助某种气体排除熔化了的金属而形成割口。由于等离子弧能量集中,所以割件的热影响区小,热变形小,切割速度随割件厚度增加而减慢。等离子可切割所有金属材料,特别适用于火焰切割无法切割的高合金钢和有色金属等
埋弧焊	埋弧焊的特点及应用范围如下: ①焊缝的化学成分较稳定,焊接规范参数变化小,单位时间内熔化的金属量和焊剂的数量很少发生变化 ②焊接接头具有良好的综合力学性能。由于熔渣和焊剂的覆盖层使焊缝缓冷,熔池结晶时间较长,冶金反应充分,缺陷较少,并且焊接速度大 ③适于厚度较大构件的焊接。它的焊丝伸出长度小,可采用较大的焊接电流(埋弧焊的电流密度达 100~150A/mm²) ④质量好。焊接规范稳定,熔池保护效果好,冶金反应充分,性能稳定,焊缝成形光洁、美观 ⑤减少电能和金属的消耗。埋弧焊时电弧热量集中,减少了向空气中散热及金属蒸发和飞溅造成的热量损失 ⑥熔深大,焊件坡口尺寸可减小或不开坡口 ⑦容易实现自动化、机械化操作,劳动强度低,操作简单,生产效率高
电渣焊	电渣焊根据电极形式的不同,可分为丝极电渣焊、板极电渣焊、熔嘴电渣焊和管极电渣焊等几路。电渣焊有以下一些特点: ①焊缝处于垂直位置,或最大倾斜角 30°左右 ②焊件均可制成 I 形坡口,只留一定尺寸的装配间隙。特别适合于大厚度焊件的焊接,生产率高,劳动卫生条件较好 ③金属熔池的凝固速度低,熔池中的气体和杂质较易浮出,焊缝不易产生气孔和夹渣 ④焊缝及近缝区冷却速度缓慢,对碳当量高的钢材,不易再现淬硬组织和冷裂纹倾向,故焊接低合金强度钢及中碳钢时,通常可以不预热 ⑤液相冶金反应比较弱。由于渣池温度低,熔渣的更新率也很低,液相冶金反应比较弱,所以焊缝化学成分主要通过填充焊丝或板极合金成分来控制。此外,渣池表面与空气接触,熔池中活性元素容易被氧化烧损 ⑥渣池的热容量大,对短时间的电流波动不敏感,使用的电流密度大,为 0.2~300A/mm² ⑦焊接线能量大,热影响区在高温停留时间长,易产生晶粒粗大和过热组织。焊缝金属呈铸态组织。焊接接头的冲击韧度低,一般焊后需要正火加回火处理,以改善接头的组织与性能

第二节｜电焊机维修基础知识

一、对维修人员的要求

(1) 维修人员要能够看懂主电路,分清焊接设备的主回路和控制回路,分清有哪几部分组成,了解其作用原理。

(2) 对电路中一些不清楚的元器件或控制单元,要结合维修焊接设备查询相关资料。对一些复杂的电路,要进行简化处理,并且要掌握主要元件的工作原理。

(3) 看焊接设备电气原理图时,要弄懂各电路之间的联系。电路是怎样实现各种功能的,要形成整体概念。另外掌握其辅助设备的相互联系和作用也很关键。

(4) 可以用符号、图形及简短的语言,按照自己的思路和需要,写出设备的操作程序(即工作流程),对图纸资料做一个概括性总结,以便今后维修焊接设备时,按照工作流程来查找故障。

(5) 记住一些必须掌握的主要技术参数以及设备在正常工作时的某些测试点的数据或波形,以便今后维修时进行比较,对今后的维修有着很大作用和意义。

(6) 在工作中不断加深和完善对电气原理图的理解和熟悉,做到典型电路要熟记并顺手就能处理故障。

(7) 在维修工作中,要做好原始记录。如故障性质、时间、原因、各方面(施工现场)环境因素和处理方法,以及分析和修理的过程和方法,要一一记录下来。

二、维修人员应掌握的技能

维修人员应掌握的技能情况见表 1-5。

表 1-5　维修人员应掌握的技能情况

类　　别	说　　明
机械钳工的技艺	常用的是锯、锉、刮、研、钻孔、攻螺纹、套螺纹、划线、测量、拆卸、装配等钳工的基本技能
机械维修工的技艺	一般机械的维修、机械传动机构的维修、气压传动机构的维修和液压传动机构的维修等
综合电工的技艺	电焊机就其本质来讲是一种特殊的电气机械,其要求电焊机维修人员需掌握的电工,技艺主要有以下几个方面: ①通用电工基本技能 ②一般电机维修工艺的技艺 ③低压电器维修工的技艺 ④自控系统中关于继电控制电路的维修技艺 ⑤电气装配工的技艺 ⑥关于变压器铁芯叠片、线圈绕制、绝缘处理等技能 ⑦一般的半导体电子电路维修技艺

三、电焊机电路板焊接与调试

1. 焊前准备

焊前准备说明见表 1-6。

表 1-6　焊前准备

类别	说　　明
焊锡丝	焊锡丝是焊接元件必备的焊料。一般要求熔点低、凝结快、附着力强、坚固、电导率高且表面光洁。其主要成分是铅锡合金。除丝状外，还有扁带状、球状、柄状规格不等的成型材料。焊锡丝的直径有 0.5mm、0.8mm、0.9mm、1.0mm、1.2mm、1.5mm、2.0mm、2.3mm、2.5mm、3.0mm、4.0mm、5.0mm，焊接过程中应根据焊点的大小和电烙铁的功率选择合适的焊锡
助焊剂	助焊剂是焊接过程的必需材料，它具有去除氧化膜、防止氧化、减小表面张力，使得焊点美观的作用。助焊剂有碱性、酸性和中性之分，在印制板上焊接电子元件，要求采用中性焊剂。松香是一种中性焊剂，受热熔化变成液态。它无毒、无腐蚀性、异味小、价格低廉、助焊力强。在焊接过程中，松香受热气化，将金属表面的氧化膜带走，使焊锡与被焊金属充分结合，形成坚固的焊点。碱性和酸性焊剂用于体积较大的金属制品的焊接
电烙铁的选用	常用的电烙铁按功率可分为小功率电烙铁和大功率电烙铁。小功率电烙铁用于电子元件的焊接，大功率电烙铁主要用于焊接体积较大的元件或部件。常见的电烙铁功率有 20W、30W、45W、50W、100W、200W、300W、500W。按结构可分为内（直）热式和外（旁）热式。内热式具有体积小、升温快、低廉、寿命短等特点；外热式具有体积大、升温慢、造价高、寿命长等特点。还有一种调温电烙铁，它具有调温、方便快捷、寿命长等特点，是电子元件焊接的首选工具 焊接电子元件时，最好采用 20W 内热式电烙铁或恒温电烙铁，并应有良好接地装置。焊接大元件、部件、连接导线、插接件时，可选用 45W 电烙铁
导线	在焊接之前，要准备好一些粘好锡的各色导线，主要是多股铜线，用于各种连线、安装线、屏蔽线等，其安全载流量按 5A/mm² 计算，这在各种条件下都是安全的
温度与时间的控制	手工焊接引线粘锡和焊接元件时，温度和时间要选择适当并严格控制。粘锡和焊接切勿超过耐焊性试验条件（距离器件外壳 1.5mm，260℃时为 10s，350℃时为 3s)。对于混合电路，电烙铁的最佳温度为 230～240℃，以松香熔化比较快又不冒烟为宜。元器件焊接最佳时间为 2～3s

2. 焊接方法与步骤

先焊细导线和小型元件，后焊晶体管、集成块，最后焊接体积较大较重元件。因为大元件占地面积大，又比较重，后焊接比较方便。晶体管和集成块怕热，后焊接可防止烙铁的热量经导线传到晶体管或集成块内而损坏。

（1）一般元件的焊接　将插好元件的印制板焊接面朝上，左手拿焊锡丝，右手持电烙铁，使烙铁头贴着元件的引线加热，使焊锡丝在高温下熔化，沿着引线向下流动，直至充满焊孔并覆盖引线点周围的金属部分。撤去焊锡丝并沿着引线向上提拉烙铁头，形成像水滴一样光亮的焊点。焊接速度要快，一般不超过 3s，以免损坏元件。由于引线的粗细不同，焊孔的大小不同，如一次未焊好，等冷却后再焊。

(2) 晶体管元件的焊接 焊接晶体管等器件时，可用镊子或尖嘴钳夹住管脚进行焊接，因镊子和钳子具有散热作用，可以保护元器件。焊接 CMOS 器件时，为了避免电烙铁的感应电压损坏器件，必须使电烙铁的外壳可靠接地，或断电后用电烙铁的余热焊接。

(3) 集成电路的焊接 双列直插式集成电路块，管脚之间的距离只有 25mm，焊点过大，会造成相邻管脚短路。应采用尖头电烙铁快速焊接。电烙铁温度不能太高，焊接时间不能太长，否则会烧坏集成块并使印制板上的导电铜箔脱离，所以焊接时一定要细心。

焊点质量应具有可靠的电气连接，足够的机械强度，外观光亮、圆滑、清洁、大小合适、无裂缝、针孔、夹渣，焊锡与被焊物之间没有明显的分界。

3. 虚焊产生的原因及其鉴别

虚焊是电子产品的一大隐患，占设备故障总数的 1/2。它会影响电子装置的正常运行，出现一些难以判断的"软故障"。常见不合格焊点如图 1-3 所示。

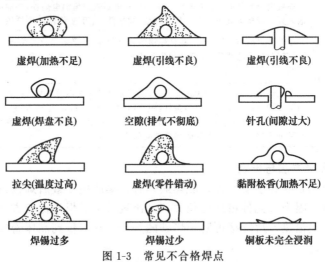

虚焊(加热不足)　　　虚焊(引线不良)　　　虚焊(引线不良)

虚焊(焊盘不良)　　　空隙(排气不彻底)　　　针孔(间隙过大)

拉尖(温度过高)　　　虚焊(零件错动)　　　黏附松香(加热不足)

焊锡过多　　　焊锡过少　　　铜板未完全浸润

图 1-3 常见不合格焊点

电路板焊接时产生虚焊点的原因及鉴别方法见表 1-7。

表1-7　电路板焊接时产生虚焊点的原因及鉴别方法

类别		说　明
虚焊点产生的原因	设计	印制板设计有问题,会形成虚焊的潜在因素。焊点过密,元件插接孔过大,导致虚焊增加
	工艺	在涂助焊剂时,清洁工作没有做好,没有上好锡;上锡后的元件存放时间太久,焊接部分已经氧化,直接焊接时产生了虚焊
	材料	有的元件引线材料可焊性差,如上锡不好,未刮净,会产生虚焊
	焊剂	有的焊剂不好,或自制锡、铅比例不当,配出的焊剂熔点高,流动性差,也会导致虚焊
	助焊剂	助焊剂选择不当,或不用助焊剂,也会产生虚焊
	焊接工具	电烙铁功率太小,温度不够,焊点像豆腐渣;功率太大,锡易成珠,均会产生虚焊
	操作方法	焊接时,烙铁头离焊点远,使锡流过去包围元件引脚,会使被焊面的热量不够而导致虚焊
鉴别方法		①观察焊点,似焊非焊,一摇即动,必为虚焊 ②焊锡与印制板没有形成一体 ③焊口点特别光亮,成鼓包状

4. 电路调试

电子产品（如组装的电路板、一个完整的电路以及独立的电路等）通过调试,使之满足各项性能指标,达到产品设计的技术要求,以及维修的电子产品符合技术要求。在调试过程中,可以发现产品设计以及维修的电子产品和实际制作（维修）中的错误或不足之处,不断改进设计制作方案和提高维修水平,使之更加完善。

电子装置的调试工作一般分"分调"和"总调"两步。分调的目的是使组成装置（维修）的各个单元电路工作正常,在此基础上,再进行整机调试。整机调试称为"总调"和"联调",通过联调才能使装置达到预定的技术要求。

电焊机电路板的调试步骤见表1-8。

表1-8　电焊机电路板的调试步骤

类别	说　明
调试前的准备工作	①布置好地,调试场地应布置得整齐清洁,调试用的图纸、文件、工具、备件应放置得有条理,准备好测试记录本或测试卡。调试场地的地板最好加垫绝缘胶垫 ②检查各单元或各功能部件是否符合整机装配要求,初步检查有无错焊、漏焊、线间短路等问题 ③要懂得整机和各单元的性能指标及电路工作原理 ④要正确、合理地选择测试仪表,检查测试仪器仪表是否工作正常,并做好测试准备。熟练地掌握这些仪表的性能和使用方法 ⑤要熟悉在调试过程中查找故障及消除这些故障的方法

类别	说　明
仪器、仪表的选择及其使用（正常应用的情况下）	①根据技术文件的要求,正确地选择和确定测试仪器仪表及专用测试设备 ②仪器仪表在使用前必须经计量部门计量合格,各项技术指标必须符合调试要求,保证能正常工作。仪器仪表一般都放置在调试工作台上。重的仪表放在下面,轻的仪表放在上面。监视仪表放置在便于观察的位置。仪器仪表的读数度盘与水平面垂直,它的高低尽可能与调试人员视线相适应 ③仪器仪表的电源应通过稳压变压器供给,保证仪器仪表少受电源波动的影响。输入电源线应整齐地放在工作台的后边。按照调试说明和调试工艺文件的规定,仪器仪表要选好量程,调准零点。仪器仪表要预热到规定的预热时间 ④各测试仪表之间,测试仪表与被测整机的公共参考点(零线,也称公共地线)应连在一起,否则将得不到正确的测量结果 ⑤电流表只能串联,而不能并联在电路中,否则会烧坏电流表。电压表只能并联在电路中 ⑥被测电量的数值不得超过测试仪表的量程,否则将打坏指针,甚至烧坏表头。如果预先不知道被测电量的大致数值,可以将表量程放在高挡,然后再根据所指示的数值转换到合适的量程。被测信号很大时,要加衰减器进行衰减。因为测试仪表在输入端都有耐压要求,如被测电压超过此电压,轻则破坏绝缘,严重的将损坏测试仪表 ⑦有MOS电路元件的测试仪表或被测电路,电路和机壳都必须有良好的接地,以免损坏MOS电路元件 ⑧用高灵敏仪表(如毫伏表、微伏表)进行测量时,不但要有良好的接地,还要使它们之间的连接线采用屏蔽线 ⑨高频测量时,应使用高频探头直接和被测点接触进行测量;地线也越短越好,以减小测量误差 ⑩对要求防震、防尘、防电磁场的测试仪表,在使用中也要注意
对调试过程的要求	①电路设计的技术指标要留有余地,因为元器件的参数分散性较大,环境条件的影响也比较大,如果指标没有余地,就很难调试合格,即使开始正常,经过短时间使用后,由于元器件参数的偏移,也会变得不正常或不稳定 ②调试说明和调试工艺文件对调试的具体内容与项目(如工作特性等)、步骤与方法、测试条件、测试仪表、注意事项与安全操作规程等都要写清楚,调试内容要具体切实可行,测试仪器选用要合理,调试步骤应有条理性,测试数据尽量表格化,以便于从数据中寻找规律。调试人员必须熟悉调试说明、调试工艺文件和电路原理,正确选择步骤方法 ③对于简单的整机,装配好以后就可以直接进行调试(如收音机)。对于复杂的整机,必须先对各单元或分机功能进行调试,最后进行整机统调
测量	①对测量的要求　测量是调试的基础。准确的测量为调试提供依据。通过测量,一般要获得被测电路的有关参数、波形、性能指标及其他必要的结果。测量方法和仪表的选用应从实际出发,力求简便有效,并注意设备和人身安全。测量时,必须保持和模拟电路的实际情况(如外接负载、信号源内阻等),不能由于测量而使电路失去真实性,或者破坏电路的正常工作状态 要采取边测量、边记录、边分析估算的方法,养成求实作风和科学态度。对所测结果立即进行分析、判断,以区别真伪,进而决定取舍,为调试工作提供正确的依据

类别	说　明
测量	②测量顺序与内容　电路的基本测量项目可分为两类，即"静态"测量和"动态"测量。测量顺序一般是先静态后动态。此外，根据实际需要有时还需要进行某些专项测试，如电源波动情况下的电路稳定性检查，抗干扰能力测定，以确保装置能在各种情况下稳定、可靠地工作 　静态测量，一般指输入端不加输入信号或加固定电位信号使电路处于稳定状态而言。静态测量的主要对象是有关点的直流电位和有关回路中的直流工作电流 　动态测量，则是在电路输入端引入合适的变化信号情况下进行。动态测量常用示波器观察测量电路有关点的波形及其幅度、周期、脉宽、占空比、前后沿等参数 　例如，晶体管交流放大电路的静态测试应是晶体管静态工作点的检查。而动态测试要在输入端注入一个交流信号，用示波器(最好双踪示波器)监测放大的输入、输出端，可以看到交流放大器的主要性能，如交流信号电压放大量、最大交流输出幅值(要调节输入信号的大小)，失真情况以及频率特性(当输入信号幅度相同，频率不同的时候，输出信号的幅度和相位移情况的曲线)等
调试的关键与方法	电子产品组装完成以后，一般需调试才能正常工作。各种电子产品电路的调试方法有所不同，但也有一些普遍规律 　调试的关键是善于对实测结果进行分析，而科学的分析是以正确的测量为基础。根据测量得到的数据、波形和现象，结合电路进行分析、判断，确定症结所在，进而拟定调整、改进的措施 　①检查电路及电源电压　检查电路元器件是否接错，特别是晶体管管脚、二极管的方向，电解电容的极性是否接对；检查各连接线是否接错，特别是直流电源的极性以及电源与地线是否短接，各连接线是否焊牢，是否有漏焊、虚焊、短路等现象，检查电路无误后才能进行通电调试 　②调试供电电源　一般的电子设备都是由整流、滤波、稳压电路组成的直流稳压电源供电，调试前要把供电电源与电子设备的主要电路断开，先把电源电路调试好，才能将电源与电路接通，电源电路按照直流稳压电源的调试方法进行调试。当测量直流输出电压的数值、纹波系数和电源极性与电路设计要求相符并能正常工作时，方可接通电源调试主电路 　若电子设备是由电池供电时，也要按规定的电压、极性装接好，检查无误后，再接通电源开关。同时要注意电池的容量应能满足设备的工作需要 　③静态调试　先不接入输入信号，有振荡电路时可暂不接通。测量各级晶体管的静态工作点。凡工作在放大状态的晶体管，测量 U_{be} 和 U_{ce} 不应出现零状态，若 $U_{be}=0$，表示晶体管截止或损坏；若 $U_{ce}=0$，表示晶体管饱和或击穿，这时，均需找出原因排除故障。处于放大状态的硅管，$U_{be}=0.6\sim0.8V$；锗管 $U_{be}=0.1\sim0.3V$；$U_{ce}=1\sim2V$ 　④动态调试　在静态调试电路正常后接入输入信号，各级电路的输出端应有相应的输出信号。线性放大电路不应有非线性失真；波形产生及变换电路的输出波形应符合设计要求。调试时，可由后级开始逐级向前检测。这样容易发现故障，及时调整改进 　⑤指标测试　电路正常工作之后，即可进行技术指标测试，根据设计要求，逐个测试指标完成情况，凡未能达到指标要求的，需分析原因，重新调整，以便达到技术指标要求

续表

类别	说　明
调试的关键与方法	⑥负荷试验调试　试后还要按规定进行负荷试验,并定时对各种指标进行测试,做好记录。若能符合技术要求,正常工作,则此部整机调试完毕 　调试结束后,需要对调试全过程中发现问题、分析问题到解决问题的经验、教训进行总结,并建立"技术档案",积累经验,有利于日后对产品使用过程中故障的维修。单元电路调试(分调)的总结内容一般有测调目的、使用仪器仪表、电路图及接线图、实测波形和数据、计算结果(包括绘制曲线),以及测调结果和有关问题的分析讨论(主要指实测结果与预期结果的符合情况,误差分析和测调中出现的故障及其排除等)。总结的内容常有方框图、逻辑图、电原理图、波形图等,结合这些图简要解释装置的工作原理,同时指出所采用的设计技巧、特点,对调试过程遇到的问题和异常现象应提高警惕
调试中常见故障	在调试中也会发现一些故障,这些故障无非是由于元器件、线路和装配工艺三方面的原因引起的。例如,元器件的失效、参数发生偏移、短路、错接、虚焊、漏焊、设计不当和绝缘不良等,都是导致发生故障的原因,常见的故障如下: 　①焊接工艺不当,虚焊造成焊接点接触不良,以及接插件(如印制线路板)和开关等接点的接触不良 　②由于空气潮湿,使印制线路板、变压器等受潮、发霉或绝缘性能降低,甚至损坏 　③元器件检查不严,某些元器件失效。例如,电解电容器的电解液干涸,导致电解电容器的失效或损耗增加而发热 　④接插件接触不良。如印制线路板插座簧片弹力不足;断电器触点表面氧化发黑,造成接触不良,使控制失灵 　⑤元件的可动部分接触不良。如电位器、半可变电阻的滑动点接触不良造成开路或噪声的增加等 　⑥线扎中某个引出端错焊、漏焊。在调试过程中,由于多次弯折或受震动而使接线断裂;或是紧固的零件松动(如面板上的电位器和波段开关),来回摆动,使连线断裂 　⑦元件由于排布不当,相碰而引起短路;有的连接导线焊接时绝缘外皮剥离过多或因过热而后缩,也容易和别的元器件或机壳相碰引起短路 　⑧线路设计不当,允许元器件参数的变化范围过窄,以致元器件参数稍有变化,机器就不能正常工作

四、常用焊接设备的维修

(一) 焊条电弧焊设备的维修
1. 焊条电弧焊焊机的安全操作规程及焊接安全防护
焊条电弧焊焊机的安全操作规程及焊接安全防护说明见表1-9。
2. 常用故障分析与维修
(1) 弧焊变压器常见故障与维修　弧焊变压器也称交流弧焊机,其构造简单,发生的可能性非常少,其常见故障、产生原因及其排除方法见表1-10。

表 1-9　焊条电弧焊焊机的安全操作规程及焊接安全防护说明

类　别	说　明
焊条电弧焊焊机的安全操作	①焊机的空载电压应符合有关焊机标准的安全要求。直流弧焊机最高空载电压不得超过 100V,交流弧焊机最高空载电压不得超过 80V ②焊机安装应由正式电工担任,一、二次绕组接线要牢固,焊机外壳要牢固接地。交流弧焊机一般是单相的,若多台焊机安装时,应分在三相电网上,尽量使三相平衡 ③焊机的电源开关必须独立专用,其容量应大于焊机的容量,当焊机超负荷时,应能自动切断电源,并应设置在便于操作的位置 ④焊机的一次输入端裸露接线柱,必须设有防护罩或完好的保护装置。一次电源线的长度一般不超过 2~3m,若在特殊情况下需要较长的电源线时,应用立柱或沿墙壁用瓷瓶隔离架设,其高度必须距地面 2.5m 以上,不允许将电源线拖在地面上 ⑤焊机必须平稳地安放在通风良好、干燥的地方,避免焊机受到剧烈振动和碰撞,若在室外使用必须有防雨雪的防护设施。焊机受潮应当用人工的方法进行干燥,受潮严重的必须进行检修 ⑥平时要经常观察、检查焊机,发现问题及时处理,每半年进行一次焊机的维护保养
焊条电弧焊安全防护	①焊工所用的护目镜片应根据焊接电流的大小和焊工的视力状况合理选择 ②焊工应穿白色帆布工作服,工作服的口袋应有袋盖,裤长应罩住鞋面。工作服潮湿时,不允许焊接操作 ③焊工手套应选用皮革、棉帆布和皮革合制,其长度不应小于 300mm ④焊工应穿绝缘防护鞋,其橡胶鞋底应经耐压 5000V 的试验合格,在有积水的地面焊接时,应穿耐压 6000V 试验合格的防水绝缘橡胶鞋 ⑤焊工使用移动式照明灯的电源线应完好无损,开关无漏电,电压在 36V 以下的灯泡应有金属网罩防护

表 1-10　弧焊变压器的常见故障、产生原因及排除方法

常见故障	产生原因	排除方法
焊机外壳带电	①焊机没有接地或接触不良 ②一次、二次绕组与机壳相碰而产生漏电 ③电源线或焊接电缆线与机壳相碰	①检查接地情况并保证接地良好 ②检查绕组与机壳有无接触并消除接触 ③检查各接线,消除接线与机壳的接触
空载电压低、引不起弧	①电源网络电压不足 ②焊接电缆接头接触不良产生阻抗	①调整电源电压达到要求 ②检查接头,紧固接头
输入电路的熔丝熔断	①输入电源线的接头相碰或与机壳相碰发生短路 ②输入电源线裸露处与外部金属相碰发生短路	①检查输入线路,消除接头相碰发生的短路 ②检查输入线路的绝缘,消除裸露现象
焊机过热	①焊机过载使用 ②焊机一次、二次绕组发生短路 ③活动铁芯紧固件绝缘损坏	①按规定使用 ②检查绕组,做好绝缘,消除短路 ③更换紧固件的外部绝缘

续表

常见故障	产生原因	排除方法
焊机发出较大的"嗡嗡"声	①焊机机械调节机构松动,产生振动 ②一次、二次绕组发生短路而产生振动 ③铁芯振动声	①消除调节机构松动的现象 ②找出短路点,做好绝缘处理,消除短路 ③夹紧铁芯片,消除松动现象

（2）弧焊整流器常见故障分析和维修　弧焊整流器的主变压器及电抗器等部件也是由铁芯、导线绕组等构成,其发生故障的特征与弧焊变压器大致相同,可参照弧焊变压器的常见故障处理方法。对于弧焊整流器的整流器及控制部分,应按具体特点正确使用和维修。其常见故障、产生原因及排除方法见表1-11。

表1-11　弧焊整流器的常见故障、产生原因及排除方法

常见故障	产生原因	排除方法
机壳带电	①焊机没有接地或接地线接触不良 ②电源线及其连接处与机壳相碰 ③主变压器、电抗器、整流器及控制线路与机壳相碰	①做好接地保护 ②检查接线处,消除与机壳接触现象 ③检查各部件及其连接线路,消除与机壳接触现象
焊机输出电压过低、引不起弧	①输入的电源电压过低 ②焊机的磁力启动器接触不良,产生压降 ③电源线与电源线的连接处接触不良	①电源电压调节到规定值 ②检查磁力启动器,使各触点良好接触 ③检查接头处,使其良好接触
冷却风机故障	①风机开关接触不良 ②风扇电动机线圈断路 ③风扇熔丝熔断	①调整好开关或更换开关 ②检查风扇电动机,修复线圈 ③更换熔丝
焊接电流不稳	①主回路交流接触器抖动,接触不良 ②控制回路接触不良,影响控制回路导通	①检查交流接触器,消除抖动 ②检查控制回路,消除故障点
焊接电流调控失效	①控制回路发生短路 ②控制元件被击穿失效 ③控制线圈匝间短路	①检查控制回路,消除短路 ②检查控制元件,更换失效元件 ③检查短路点,消除短路
焊接电压突然下降	①整流元件被击穿失效 ②控制回路发生断路失效 ③主回路发生短路	①检查整流元件,更换击穿失效元件 ②检查断路点,处理复原 ③检查主回路各部分,消除短路

（二）弧焊设备的维修工艺

1. 导线的接长方法

电弧焊机在检修时，若有因短路导线被烧断需要连接，或所需导线长度不够需用同规格的导线与其相连接等情况出现，可以采用表 1-12 的焊接方法。

表 1-12　导线的接长方法

类别		说　明
铜导线的焊接	氧乙炔焰气焊	选择中性火焰，可选购 HSCU 纯铜焊丝（或使用铜导线）、CJ301 铜气焊熔剂（或直接使用脱水硼砂）。由于纯铜的导热性好，必须使用较大的焊炬和焊嘴，用较大的火焰能率，焊接时应采用对接接头，做好焊前清理，焊后应将接头锉削光滑，并进行绝缘包扎
	钎焊	可采用氧-乙炔焰、氧液化气焰、电阻接触加热或煤油喷灯作为钎焊热源。铜导线的连接，常用导电性最好的 PrAg72Cu 银钎料，配用 QJ102 钎剂；或 H1AgCu705 铜磷银钎料，配用硼砂钎剂。由于钎焊为非熔化焊接，因此，接头形式多为搭接接头，导线钎焊后，应将接头锉光滑，并包扎绝缘
	手工钨极直流氩弧焊	铜导线对接，使用手工钨极直流氩弧焊接是焊接质量最好的方法。填充材料可用待焊导线的一段。根据导线截面的大小，调整焊机的工艺参数，将接头焊好，焊后接头稍做修整便可包扎绝缘使用
铝导线的焊接	氧-乙炔焰气焊	铝导线的熔点低，较铜导线难焊，但也有几种成功的方法供选用 采用氧-乙炔中性焰，填充材料可使用待焊铝导线上的一段，或用直径 2～5mm 的纯铝线。选购 CJ401 铝气焊熔剂，也可以用氯化钾 50%、氯化钠（食盐）36%、氯化锂 14%材料自己配制。焊前应将填充焊丝在 5%的氢氧化钠溶液（70～80℃）中浸泡 20min，以去除铝导线表面的氧化膜，然后用冷水冲净、晾干备用，最好当天用完。接头形式为对接接头，焊后要将接头周围容易对导线产生腐蚀作用的熔剂残渣清除干净，并把接头修整好包扎绝缘后使用
	钎焊	铝导线的钎焊采用搭接接头形式。选用 99.99%的纯锌片作为钎料，钎剂可用氯化锌 88%、氯化铵 10%、氯化钠 2%的材料，将其用蒸馏水或酒精调和，呈白色糊状即可使用，要现用现调。焊接时将纯锌片涂上焊剂置于导线搭接处的中间，通过电阻接触加热，达到 420℃时钎料熔化，流动并填满搭接接触面，待钎料发亮光时，立即切断电源，整个焊接过程不要超过 5min，时间过长不利于焊接。焊后修整接头，清洗钎剂的残渣，并包扎绝缘便可
	手工钨极交流氩弧焊	铝导线的手工钨极直流氩弧焊是焊接接头质量最好的一种焊接方法。填充材料可使用纯铝线或被焊铝导线的一段。焊接时，铝导线端部的绝缘物要去掉，裸铝线表面的氧化物要用 5%氢氧化钠溶液清洗。焊接导线厚度 2mm 的参考工艺参数为：钨极直径 2mm；焊接电流约 80A；喷嘴直径 6mm；氩气流量 10L/min。焊后修整接头并包扎绝缘

2. 电缆与接头的冷压连接

焊机内部的电缆连接、电缆与铜套的连接以及电缆与导线端头的连接等均可采用机械压制而成。这种方法不用焊接，不会受到焊剂的腐蚀，加工后的电缆干净整洁，在焊机修理中经常使用。

电缆与铜套接头的冷压连接前，先将电缆的外部绝缘层清理干净，使之露出金属光泽，并把铜套接头套在其上。接着将套有电缆接头的铜套接头置于钳口中，对应模具的位置（图1-4）加压，使上下压模闭合，电缆与铜套接头被压缩到模具的固定位置，可获得牢固的连接，然后卸去压模，取出压好的电缆接头，即完成冷压连接。

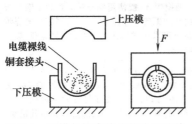

图 1-4　电缆与铜套接头的冷压连接　　图 1-5　铁芯和铁轭螺杆的绝缘方法

3. 变压器铁芯夹紧螺杆与夹件的绝缘

焊机中变压器的铁芯是用螺栓将夹件、绝缘板、硅钢片等夹紧的。螺栓的螺杆与铁芯、铁芯与夹件、夹件与螺栓之间都相互绝缘，以避免变压器工作时螺杆中产生涡流而发热，时间过长能把铁件烧红而发生意外。因此，在维修焊机变压器铁芯时，铁芯和铁轭螺杆的绝缘应按图1-5所示的绝缘方法进行绝缘紧固。

4. 绕组引出线端的固定方法

绕组的引出线端，要接输入或输出导线，接触电阻较大，温升较高，因常受机械力的扰动，极易产生故障。所以，绕组的引出线端一般采取加强措施。

（1）当绕组的导线较细（直径在 2mm 以下）时，常采用较粗的多股软线作为引出线，以避免折断。导线与引出线的接头可采用银钎焊，引出线在绕组内部的长度应达到绕组的半圈以上，并要加强绝缘。一般都采用在引出线外套上绝缘漆管，同时，将绕组与引出线的钎焊接头也套入漆管内。

（2）当绕组的导线较粗时，不必另接引出线，可用绕组的导线直接引出，同样应套上绝缘漆管。

（3）无骨架绕组的起头和尾头，在最边缘的一匝起、终点折弯处，应从邻近数匝线下面用绝缘布带拉紧固定，如图1-6（a）所示。若导线较粗时，可多设几处拉紧带。

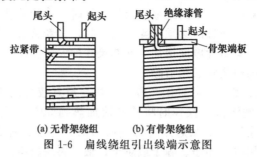

(a) 无骨架绕组　　(b) 有骨架绕组

图 1-6　扁线绕组引出线端示意图

（4）有骨架绕组的起头和尾头引出线不用拉紧带固定，可在骨架一端的挡板上适当位置设穿线孔便可，并在引出线上套上绝缘漆管，如图 1-6（b）所示。

（5）无论有无骨架的绕组，加了绝缘漆管的引出线，将随绕组整体一并浸漆，以使绕组结构强化固定，绝缘加强。

5. 扁铜线绕组引出端线的折弯

扁铜线绕制的绕组起头和尾头的引出线，在折弯处是立向弯曲的。若不使用专用工具是不易弯好的，如图 1-7 为一种扁铜线立向折弯工具。

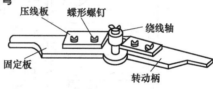

图 1-7　扁铜线立向折弯工具

小截面的扁铜线可以直接立向折弯；大截面的扁铜线折弯前，最好用火焰加热至 600℃，然后急冷进行局部退火，折弯就显得容易些。

6. 绕组的绝缘处理

绕组绝缘主要浸渍 1032 漆和 1032-1 漆。绝缘处理的步骤分为预热、浸渍和烘干三个过程，见表 1-13。

表 1-13　绕组绝缘处理的步骤

步骤	说　明
预热	目的是驱除绕组中的潮气。预热的温度应低于干燥温度，一般应在 100℃ 以下的炉中进行
浸渍	当预热的绕组冷却至 70℃ 时沉浸到绝缘漆中，观察漆槽的液面不再有气泡时便浸透了，取出绕组晾干后放入炉中烘干；再准备第二次浸渍、晾干和烘干
烘干	使用烘干炉（红外线管或电阻丝作为热源），烘干温度为 120℃，1032 漆需烘 12h，1032-1 漆只需 4h 便可。若没有烘干炉可以利用绕组自身的电阻通电产生电阻热烘干。此方法简单，只要接一个可以调节的直流电源，电流由小到大调节至合适为止。但烘干时人不可离开，以防止过热把绕组烧坏

7. 硅钢片残存废绝缘漆膜的清除

弧焊变压器硅钢片上的绝缘漆膜被破坏时，将导致铁芯涡流损耗增大，使铁芯发热。修理时必须清除残余漆膜，重新涂漆。否则在残漆膜上涂新漆，会使硅钢片厚度增加，铁芯尺寸加大而使绕组不能套入。因此，硅钢片上的残漆膜必须清除。

清除硅钢片残漆膜可采用"浸煮"法。浸煮液可用10％的氢氧化钠或20％磷酸钠溶液。操作时将浸煮液加热到50℃，把硅钢片浸入，散开浸泡，待漆膜都膨胀起来并开始脱落时，将硅钢片移到热水中刷洗，洗净后再用清水冲净、晾干或烘干，最后再涂新漆。

8. 硅钢片涂漆

修理所用的硅钢片，若片数不多可用手涂刷或喷涂。若涂漆的硅钢片片数较多时，可以自制专用的手摇涂漆机，如图1-8所示。

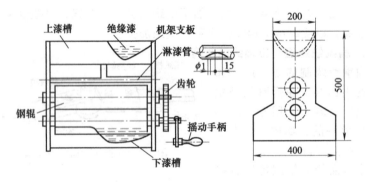

图1-8　硅钢片手摇涂漆机结构

涂漆前，使用松节油对1611号硅钢片漆进行稀释，黏度控制在50～70Pa·s（用4号黏度计，20℃时）。涂漆时，将硅钢片浸入手摇涂漆机中，匀速摇动，要求两面涂膜厚度之和在0.01～0.15mm，并使涂膜均匀，然后对漆膜进行干燥，干燥的温度为200℃，保持2～15min便可。

（三）埋弧焊设备的维修

1. 设备的使用

以MZ-1000型埋弧焊焊机（图1-9）为例说明其使用方法（表1-14）。

图1-9　MZ-1000型埋弧焊焊机

表 1-14　MZ-1000 型埋弧焊焊机的使用方法

类别	说　明
焊前准备	①首先检查焊机的外部接线,确保无误后将装好焊丝盘和焊剂的焊接小车放到调整好轨道位置的轨道面上 ②接通焊接电源,风机启动;接通控制箱(控制盒)电源,开关拨到调试位置进行调试 ③调整焊丝位置,按动控制箱上的焊丝向上或向下按钮,使焊丝与焊件表面轻轻地接触并对准待焊处中心,松开按钮即停止下送(或上抽) ④调整导电嘴至焊件间的距离,使焊丝的伸出长度适中 ⑤选择电源极性,一般采用直流反接,使极性开关位置与电源极性保持一致。否则,在引弧后焊丝不会下送,反而会上抽,无法进行正常焊接 ⑥调整焊接电流和电弧电压,可通过控制箱上的按钮或旋钮分别进行。焊接电流调节分为大、小两挡,开关放在大挡位置,电流的调节为 300A 以上;开关放在小挡位置,电流的调节为 300A 以下。电流调节还分为近控和远控调节,近控旋钮位于电源面板上,远控旋钮位于操作者附近便于操作的位置,但近控和远控旋钮不能同时使用,应调换旋钮接线。若选定了电弧电压,则送丝速度已相应地确定。在焊接过程中自动调节电弧长度和送丝速度,因为该焊机属变速送丝,电弧电压反馈调节电弧长度 ⑦调整焊接速度和焊接方向时,把焊接小车方向开关拨到向前(或向后)的位置,并合上离合器,小车开始移动,移动速度通过调节焊接速度旋钮,以此来确定焊接方向和焊接速度 ⑧开启焊剂漏斗阀门,使焊剂堆敷在始焊部位,准备焊接
焊接	将"调试—焊接"开关拨到焊接位置上,按下控制盘上的启动按钮(按钮指示灯亮),焊接电源接通,同时焊丝向上提起,焊丝与焊件之间产生电弧,随之电弧被拉长,当达到电弧电压给定值时,焊丝开始向下送进。送丝速度与焊接速度相等后,焊接过程趋于稳定。与此同时,焊接小车也沿轨道行进,进入正常焊接状态 在焊接过程中,应注意观察焊接小车的行走状况,随时调整焊接小车左、右移动的手轮,始终保持焊丝对准焊缝中心,避免因一些原因(如焊车轨道与焊缝不平行、环缝时焊件转动偏移等)使焊缝偏离。适时添加焊剂,适当调节焊接电流、电弧电压和焊接速度,以保证焊接正常进行
停止	当一条焊缝焊完或停止焊接,按动控制箱上"停止"按钮即可,并关闭焊剂漏斗的阀门,若焊接过程中出现故障,按下"急停"按钮,焊机上的所有动作立即停止 焊接结束或停止工作时,应关闭焊机。分两步按下"停止"按钮;先按下一半不松开,小车停止前进,此时靠电弧继续燃烧填满弧坑;再将"停止"按钮按到底,此时焊丝自动停止送进,电弧燃烧一定时间后熄灭,同时切断焊接电源。然后扳下离合器手柄,将焊接小车推开放到适当的位置。焊后,关闭所有焊接电源,整理焊接设备,确认无火种后离开工作现场

2. 埋弧焊设备的安全操作规程和安全防护

埋弧焊设备的安全操作规程和安全防护见表 1-15。

3. 常见故障分析与维修

埋弧焊设备的常见故障、产生原因及排除方法见表 1-16。

表 1-15 埋弧焊设备的安全操作规程和安全防护

类别	说明
埋弧焊设备的安全操作规程	①埋弧焊焊机的外接网络电压应与设备要求的电压相一致,外接电缆要有足够的容量(粗略按 $5\sim7A/mm^2$ 计算)和良好的绝缘,连接部分的螺母要拧紧,带电部分的绝缘情况要经过检查 ②焊接电源、控制箱、焊机的接地线要可靠。相互之间的线路接好后,应先检查接线是否正确,再通电检查各部分(电动机的转向、空载电压、直流的极性)是否符合要求,经过检查无误后才能正式焊接 ③必须经常检查导电滚轮与焊丝的接触情况和焊丝送丝滚轮的磨损情况,必要时进行调整或更换 ④定期检查焊接小车、焊丝输送机构减速箱内各运动部件的润滑情况,并定期添加润滑油 ⑤经常保持焊机的清洁,避免焊剂、渣壳的碎末阻塞活动部件,以免影响焊接的正常进行和增加机件的磨损 ⑥搬动焊机应轻拿轻放,避免控制电缆碰伤或压伤,防止电气仪表受震动而损坏
埋弧焊接安全防护	①埋弧焊工操作时,要穿好绝缘鞋以免触电,戴浅色护目眼镜以防飞溅的渣壳和弧光伤害眼睛 ②引弧前,应在引弧处的焊丝周围堆积适当厚度的焊剂,以防引燃明弧灼伤眼睛 ③在焊接筒体外部环缝或纵缝的操作位置较高时,要做好安全防护,以免从高处滑下摔伤,并要防止滚轮架上的焊件轴向窜动滑出滚轮而碰伤 ④工作场地应设有通风设施,以便及时排除焊剂粉尘和焊接过程中散布的烟尘和有害气体 ⑤工作现场附近不得有易燃易爆物品,焊接结束离开现场时,要检查有无火种,并切断电源开关,确认无安全隐患后方可离开现场

表 1-16 埋弧焊设备的常见故障、产生原因及排除方法

常见故障	产生原因	排除方法
按焊丝向下或向上按钮时,送丝电动机不逆转	①送丝电动机有故障 ②电动机电源线接点断开或损坏 ③送丝电动机熔丝被熔断	①修理送丝电动机 ②检查电源线路接点并修复 ③更换熔丝
按"启动"按钮后,不见电弧产生,焊丝将机头顶起	焊丝与焊件没有导电接触	清理接触部分
按"启动"按钮后,线路工作正常,但引不起弧	①焊接电源未接通 ②电源接触器接触不良 ③焊丝与焊件接触不良 ④焊接回路无电压	①接通焊接电源 ②检查并修复接触器 ③清理焊丝与焊件的接触点 ④检查焊接回路
启动后,焊丝一直向上	①机头上电弧电压反馈引线未接或断开 ②焊接电源未启动 ③极性不正确	①接好引线 ②启动焊接电源 ③调整极性开关

续表

常见故障	产生原因	排除方法
启动后焊丝 粘住焊件	①焊丝与焊件接触太紧 ②焊接电压太低或焊接电流太小	①保证接触可靠但不要太紧 ②调整电流、电压至合适值
线路工作正常,焊接工艺参数正确,但焊丝送进不均匀,电弧不稳	①焊丝送进压紧轮磨损或压得太松 ②焊丝被卡住 ③焊丝送进机构有故障 ④网络电压波动太大 ⑤导电滚轮导电不良,焊丝脏	①调整压紧轮或更换焊丝送进滚轮 ②清理焊丝,使其顺畅送进 ③检查并修复送丝机构 ④使用专用焊机线路,保持网络电压稳定 ⑤更换导电滚轮,清理焊丝上的脏物
启动后小车不动或焊接过程小车突然停止	①离合器未接上 ②行车速度旋钮在最小位置 ③空载焊接开关在空载位置	①合上离合器 ②将行车速度调到需要位置 ③拨到焊接位置
焊丝没有与焊件接触,焊接回路即带电	焊接小车与焊件之间绝缘不良或损坏	检查小车车轮绝缘及焊车下面是否有金属与焊件短路
焊接过程中机头或导电滚轮的位置不时改变	焊接小车有关部位间隙大或机件磨损	①修理达到适当间隙 ②更换磨损件
焊机启动后,焊丝周期性地与焊件粘住或常常断弧	①粘住是由于电弧电压太低,焊接电流太小或网络电压太低 ②常断弧是由于电弧电压太高,焊接电流太大或网络电压太高	①增加或减小电弧电压和焊接电流 ②等网络电压正常后再进行焊接
导电滚轮以下焊丝发红	①导电滚轮导电不良 ②焊丝伸出长度太长	①更换导电滚轮 ②调节焊丝至合适伸出长度
导电滚轮末端熔化	①焊丝伸出太短 ②焊接电流太大或焊接电压太高 ③引弧时焊丝与焊件接触太紧	①增加焊丝伸出长度 ②调节合适的工艺参数 ③使其接触可靠但不要太紧
停止焊接后,焊丝与焊件粘住	MZ-1000型焊机的停止按钮未分两步按动,而是一次按下	按照焊机规定的程序按动"停止"按钮

（四）熔化极气体保护焊设备的维修

1. 设备使用方法

以 NBC-400 型 CO_2 气体保护焊焊机（图 1-10）为例介绍其使用方法（表 1-17）。

2. 熔化极气体保护焊设备的安全操作规程和安全防护

熔化极气体保护焊设备的安全操作规程和安全防护见表 1-18。

图 1-10　NBC-400 型 CO_2 气体保护焊焊机

表 1-17　NBC-400 型 CO_2 气体保护焊焊机的使用方法

类别	说　明
焊前准备	将焊机的线路和气路全部连接好 ①闭合三相电源开关,焊机和网络电源接通。扳动焊机上的控制电源开关及预热器开关,预热器升温 ②打开 CO_2 气瓶并合上焊机上的检测气流开关,开始旋动流量调节器阀门,调节合适的 CO_2 气体的流量值后,断开检测气流开关 ③扳开送丝机构上的压丝手柄,把焊丝通过导丝孔放入送丝轮的 V 形槽内,再把焊丝端部推入软管,合上压丝手柄,并调整合适的压紧力。这时,按动焊枪上的微动开关,送丝电动机转动焊丝经导电嘴送出。焊丝伸出长度应距喷嘴 10mm 左右,多余长度用钳子剪断 ④合上焊机控制面板上的空载电压检测开关,选择空载电压值,调节完毕,断开检测开关,此时焊机进入准备焊接状态
焊接	①将焊丝端头与焊件保持 2～3mm 的距离 ②按下焊枪微动开关,气阀打开提前送气。稍后 1～2s,焊接电源接通,焊丝送出,焊丝与焊件接触,同时电弧引燃,焊机进入正常工作状态,即可进行焊接操作
停止焊接	①松开焊枪微动开关,焊机停止送丝,电弧熄灭,滞后 2～3s 停气,焊接结束 ②关闭气源、预热器开关和控制电源开关,关闭总电源,拉下闸刀开关,松开压丝手柄,去除弹簧的压力,最后将焊机整理好

表 1-18　熔化极气体保护焊设备的安全操作规程和安全防护

类别	说　明
安全操作规程	①启用焊机前,应详细了解焊机的性能和结构,注意所用电源电压必须与焊机铭牌上的数值相符,并保证焊机接地可靠 ②焊机的外部接线必须正确无误,电缆接头必须拧紧 ③焊机使用前,要接通水源并保证供水泵正常运行,以免水路不通而烧坏焊枪 ④所用焊丝不得有锈蚀,焊丝的绕制必须平整,整盘焊丝中不得有任何打折,否则将影响焊接质量和焊接的稳定性

类别	说　　明
安全操作规程	⑤经常检查焊丝的输送情况。使用时,压紧轮不宜过紧,否则容易使滚轮磨损,电动机过载,并压坏焊丝,使软管和导电嘴加速损坏;但也不宜过松,过松会使焊丝输送打滑 ⑥经常注意导电嘴的接触情况,如发现磨损过多且接触不良时,则及时更换;并保持在喷嘴上涂一些硅油,以便于清除喷嘴黏结的金属飞溅物 ⑦经常注意电缆的绝缘情况,如发现有漏坏时,须重新加以绝缘后使用,以免造成短路和触电等事故 ⑧应经常检查气路是否有漏气现象,并及时处理 ⑨焊机使用一段时间后,应定期向送丝机构减速箱内注入润滑油 ⑩当焊机发生故障必须修理时,应将焊机与电源切断再进行处理 ⑪焊机较长时间不用时,应将焊丝从软管中抽出,以免因时间长发生生锈等缘故而使焊丝拉不出来。另外,应将焊机放置在空气流通、干燥的场所 ⑫对于其他方面的安全注意事项与一般明弧焊和惰性气体保护焊相同
安全防护	①熔化极气体保护焊电流密度大、紫外线较强,若不慎很容易引起电光性眼炎及裸露的皮肤被紫外线灼伤。因此,焊工操作时,必须戴好面罩,且护目玻璃的颜色要选用深一些的(9～10号为宜)。同时应穿戴好劳动保护服等防护用品 ②若进行CO_2气体保护焊时,不仅会产生烟雾和金属粉尘,而且还会产CO、CO_2等有害气体和烟尘,其中以CO毒性最大,应防止中毒。因此,焊接场所必须有良好的排气和通风设备。在封闭的容器中或狭小的环境下焊接时,应直接向焊工工作地点输送新鲜空气或戴特殊面具等

3. 熔化极气体保护焊设备的常见故障分析及维修

下面以应用较为广泛的半自动CO_2气体保护焊焊机为例,介绍其常见故障分析及维修。半自动CO_2气体保护焊焊机的常见故障、产生原因及排除方法见表1-19。

表1-19 半自动CO_2气体保护焊焊机的常见故障、产生原因及排除方法

常见故障	产生原因	排除方法
按下启动开关,送丝动机不转或转但不送丝	①电动机炭刷磨损 ②控制线路继电器的触点烧损或线圈烧损 ③控制按钮损坏 ④控制线路断头或开关接触不良 ⑤送丝滚轮打滑 ⑥导电嘴与焊件熔合在一起 ⑦焊丝因卷曲卡在软管进口处 ⑧熔丝烧断	①修复或更换 ②修复或更换 ③更换 ④检修控制线路,更换开关 ⑤调紧送丝滚轮压紧力 ⑥更换导电嘴 ⑦将焊丝退出剪掉一段 ⑧更换熔丝

续表

常见故障	产生原因	排除方法
送丝不均匀	①送丝滚轮压紧力不足 ②送丝滚轮磨损 ③焊丝弯曲 ④导电嘴内孔过小 ⑤焊丝盘上的焊丝缠绕不好 ⑥焊枪开关或控制线路接触不良 ⑦送丝软管接头处或内层弹簧松动或堵塞	①调节送丝滚轮压紧力 ②换新件 ③校直 ④换新件 ⑤更换焊丝盘或重绕或校直焊丝 ⑥检修 ⑦清洗、修理
焊丝在送丝滚轮和软管口处卷曲或打结	①送丝滚轮离软管接头进口处太远 ②送丝滚轮压力太大,焊丝变形 ③送丝滚轮、软管接头和导丝接头不在一条直线上 ④导电嘴与焊丝粘住	①加长接头,缩短距离 ②调整压力 ③调成直线 ④更换导电嘴
焊接电压低	①网络电压低 ②三相电源断相,可能有熔丝单相断路或单相硅整流元件被击穿 ③三相变压器单相断电或短路 ④接触器单相不供电 ⑤分挡开关导线脱焊	①转动分挡开关使电压上升 ②更新元件 ③查出断电或短路原因并排除 ④修理接触器触点 ⑤找出脱焊并焊好
焊接电流小	①二次电缆导线接触不良 ②导电嘴间隙太大,导电不良 ③送丝电动机转速提不高	①清理接触面并拧紧 ②更换导电嘴 ③检修电动机及供电系统
气体保护不良	①气瓶内气体不足,甚至没气 ②气路堵塞或接头漏气 ③预热器断电造成减压器冻结 ④电磁气阀或电磁电源故障 ⑤喷嘴内被飞溅物堵塞 ⑥工作场地空气对流大 ⑦气体流量不足	①更换新瓶 ②检修气路,紧固接头 ③检修预热器,接通电路 ④检修 ⑤清理喷嘴 ⑥设挡风板 ⑦加大流量
未按送丝按钮红灯亮,导电嘴碰到焊件短路	交流接触器触点常闭	更换或修理接触器

(五) 钨极氩弧焊设备的维修
1. 钨极氩弧焊设备的使用
以 NSA2-300-2 交直流两用手工氩弧焊焊机（图 1-11）为例来说明其使用方法。

① 先将焊接电源的交流输入端用三根电源线接在三相电源开关上，然后把焊接电源、控制箱、焊枪、供气系统、供水系统以及焊件相互连接起来。注意焊机必须可靠接地。连接焊接电缆时，极性的选择应根据被焊接材料来选定。

② 将焊接电源面板上的转换开关扳向"氩"的位置。

③ 根据所焊材料的不同来选择电流（交流或直流）。若焊接铝及铝

图 1-11 NSA2-300-2 交直流两用手工氩弧焊焊机

合金时，应将转换开关扳至"交流"位置；若焊接不锈钢时，应将转换开关扳至"直流"位置。

④ 打开检气开关，调节好氩气流量后，再关闭检气开关。接通冷却水，调节水的流量，使其不小于 1L/min，合上开关，水源接通，指示灯亮。

⑤ 若焊接结束时需要电流衰减，则应将"电流衰减"开关扳到"有"的位置；反之，扳到"无"的位置。

⑥ 根据焊接电流的大小，将气体延时开关扳到"长"或"短"的位置。

⑦ 根据工艺要求调节好焊接电流等参数。

⑧ 水、电、气均调节好后可进行焊接。焊接时，按动焊枪上的开关，启动焊机，电磁气阀动作，氩气提前送出。引弧系统工作，用于引弧的高压脉冲产生，电弧引燃。电弧建立后，可根据预先选择好的焊接速度移动焊枪进行焊接。

⑨ 停止焊接时，松开焊枪上的开关即可。

⑩ 焊接完毕，关闭电源开关和电源总开关，关闭供气系统和供水系统。

2. 钨极氩弧焊设备的安全操作

钨极氩弧焊设备的安全操作规程和安全防护见表 1-20。

3. 钨极氩弧焊设备的常见故障分析及维修

钨极氩弧焊焊机在使用过程中的常见故障、产生原因及排除方法见表 1-21。

表 1-20　钨极氩弧焊设备的安全操作规程和安全防护

类别	说　明
安全操作规程	①启动焊机前,必须仔细了解焊机的性能及结构,否则不得使用 ②必须按相应的负载持续率使用焊机 ③经常注意焊机的工作情况,发现问题及时解决,焊机若有异常现象时,不能使用 ④注意供水系统的工作情况,当水的流量小时(水流开关有故障),应立即停止焊接,以免烧坏焊枪 ⑤必须定期检查焊接电源和控制系统的继电器、接触器的工作情况,发现触头接触不良时,及时修理和更换 ⑥经常注意供气系统的工作情况,发现漏气现象及时解决 ⑦焊枪喷嘴被烧坏,应及时更换,以保证有良好的气体保护效果 ⑧焊接结束后,焊枪和焊接电缆线应一起盘好,放在合适的地方,避免碰坏焊枪上的喷嘴。严禁踩压供气和进出水的胶管
安全防护	①钨极氩弧焊在施焊过程中,弧温高,紫外线辐射强,要求操作者必须佩戴好专用电焊面罩、工作帽、手套和工作服等 ②工作场所必须有良好的通风装置 ③为防止高频影响,要求焊件接地良好;焊枪和焊接电缆要用金属编织线屏蔽,以减少高频作用时间 ④钨极应放在铅盒内保存,或放在厚壁钢管内密封 ⑤焊机必须可靠接地,否则不得施焊 ⑥磨削钨极所产生的粉尘接触人体是不利的,所以在砂轮机上磨削时,必须装有吸尘装置,戴手套、口罩、平光眼镜,磨削完要洗手洗脸

表 1-21　钨极氩弧焊焊机在使用过程中的常见故障、产生原因及排除方法

常见故障	产生原因	排除方法
电源开关接通后指示灯不亮	①电源开关损坏 ②指示灯触不良或损坏 ③熔断器烧断 ④控制变压器损坏	①更换电源开关 ②使指示灯接触良好或更换指示灯 ③更换熔断器 ④修复控制变压器
控制线路有电,但焊机不启动	①焊枪上的开关接触不良 ②控制变压器损坏 ③继电器故障	①修复或更换开关 ②修复或更换变压器 ③修理继电器
焊机启动后振荡器放电,但不引起电弧	①网络电压太低 ②焊件接触不良 ③钨极与焊件间距离不合适 ④火花塞间隙不合适	①提高网络电压 ②清理焊件 ③调整钨极与焊件间距离 ④调整火花塞间隙
焊机启动后振荡器不振荡或振荡微弱	①高频振荡器或脉冲引弧器故障 ②火花放电器间隙不对 ③放电器电极损坏或云母击穿	①检修引弧器 ②调整间隙至适当程度 ③修复或更换放电器电极、云母

续表

常见故障	产生原因	排除方法
焊机启动后 无氩气输出	①按钮开关接触不良 ②电磁气阀出现故障 ③气路堵塞或气瓶内气体用完 ④控制线路故障 ⑤气体延时线路故障	①清理按钮开关触点 ②修复电磁气阀 ③疏通气路，换氩气 ④检修线路 ⑤检修线路
焊接过程中 电弧不稳	①脉冲稳弧器不工作 ②消除直流分量的元件故障 ③焊接电源故障	①修复脉冲稳弧器 ②修复元件或更换 ③检修

第三节 | 电焊机维修中使用的设备、仪表与工具

一、电焊机维修用辅助设备

电焊机维修用辅助设备见表 1-22。

表 1-22　电焊机维修用辅助设备

类别	说　明	图　示
绕线机	一般修理厂可不必专门备置，确有多匝线圈需要绕线机时，亦可自制简易的木支架(土绕线机)代替，如右图所示，一般大、中型企业的电修车间或机修车间中的电修工段(或班组)，通用绕线机是必备的修理设备	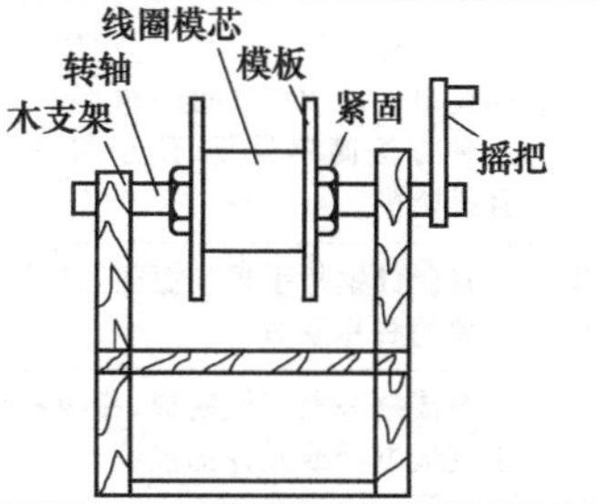
立绕机或立绕胎膜	某些电焊机线圈采用扁线立绕结构[右图(a)]，这种特殊结构的线圈没有立绕机或专用胎模具是难以制成的。立绕胎模较为复杂，有多种结构形式，如右图(b)所示是其中的一种简易形式，使用方便、易于制作，适宜工厂和维修单位	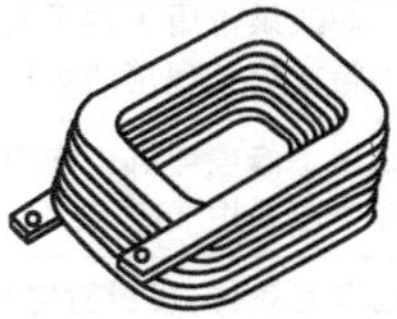 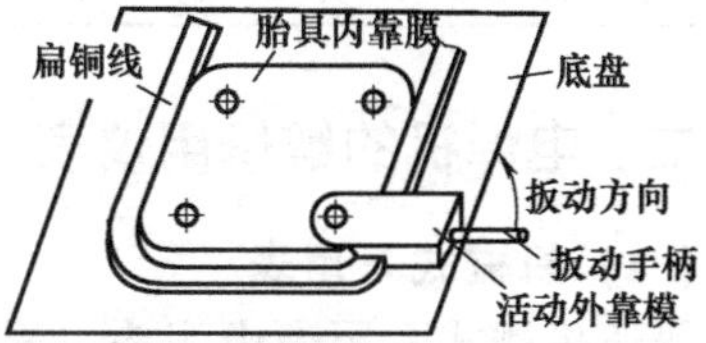

类别	说　　明	图　　示
负载电阻箱	负载电阻箱的电路原理如右图(a)所示,可作为焊机的负载,用以测定修理后焊机的输出电流、焊机的外特性和电流调节范围,是校验电焊机的必备设备。负载电阻箱有 200A、300A 两种规格,大多情况下可以多台并联 　　如果没有负载电阻箱,也可以使用自制的盐水电阻箱代替,只不过误差大一些,盐水电阻箱的结构如右图(b)所示 　　当水里放入一定量的食盐之后,成为具有一定浓度的氯化钠水溶液,它可以导电,并具有一定的电阻。水槽外壳(铁制)作为一个电极(B),电极板(铜制)作为另一个电极(A),电极板浸在盐水中,并可调节电极板浸入水中的深度。这样,通过调节浸入盐水中的电极板面积就可改变电极板间的电阻值,即电阻箱接线端(A)和(B)间的电阻值。这种方法简单易行,便于制造,且投资少	 $R_1 \sim R_5$ — 电阻元件；　$S_1 \sim S_5$ — 刀开关 (a) (b)
硅钢片涂漆机	自制硅钢片手摇涂漆机,结构简单,使用方便,可使硅钢片的漆膜均匀,可提高硅钢片的叠片系数	
浸漆槽	浸漆槽一般用铁制成,相应浸漆槽可用于各种线圈和变压器的整体浸漆,也可用于其他电器或元件的浸漆	
烘干炉或烘箱	烘干炉或烘箱用于烘干浸过漆及受潮线圈及各种受潮器械件,可以置备,也可用焊条烘箱或热处理用的烘炉代用	
电钻及钻头	电钻用于修理焊机工作中的钻孔。手电钻采用电压一般为 220V 交流电,在潮湿的环境中应采用 36V 电压	
焊接设备	根据现有条件,可设置电烙铁、气焊、电阻焊(对焊)或氩弧焊设备,用于导线的接长、补焊及线圈引出线的焊接等	

二、电焊机的维修用仪表

(一) 机械式万用表

普通机械式万用表由表头 (磁电式)、挡位转换开关、机械调零装置调零电位器、表笔、插座等构成。按旋转开关的形式可分为两类：一类为单旋转开关型，如 MF201 型、MF91 型、MF47 型［图 1-12（a）］、MF50 型等；另一类为双旋转开关式，代表型号为 MF500 型［图 1-12（b）］。

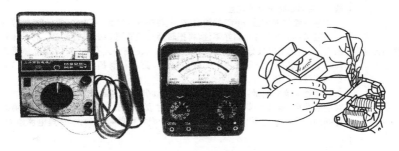

(a) MF47型万用表外形   (b) MF500型万用表外形   (c) 使用方法

图 1-12　万用表外形图及使用方法

1. 机械式万用表的使用方法及注意事项

机械式万用表的使用方法及注意事项见表 1-23。

表 1-23　机械式万用表的使用方法及注意事项

类别	说　　明
使用方法	①机械式万用表的使用方法如图 1-12(c)所示,使用万用表之前,应先注意表针是否指在"∞(无穷大)"的位置,如果表针不正对此位置,应用螺钉旋具调整机械调零钮,使表针对正此位置。注意:此调零钮只能调半圈,否则有可能会损坏,以致无法调整 ②在测量前,应首先明确测试的物理量,并将转换开关拨至相应的挡位上,同时还要考虑好表笔的接法。然后再进行测试,以免因误操作而造成万用表的损坏 ③将红表笔(正)插入"+"孔内,黑表笔(负)插"-"或"＊"孔内,如需测大电流、高电压,可以将红表笔分别插入 2500V、5A 插孔 ④测电阻:在用不同量程之前,都应先将正负表笔对接,调整"调零电位器Ω",让表针正好指在零位,而后再进行测量,否则测得的阻值误差太大 　每换一次挡,都要进行一次调零,再将表笔接在被测物的两端测量电阻值 　电阻值的读法:将开关所指的数与表盘上的读数相乘,就是被测电阻的阻值。例如:用 $R \times 100$ 挡测量一只电阻,若表针指在"10"的位置,那么这只电阻的阻值是 $10 \times 100\Omega = 1000\Omega = 1k\Omega$;若表针指在"1"的位置,其电阻值为 100Ω;若表针指在"100",则为 10 kΩ,以此类推 ⑤测电压:测量电压时,应将万用表调到电压挡,并将两表笔并联在电路中进行测量。测量交流电压时,表笔不分正负极;测量直流电压时红表笔接电源的正极,黑表笔接电源的负极。如果测量前不能估测出被测电路电压的大小,应用较大的量程去试测,如果表针摆动很小,再将转换开关拨到较小量程的位置;如果表针迅速摆到零位,应该马上把表笔从电路中移开,加大量程后再去测量

类别	说　明
使用方法	⑥测直流电流：将表笔串联在电路中进行测量（将电路断开），红表笔接电路的正极，黑表笔接电路中的负极。测量时应该先用高挡位，如果表针摆动很小，再换低挡位。如需测量大电流，应该用扩展挡。万用表的电流挡是最容易被烧毁的，在测量时千万要注意 ⑦晶体管放大倍数(hFE)的测量：先把转换开关转到 ADJ 挡（无 ADJ 挡位的万用表可用 $R \times 1k$ 挡）调好零位，再把转换开关转到 hFE 进行测量。将晶体管的 B、C、E 三个电极分别插入万用表上的 b、c、e 三个插孔内，PNP 型晶体管插 PNP 位置，读第四条刻度线上的数值；NPN 型晶体管插入 NPN 位置，读第五条刻度线的数值 ⑧穿透电流的测量：按照晶体管放大倍数(hFE)的测量方法，将晶体管插入对应的孔内，但晶体管的 B 极不插入，这时表针将有一个很小的摆动，根据表针摆动的大小来估测"穿透电流"的大小。表针摆动幅度越大，穿透电流越大，反之越小
使用注意事项	①不能在正负表笔对接时或测量时旋转转换开关，以免旋转到 hFE 挡位时，表针迅速摆动，将表针打弯或烧坏 ②在测量不清楚数值的电压、电流时，应先用大量程的挡位测量一下，再选择合适的量程去测量 ③不能在通电的状态下测量电阻，否则会烧坏万用表。应断开电阻的一端，这样准确度高，测完后再焊好 ④每次使用完万用表，都应该将转换开关调到交流最高挡位，以免下次使用不注意时烧坏万用表 ⑤在每次测量之前，应该先看转换开关的挡位，避免损坏万用表 ⑥万用表不能受到剧烈振动，否则灵敏度会下降甚至损坏 ⑦使用万用表时应远离磁场，以免影响其性能 ⑧万用表长期不用时，应该把表内的电池取出，以免腐蚀表内的元器件

2. 机械式万用表常见故障的检测及万用表的选用

以 MF47 型万用表为例，机械式万用表常见故障的检测及万用表的选用见表 1-24。

表 1-24　机械式万用表常见故障的检测及万用表的选用

类别		说　明
机械式万用表常见故障的检测	磁电式表头故障	a. 摆动表头，指针摆幅很大且没有阻尼作用。原因为可动线圈短路、游丝脱焊 b. 指示不稳定。原因为表头接线端松动或动圈引出线、游丝、分流电阻等脱焊或接触不良 c. 零点变化大，通电检查误差大。原因可能是轴承与轴承配合不妥当，游丝严重变形或太脏，磁间隙中有异物等

续表

类别		说 明
机械式万用表常见故障的检测	直流电流挡故障	a. 测量时,指针无偏转。原因为表头回路断路,使电流等于零;表头分流电阻短路,使绝大部分电流流不过表头;接线端脱焊,使表头中无电流流过 b. 部分量程指针无偏转或误差大。原因是分流电阻断路、短路或变值 c. 测量误差大。原因是分流电阻阻值变大,导致正误差;阻值变小,则导致负误差 d. 指示无规律,量程难以控制。原因多为量程转换开关位置窜动,调整位置,安装正确后即可
	直流电压挡故障	a. 指针不偏转,示值始终为零。原因是分压附加电阻断路或表笔断线 b. 误差大。原因是附加电阻的阻值增加引起示值的正误差;阻值减小引起示值的负误差 c. 正误差超差并随着电压量程变大而严重。原因是表内电压电路元件受潮而漏电,电路元件或其他原件漏电,印制电路板受污、受潮、击穿、电击碳化等引起漏电。检修时削去烧焦的纤维板,清除粉尘,用酒精清洗电路后烘干;严重时,应用小刀割铜箔与铜箔之间的电路板,使绝缘良好 d. 不通电时指针有偏转,小量程时更为明显。原因是受潮和污染严重,使电压测量电路与内置电池形成漏电回路
	交流电压、电流挡故障	a. 交流挡时指针不偏转、示值为零或很小。原因多为整流元件短路或断路,或引脚脱焊。检查整流元件,如有损坏时应更换,有虚焊时应重焊 b. 使用交流挡,示值减少一半。原因是整流电路故障,即全波整流电路局部失效而变成半波整流电路使输出电压降低。更换整流元件,故障即可排除 c. 交流电压挡,指示值超差。原因是串联电阻阻值变化超过元件允许误差而引起的。当串联电阻阻值降低、绝缘电阻降低、转换开关漏电时,将导致指示值偏高。相反,当串联电阻阻值变大时,将使指示值偏低。应更换元件、烘干或修复转换开关等排除故障 d. 使用交流电流挡时,指示值超差。原因为分流电阻阻值变化或电流互感器发生匝间短路。更换元器件或调整修复元器件排除故障 e. 交流挡时,指针抖动。原因为表头的轴尖配合太松,修理时指针安装不紧,转动部分质量改变等。尤其是当电路中的旁路电容变质失效而无滤波作用时更为明显。排除故障的办法是修复表头或更换旁路电容
	电阻挡故障	a. 电阻挡常见故障是各挡位电阻损坏。原因多为使用不当,用电阻挡误测电压等造成。使用前,用手捏两表笔,如摆动则应拨电阻挡烧坏,应予以更换 b. $R \times 1$ 挡两表笔短接之后,调节调零电位器不能使指针回到零位。原因多是万用表内置电池电压不足或电极触靠受电池漏液腐蚀生锈造成接触不良。此类故障在仪表长期不更换电池情况下出现最多。如果电池电压正常,接触良好,调节调零电位器指针不稳定,无法调到欧姆零位,则多是调零电位器损坏 c. $R \times 1$ 挡可以调零,其他量程挡无法调零,或只是 $R \times 10$k、$R \times 100$k 挡调不到零。原因是分流电阻阻值变小或者高阻量程的内置电池电压不足。更换电阻元件或叠层电池即可 d. 表笔短路,表头指示不稳定。原因多是线路中有假焊点、电池接触不良或表笔引线内部断线。修复时应先保证电池接触良好,表笔正常,如果表头指示仍然不稳定,应寻找线路中假焊点并修复 e. 在某一量程测量电阻时严重失准,而其余各挡正常。原因往往是量程开关所指的表箱内对应电阻已经烧毁或断线 f. 指针不偏转,电阻示值总是无穷大。原因大多是由于表笔断线、转换开关接触不良、电池电极与引出簧片之间接触不良、电池日久失效已无电压以及调零电位器断路。找到具体原因之后做针对性的修复,或更换内置电池

续表

类别	说　　明
机械式 万用表 的选用	①检测无线电等弱电子设备:选用万用表时一定要注意以下三个方面 　a. 万用表的灵敏度不能低于 20kΩ/V,否则在测试直流电压时,测试数据不准 　b. 需要上门修理时,应选外形稍小一些的万用表,如 50 型 LJ201 等;如果不需上门修理,可选择 MF47 型或 MF50 型 　c. 频率特性选择方法是:用直流电压挡测高频电路(如彩色电视机的行输出电路电压),看是否显示标称值,如是则频率特性高;如指示值偏高则频率特性差(不抗峰值),表明此表不能用于高频电路的检测 ②检测电力设备:比如检测电焊机、空调、冰箱等,选用的万用表一定要有交流电流测试挡 ③检查表头的阻尼平衡:首先进行机械调零,将表在水平、垂直方向来回晃动,指针不应该有明显的摆动;将表水平旋转或竖直放置时,表针偏转不应该超过一小格;将表针旋转 360°时,指针应该始终在零附近均匀摆动。如果达到了上述要求,就说明表头在平衡和阻尼方面达到了标准

(二) 数字式万用表

数字式万用表灵敏度高、准确度高、显示清晰、过载能力强、便于携带,使用更简单。数字式万用表在其下方有一个转换旋钮,旋钮所指的是测量的挡位。数字式万用表的挡位主要有以下几种:"V～"表示测量交流电压的挡位;"V—"表示测量直流电压的挡位;"A～"表示测量交流电流的挡位;"A—"表示测量直流电流的挡位;"Ω (R)"表示测量电阻的挡位;"hFE"表示测量晶体管的挡位。

以 DT9205A 型万用表为例介绍其使用技巧和注意事项。DT9205A型数字式万用表外形如图 1-13 所示。

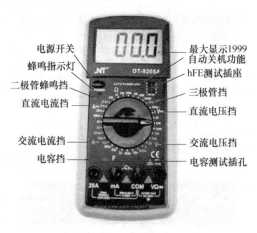

图 1-13　DT9205A 型数字式万用表外形

1. 使用方法

数字式万用表的使用方法见表1-25。

2. 使用注意事项

① 首先注意检查电池。将数字式万用表的 ON～OFF 钮按下，如果电池电量不足，则显示屏左上方会出现电池正负极符号"$\boxed{-+}$"，此时需更换表内 9V 电池。

还要注意测试表插孔旁边的符号，这是警告要留意测试电压和电流不要超出指示数字。此外，在使用前要先将量程放置在你想测量的挡位上。

② 数字式万用表为精密电子仪表，内部电路及所使用的电源种类，均不可随便改动，否则将会造成永久性损坏。

③ 如果无法预先估计被测电压或电流的大小，则应先拨至最高量程挡测量一次，再视情况逐渐把量程减小到合适位置。测量完毕，应将量程开关拨到最高电压挡，并关闭电源。

满量程时，仪表仅在最高位显示数字"1"，其他位均消失，这时应选择更高的量程。

测量电压时，应将数字式万用表与被测电路并联。测量电流时，应与被测电路串联，且不必考虑正、负极性。

"COM"与"VΩ"或"VΩHz"插孔之间，输入电压不得大于 DC1000V、AC750V 有效值。

④ 当误用交流电压挡去测量直流电压，或者误用直流电压挡去测量交流电压时，显示屏将显示"000"，或低位上的数字出现跳动。

⑤ 更换电池和熔丝需在切断电源及终止所有测量工作后进行。

更换电池方法：使用十字螺钉旋具，旋出仪表背面后盖或电池门的螺钉，取下后盖或电池门，取出 9V 电池，即可更换。

更换熔丝方法：打开仪表后盖，熔丝位于仪表内线路板下方，取出后用相同规格的熔丝更换。

⑥ 在测量的过程中，绝对禁止旋转功能转换开关，以避免机内打火，损坏仪表。

⑦ 切记测量前应先转换挡位，不可用电阻挡或电流挡测量电压，否则会造成万用表内电路损坏。

⑧ 测量电压时，不可用手触及金属带电部分，如表笔的测试端点。

⑨ 使用完仪表后，请关闭电源。如长时间不使用仪表，请将电池取出。

表 1-25　数字式万用表的使用方法

类别	说　明	图　示
使用前	用前应认真阅读万用表的使用说明书,熟悉电源开关、量程开关、插孔、特殊插口的作用	—
电源开关	将电源开关置于 ON 位置	—
交直流电压的测量	交直流电压的测量。根据需要将量程开关拨至 DCV(直流)或 ACV(交流)的合适量程,红表笔插 V/Ω 孔,黑表笔插入 COM 孔,并将表笔与被测线路并联,读数即显示。交流电压测量如右图(a)所示。直流电压测量如右图(b)所示	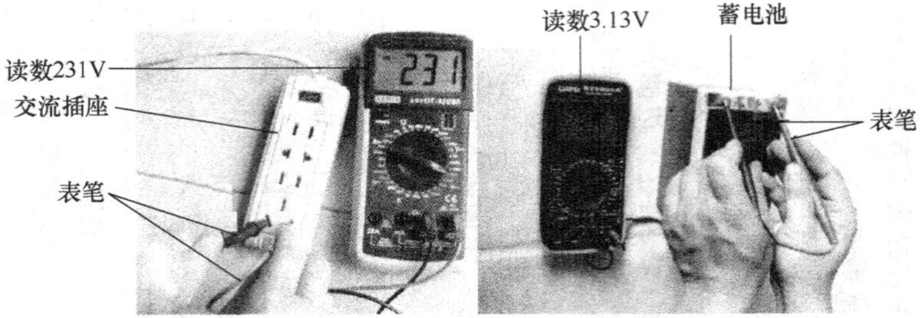 (a) 交流电压测量　读数231V　交流插座　表笔 (b) 直流电压测量　表笔　蓄电池　读数3.13V

续表

类别	说　明	图　示
交直流电流的测量	将量程开关拨至 DCA(直流)或 ACA(交流)的 20A 量程,红表笔插入 20A 孔,黑表笔插入 COM 孔,并将万用表串联在被测电路中即可。测量直流量时,数字万用表能自动显示极性。直流电流测量如右图所示	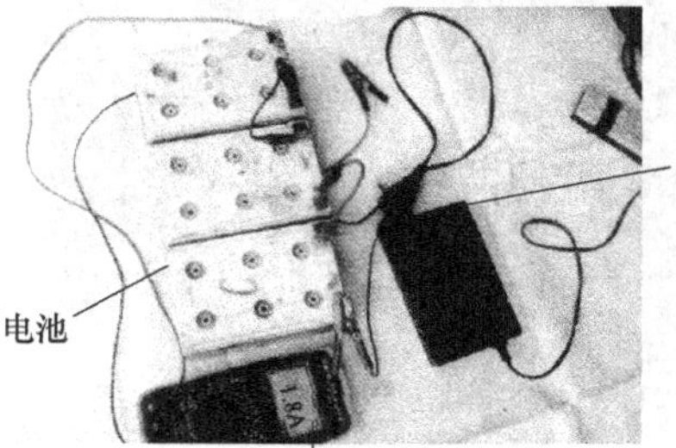 充电器 蓄电池 读数1.8A
电阻的测量	如右图(a)所示,将量程开关拨至电阻挡的合适量程,红表笔插入 V/Ω 孔,黑表笔插入 COM 孔。如果被测电阻值超出所选择量程的最大值,万用表将显示“1”(表示无穷大),这时应选择更高的量程。测量电阻时,红表笔为正极,黑表笔为负极,这与指针式万用表正好相反。因此,测量晶体管、电解电容器等有极性的元器件时,必须注意表笔的极性。电阻的测量如右图(b)所示	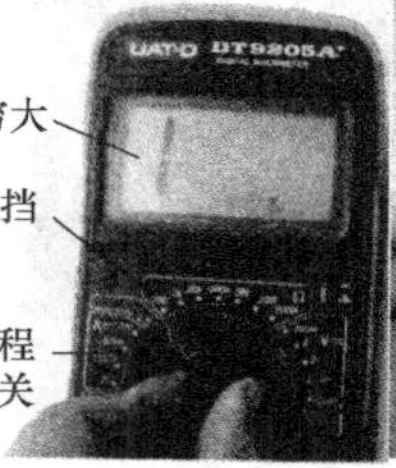 读数1表示无穷大 200Ω挡 量程开关 (a) 将量程开关拨至电阻挡的合适量程(200Ω) 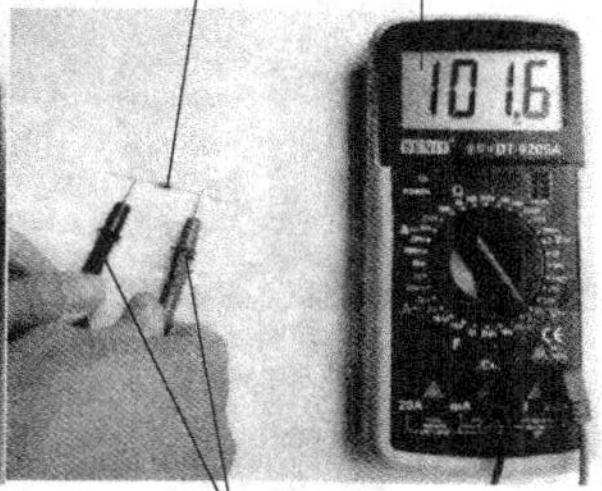 电阻 读数101.6Ω 表笔 (b) 电阻的测量

续表

类别	说　明	图　　示
线路通断的测量	将量程开关拨至蜂鸣器挡，红表笔插入V/Ω孔，黑表笔插入COM孔。将红表笔、黑表笔放在要检查的线路两端，如万用表发出声音表示连接线路相通，否则为线路断路（万用表显示"1"）。导线通断的测量如右图所示	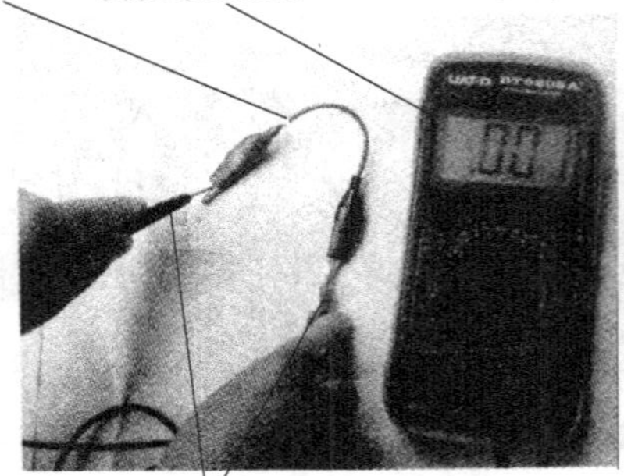 读数0表示通路 导线　表笔
二极管的测量	将量程开关拨至二极管挡（万用表二极管挡为一个挡位），红表笔插入V/Ω孔，黑表笔插入COM孔。将红表笔接二极管正极，黑表笔接二极管负极，测量读数在570mV左右（型号不同，读数接正极接负极都不同）；若把红表笔接负极，黑表笔接正极，表的读数应为"1"（表示不通）。若正反测量都不符合要求，则说明二极管已损坏，如右图所示	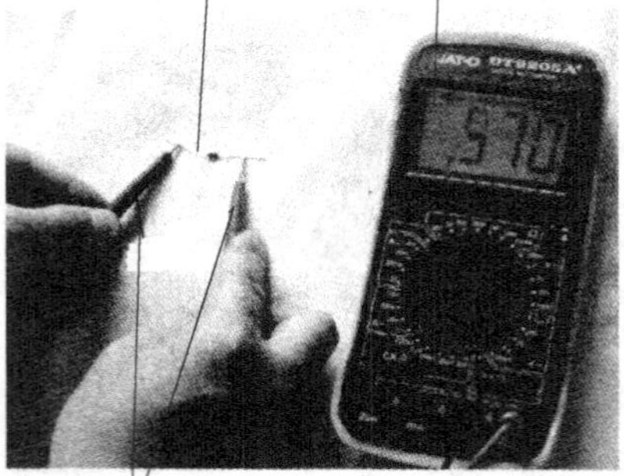 读数570 二极管　表笔

3. 数字万用表常见故障与检测

① 仪表无显示。首先检查电池电压是否正常（一般用的是 9V 电池，新的也要测量）。其次检查熔丝是否正常，若不正常，则予以更换。检查稳压块是否正常，若不正常，则予以更换。限流电阻是否开路，若开路，则予以更换。再查线路板上的线路是否有腐蚀或短路、断路现象（特别是主电源电路线），若有，则应清洗电路板，并及时做好干燥和焊接工作；如果一切正常，测量显示集成块的电源输入的两脚，测试电压是否正常，若正常，则该集成块损坏，必须更换该集成块；若不正常，则检查其他有没有短路点。

② 电阻挡无法测量。首先从外观上检查电路板，在电阻挡回路中有没有连接电阻烧坏，若有，则必须立即更换；若没有，则对每一个连接元件进行测量，有坏的及时更换；若外围都正常，则测量集成块是否损坏。

③ 电压挡在测量高压时示值不准，或测量稍长时间示值不准甚至不稳定。此类故障大多是由于某一个或几个元件工作功率不足引起的。若在停止测量的几秒内，检查时会发现这些元件发烫，这是由于功率不足而产生了热效应所造成的，同时形成了元件的变值（集成块也是如此），应更换该元件（或集成电路）。

④ 电流挡无法测量。多数是由于操作不当引起的，检查限流电阻和分压电阻是否烧坏，若烧坏，则应予以更换；检查到放大器的连线是否损坏，若损坏，则应重新连接好；若不正常，则更换放大器。

⑤ 示值不稳，有跳字现象。检查整体电路板是否受潮或有漏电现象，若有，则必须清洗电路板并做好干燥处理；输入回路中有无接触不良或虚焊现象（包括测试笔），若有，则必须重新焊接；检查有无电阻变质或刚测试后有无元件出现烫手现象，这种现象是由于其功率降低引起的，若有此现象，则应更换该元件。

⑥ 示值不准。这种现象主要是测量通路中的电阻值或电容失效引起的，则更换该电容或电阻。检查该通路中的电阻阻值（包括热反应中的阻值），若阻值变值或热反应变值，则予以更换该电阻；检查 A/D 转换器的基准电压回路中的电阻、电容是否损坏，若损坏，则予以更换。

（三）绝缘电阻表

绝缘电阻表可用于测量电器绝缘电阻，还可用于测量高阻值电容器、各种电气设备布线的绝缘电阻、电线的绝缘电阻及电机线圈的绝缘电阻。

绝缘电阻表有指针式和数字式两种。由于维修电工多使用发电式指针电阻表，所以在此仅介绍常见的指针式绝缘电阻表。指针式绝缘电阻表在使用时必须摇动手把，所以又叫摇表，其外形及结构如图 1-14（a）所示。表盘上采用对数刻度，读数单位是兆欧，是一种测量高电阻的仪表。绝缘电阻表以其测试时所发生的直流电压高低和绝缘电阻测量范围大小来分类。常用的绝缘电阻表为 5050（ZC-3）型，直流电压 500V，测量范围 0～500MΩ。选用绝缘电阻表时要依电器的工作电压来选择，如 500V 以下的电器应选用 500V 的绝缘电阻表。

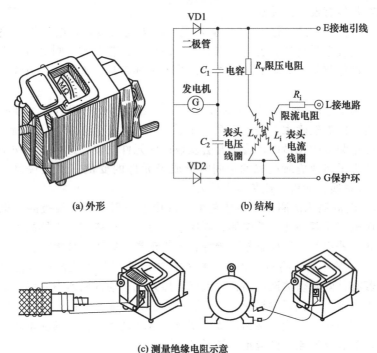

(a) 外形　　　　　　　　　　(b) 结构

(c) 测量绝缘电阻示意

图 1-14　绝缘电阻表的结构与测量绝缘电阻

1. 指针式绝缘电阻表的结构和工作原理

指针式绝缘电阻表由磁电式比率计和一个手摇直流发电机组成。磁电式比率计是一种特殊形式的磁电式电表，结构如图 1-14（b）所示。它有两个转动线圈，而没有游丝，电流由柔软的金属线引进线圈。这两个线圈互成一定的角度，装在一个有缺口的圆柱形铁芯外面，并且与指针一起固定在同一轴上，组成可动部分。固定部分由永久磁铁和有缺口的圆柱铁芯组成，磁铁的一个极与铁芯之间间隙不均匀。

由于绝缘电阻表内没有游丝，不转动手柄时，指针可以随意停在表盘的任意位置，这时的读数没有意义。因此，必须在转动手柄时读取数据。

2. 绝缘电阻表的使用方法

使用绝缘电阻表测量绝缘电阻时，须先切断电源，然后用绝缘良好的单股线把两表线（或端钮）连接起来，做一次开路试验和短路试验。在两个测量表线开路时摇动手柄，表针应指向无穷大；如果两个测量表线短路，表针应摆向零线。

测量绝缘电阻时，要把被测电器上的有关开关接通，使电器上所有电气件都与绝缘电阻表连接。如果有的电气元件或局部电路不和绝缘电阻表相通，则这个电气元件或局部电路就测不到。绝缘电阻表有三个接线柱，即接地柱 E、电路柱 L 和保护环柱 G，其接线方法依被测对象而定。测量设备对地绝缘时，被测电路接于 L 柱上，接地柱 E 接于地线上。测量电机与电气设备对外壳的绝缘时，将线圈引线接于 L 柱上，外壳接于 E 柱上。测量电机的相间绝缘时，L 和 E 柱分别接于被测的两相线圈引线上。测量电缆心线的绝缘电阻时，将心线接于 L 柱上，电缆外皮接于 E 柱上，绝缘包扎物接于 G 柱上。有关测量接线图如图 1-14（c）所示。

由于绝缘材料漏电或击穿，往往在加上较高的工作电压时才能表现出来，所以一般不能用万用表的电阻挡来测量绝缘电阻。

3. 绝缘电阻表使用注意事项

① 绝缘电阻表接线柱至被测物体间的测量导线，不能使用双股并行导线或绞合导线，应使用绝缘良好的导线。

② 绝缘电阻表的量程要与被测绝缘电阻值相适应，绝缘电阻表的电压值要接近或略大于被测设备的额定电压。

③ 用绝缘电阻表测量设备绝缘电阻时，必须先切断电源。对于有较大容量的电容器，必须先放电后测量。

④ 测量绝缘电阻时，一般绝缘电阻表以 120r/min 左右的转速摇动手柄，以一分钟测出的读数为准，读数时要继续摇动手柄。

⑤ 由于绝缘电阻表输出端钮上有直流高压，所以使用时应注意安全，不要用手触及端钮。

⑥ 测量中若表针指示到零，应立即停摇，如继续摇动手柄，则有可能损坏绝缘电阻表。

(四) 钳形电流表

钳形电流表主要用于测量焊机电流，由电流表头和电流互感线圈等组成，其外形如图 1-15 所示。

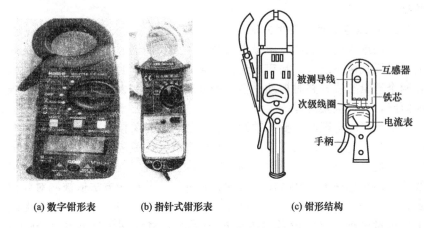

(a) 数字钳形表　　(b) 指针式钳形表　　(c) 钳形结构

图 1-15　钳形电流表外形

三、电焊机维修用工具

(一) 电烙铁

电烙铁是电子产品生产与维修中不可缺少的焊接工具。电烙铁主要利用电加热电阻丝或 PTC 加热元件产生热量，并将热量传送到烙铁头来实现焊接。电烙铁有内热式、外热式和电子恒温式等多种。

1. 内热式电烙铁

内热式电烙铁的铁头插在烙铁芯上，根据功率的不同，通电 2～5min 即可使用。烙铁头的最高温度可达 350℃。优点是重量轻、体积小、发热快、耗电省、热效率高，在焊机维修中主要用于维修电控板。常用的内热式电烙铁有 20W、25W、30W 及 50W 等多种。电子设备修理一般用 20～30W 内热式电烙铁即可。

图 1-16　内热式电烙铁的结构

内热式电烙铁的结构、使用及维修见表1-26。

表 1-26 内热式电烙铁的结构、使用及维修

项目	说 明
内热式电烙铁的结构	内热式电烙铁由外壳、手柄、烙铁头、烙铁芯及电源线等组成,其外形如图1-16所示。手柄由耐热的胶木制成,不会因烙铁的热度而损坏手柄。烙铁头由紫铜制成,它的质量的好坏与焊接质量有很大关系。烙铁芯是用很细的镍铬电阻丝在瓷管上绕制而成的,在常态下它的电阻值根据功率的不同为 $1\sim3k\Omega$。烙铁芯外壳一般由无缝钢管制成,因此不会因温度过热而变形。某些快热型烙铁为黄铜管制成,由于传热快,不宜长时间通电使用,否则会损坏手柄。接线柱用铜螺钉制成,用来固定烙铁芯和电源线
内热式电烙铁的使用	新电烙铁在使用前应用万用表测电源线两端的阻值,如果阻值为零,说明内部碰线,应拆开,将磁头处断开再插上电源;如果无阻值,多数是烙铁芯或引线断;如果阻值在 $3k\Omega$ 左右,再插上电源。通电几分钟后,拿起烙铁在松香上沾一下,正常时应该冒烟并有"吱吱"声,这时再沾锡,让锡在烙铁上沾满才好焊接。内热式电烙铁使用注意事项如下: ①用电烙铁焊接前,应先在松香或焊锡膏(焊油)上沾一下,一是去掉烙铁头上的污物;二是试验温度。而后再去沾锡,初学者应养成这一良好的习惯 ②待焊的部位应该先沾一点焊油,过分脏的部分应先清理干净,再沾上焊油去焊接。焊油不能用得太多,否则会腐蚀线路板 ③电烙铁通电后,电烙铁的放置头应高于手柄,否则,手柄容易烧坏 ④如果电烙铁过热,应该把烙铁头向外拔出一些;如果温度过低,可以把烙铁头向里多插一些,从而得到合适的焊接温度 ⑤焊接管子和集成电路等元件时,速度要快,否则容易烫坏元件。但必须要待焊锡完全熔在线路板和零件脚后才能拿开电烙铁,否则会造成假焊
内热式电烙铁的维修	①换烙铁芯:烙铁芯由于长时间工作,故障率较高。更换时首先取下烙铁头,用钳子夹住胶木连接杆,松开手柄,把接线柱螺钉松开,取下电源线和坏的烙铁芯。将新烙铁芯从接线柱的管口处细心放入芯外壳内,插入的位置应该与芯外壳另一端平齐为合适。放好烙铁芯后,将烙铁芯的两引线和电源引线一同绕在接线柱上紧固好,上好手柄和烙铁头即可 ②换烙铁头:烙铁头使用一定时间后会烧得很小,不能沾锡,需要更换。把旧的烙铁头拔下,换上合适的;如果太紧可以把弹簧取下,如果太松可以在未上之前用钳子镦紧。烙铁头最好使用铜棒制成的

2. 外热式电烙铁

外热式电烙铁由烙铁头、传热筒、烙铁芯、外壳及手柄等组成。烙铁芯是用电阻丝绕在薄云母片绝缘的筒子上的,由于烙铁芯套在烙铁头的外面,故称外热式电烙铁,其外形如图1-17所示。

外热式电烙铁一般通电加热时间较长,且功率越大,热得越慢。功率有 $75\sim300W$ 等多种。体积比较大、比较重,所以在修理小件电器中用得较少,多用于焊接较大的金属部件,使用及修理方法与内热式相同。

图 1-17　外热式电烙铁的结构

(二) 螺钉旋具

螺钉旋具的种类与用途及使用注意事项见表 1-27。

表 1-27　螺钉旋具的规格、用途及使用注意事项

种类	简图	用途、规格	使用注意事项
一字螺钉旋具		用途:主要用于拆装一字槽的螺钉、木螺钉等 规格:常以钢杆部分的长度来区分,其常用的规格有 50mm、75mm、125mm、150mm 等几种	旋具使用时应注意的事项有如下几点: ①选用旋具时,旋具口应与螺栓或螺钉槽口相适应,否则会损坏旋具或螺栓(螺钉)槽的口 ②使用前应擦净旋具口上的油污,以免工作时滑脱 ③使用时,以右手握持旋具,手心抵住柄端,使旋具口与螺栓或螺钉槽口垂直吻合,并先用力压紧旋具,然后扭动,如图 1-18 所示。使用较长的旋具时,可用右手压紧和拉动手柄,左手握旋具柄中部使它不致滑脱,以保证操作安全 ④使用偏置旋具时,因所施的压力很小,所以必须使旋具口与螺钉槽口完全吻合,才能顺利拆装螺钉 ⑤禁止用旋具当撬棒、凿子等用,如图 1-18(b)所示 ⑥使用完毕,应将旋具擦拭干净
十字螺钉旋具		用途:专用于拆装十字槽口的螺钉 规格:按十字口的直径可分为 2～2.5mm、3～5mm、5.5～8mm、10～12mm 四种规格	
花链头旋具		用途:适用于在空间受到限制的安装位置拆装小螺母或螺钉 规格:是一种使用简便的旋具与较大夹紧力的套筒相结合的工具	
旋具正确的握持方法		应以右手握持旋具,手心抵住旋具柄端,让旋具口端与螺栓(钉)槽口处于垂直吻合状态。当开始拧松或最后拧紧时,应用力将旋具压紧后再用手腕力按需要的力矩扭转旋具。当螺栓(钉)松动后,即可使手心轻压住旋具柄,用拇指、中指和食指快速扭转。使用较长的螺钉旋具时,可用右手压紧和转动旋具柄,左手握在旋具柄中部,防止旋具滑脱,以保证安全工作	

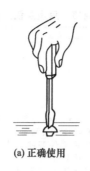

(a) 正确使用

(b) 错误使用

图 1-18　旋具的使用

（三）锤子

在电焊机维修中常用的有圆头锤子和横头锤子两种，其规格、用途及使用注意事项见表 1-28。

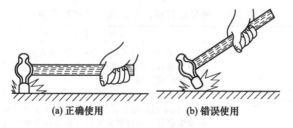

(a) 正确使用　　　(b) 错误使用

图 1-19　锤子的使用

（四）扳手

扳手主用于紧固和拆卸电焊机的螺钉和螺母，其种类、规格、用途及使用注意事项见表 1-29。

表 1-28　锤子的规格、用途及使用注意事项

种类	简图	用途、规格	使用注意事项
钢制圆头锤		用途:锤子俗称榔头,是用于錾削、矫正、弯曲、铆接和装拆零件等的敲击工具。手锤由锤头和木柄两部分组成,根据材质的不同可分铜锤、木锤、铁锤、橡胶锤等 规格:其规格是以锤头的质量单位规定的。常用的有 0.25kg、0.5kg、0.75kg、1kg、1.25kg 和 1.5kg 六种	使用时应注意的事项有如下几点: ①使用锤子前应注意检查手柄是否松动,如有松动应紧固,以防工作时锤头飞出伤人或损物事故 ②使用前,应将手上和锤柄上的汗水及油污擦干净,以免锤击时发生滑脱而敲偏,损坏工件或发生意外 ③使用时,手要握住锤柄后端[图 1-19(a)],握柄时手的握持力要松紧适度,这样才能保证锤击时灵活自如。锤击时要靠手腕的运动,眼应注视工件,锤头工作面和工件锤击面应平行,才能使锤面平整地打在工件上。错误操作方法如图 1-19(b)所示 ④锤击时,不应直接敲在有硬度的钢质零件表面上,以免零件或锤子碎裂飞溅伤人。通常垫铜梗或铜块,然后再敲击 ⑤锤击时,工件要放牢垫实,用力大小需根据工件性质而定,不可用力过猛,以免敲坏工件。在锤击铸铁等脆性工件和截面较薄的零件或悬空未垫实的工件时,不能用力过猛,以免打飞工件伤人
横头锤			
软面锤		用途:同上 规格:常用的有塑料、皮革、木质和黄铜软面锤。软面锤一般用于过盈配合的组合件的拆装,当敲开或压紧组合件时,使用软面锤不会损坏零件	

表 1-29　扳手的规格、用途及使用注意事项

种类	简图	用途、规格及使用注意事项
活动扳手		用途:活动扳手的工作端开口的宽度可在一定范围内任意调整,应用范围较广,主要用于拆装不规则的带有棱角的螺栓或螺母 使用时必须将活动钳口的开口尺寸调整合适,用力要均匀,以免损坏扳手或使螺栓、螺母的棱角变形,造成打滑而发生事故。应使扳手的活动钳口承受推力、固定钳口承受拉力,扳手的使用方法如下图所示

(a) 正确使用　　　(b) 错误使用

续表

种类	简 图	用途、规格及使用注意事项
开口扳手	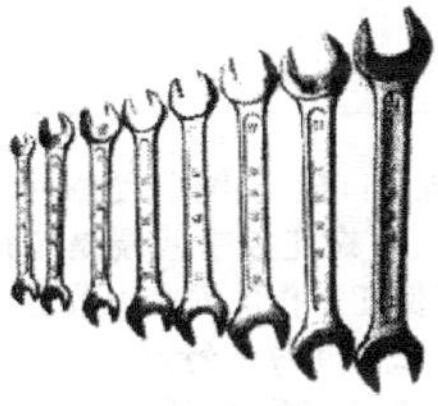	用途:开口扳手用来拆装一般标准规格的螺栓或螺母,使用时可以上、下套人或直接插入,使用方便 规格:常用的有 6 件套和 8 件套两种,适用范围在 6～24mm。按其结构形式可分为双头和单头两种;按其开口角度又可分为 15°、45°、90°三种 扳手使用时应注意的事项有如下几点: ①用各种扳手时,扳口大小必须符合螺母或螺栓头的尺寸,如图 1-20 所示。如扳口松旷,则易滑脱,损坏扳手或螺母、螺栓头的棱角,其至会碰伤人 ②使用开口扳手时,为使扳手不致损坏和滑脱,应使受力大的部位靠近扳口较厚的一边 ③使用任何扳手时,要想得到最大的扭力,拉力的方向一定要和扳手成直角,如图 1-21 所示 ④使用任何扳手时,最好的效果是拉动。倘若必须推动时,也只能用手掌来推,并且手指要伸开,以防螺母或螺栓突然松动碰伤手指,如图 1-22 所示 ⑤不能采用两个扳手对接或用套筒等套接的方式来加长扳手,以免损坏扳手或发生事故,如图 1-23 所示

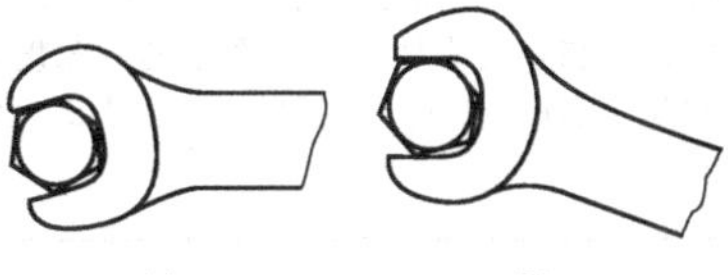

(a)　　　　　(b)
图 1-20　开口扳手的选择

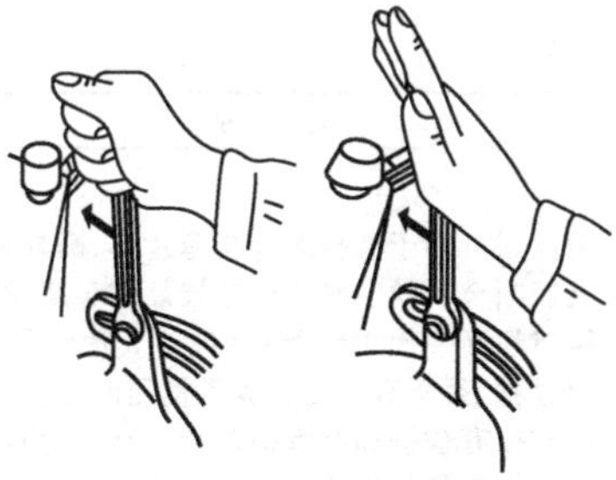

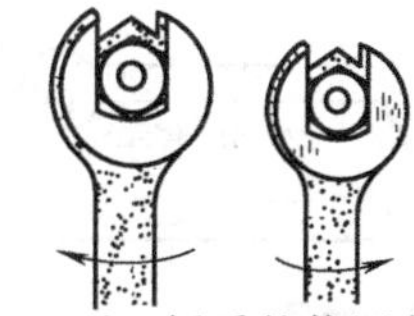

图 1-21　开口扳手的使用方法(一)

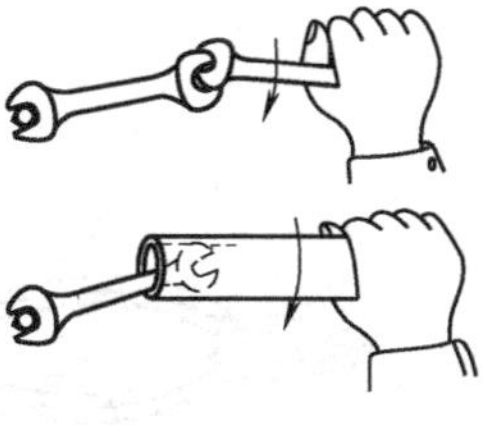

(a)　　　　　(b)
图 1-22　开口扳手的使用方法(二)

图 1-23　开口扳手的使用方法(三)

续表

种类	简　图	用途、规格及使用注意事项
内六角扳手		用途：用于扭转内六角头部的螺栓 规格：一般是不同的成套工具 　使用时，将扳手一端插入内六角螺栓头部的六角孔内，扳动另一端。若转矩不够，可在扳手另一端套入长管，但不可用力过大，以防止内六角扳手折断
梅花扳手		用途：梅花扳手的用途与开口扳手相似，使用时不易滑脱，具有更安全可靠的特点。梅花扳手两端是套筒式圆口，部分或全部围住，从而保证工作的安全可靠性。其用途与开口扳手相似，具有更安全可靠的特点 规格：常用的有 6 件套和 8 件套两种，适用范围在5.5～27mm 　使用时注意选择合适的规格
呆扳手	15°扳手 45°、90°扳手	有 6 件或 8 件配套的(6～24 mm)。它有双头和单头两种，用来拆装一般标准规格的螺母和螺栓。为了便于操作起见，扳手的开口和它的本体常有一个不同的角度，如左图所示，通常是 15°、45°或 90°角，借以增加扳手的旋转度

（五）钳子

钳子可分为钢丝钳（克丝钳）、尖嘴钳、圆嘴钳、斜嘴钳（偏口钳）、剥线钳等多种，其说明见表1-30。

表 1-30　钳子

类别	图　　示	说　　明
钢丝钳		钢丝钳可用于夹持或弯折薄片形、圆柱形金属件及切断金属丝。对于较粗较硬的金属丝，可用其铡口切断。使用钢丝钳(包括其他钳子)不要用力过猛，否则有可能将其手柄压断 　钢丝钳有铁柄和绝缘柄两种，绝缘柄为电工钢丝钳，其工作电压为 500V，常用的有 150mm、200mm 等 　钢丝钳在使用时不得用刀口同时剪切相线和零线，以免发生短路

续表

类别	图　示	说　明
尖嘴钳和圆嘴钳		尖嘴钳则主要用于夹持或弯折较小较细的元件或金属丝等，特别是较适用于狭窄区域的作业。圆嘴钳主要用于将导线弯成标准的圆环，常用于导线与接线螺钉的连接作业中，用圆嘴钳不同的部位可做出不同直径的圆环
斜嘴钳		斜嘴钳主要用于切断较细的导线，特别适用于清除接线后多余的线头和飞刺等
剥线钳		剥线钳是剥离较细绝缘导线绝缘外皮的专用工具，一般适用于线径为 0.6～2.2mm 的塑料和橡胶绝缘导线。其主要优点是不伤导线、切口整齐、方便快捷。使用时应注意选择其铡口大小应与被剥导线径相当，若小则会损伤导线 剥线钳的手柄是绝缘的，工作电压为 500V，规格为 130mm、160mm、180mm 及 200mm 四种。剥除导线外径为 28～134mm

(六) 验电笔

验电笔的检测电压范围为 60～500V，如图 1-24 所示。若是交流电压，验电笔氖泡两极发光；若是直流电，验电笔一极发光。

使用验电笔的注意事项：①使用验电笔一般应穿绝缘鞋；②有些设备特别是测试仪表，工作时外壳往往因感应带电，用验电笔测试时有电，但不一定会造成触电；③对于 36V 以下安全电压及带电体，验电笔往往无效。

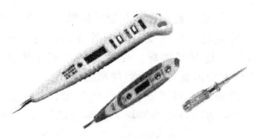

图 1-24　验电笔外形

(七) 手动压接钳

手动压接钳可用于电线接头与接线端子连接,可简化烦琐的焊接工艺,提高接合质量,常用压接钳如图 1-25 所示。

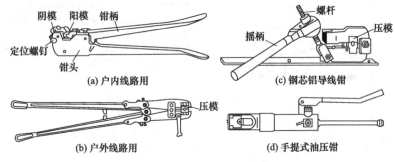

图 1-25 手动压接钳类型

(八) 游标卡尺

游标卡尺是一种能直接测量零件内、外直径、宽度、长度或深度的量具。按照测量功能可以分为普通游标卡尺、深度游标卡尺、带表卡尺等;按照读数值可以分为 0.01mm、0.02mm 等几种,如图 1-26 所示。

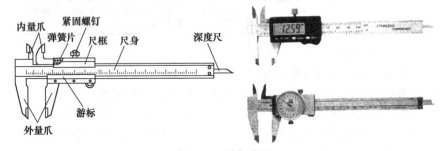

图 1-26 游标卡尺

(1) 使用方法

① 使用前,先将零件被测表面和量爪接触表面擦干净。

② 测量零件外径时,将活动量爪向外移动,使两量爪间距大于零件外径,然后再慢慢地移动游标,使两量爪与零件接触,切忌硬卡硬拉,以免影响游标卡尺的精度和读数的准确性。

③ 测量零件内径时,将活动量爪向内移动,使两量爪间距小于零件内径,然后再缓慢地向外移动游标,使两量爪与零件接触,如图 1-27 所示。

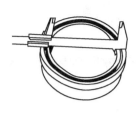

图 1-27　测量零件内径

图 1-28　测量
零件深度

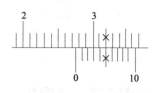

图 1-29　计数方法

④ 测量时，应使游标卡尺与零件垂直，固定锁紧螺钉。测外径时，记下最小尺寸，测内径时，记下最大尺寸。

⑤ 用深度游标卡尺测量零件深度时，将尺身端部与零件被测表面平整接触，然后缓慢地移动游标，使深度尺端与零件接触。移动力不宜过大，以免硬压游标而影响测量精度和读数的准确性，如图 1-28 所示。

⑥ 用毕，应将游标卡尺擦拭干净，并涂一薄层工业凡士林，放入盒内存放，切忌折、重压。

（2）读数方法　读数方法如图 1-29 所示。

① 读出游标零刻线所指示尺身上左边刻线的毫米数。

② 观察游标上零刻线右边第几条刻线与尺身某一刻线对准，将读数乘以游标上的格数，即为毫米小数值。

③ 将尺身上整数和游标上的小数值相加即得被测零件的尺寸。计算公式如下：

$$零件尺寸＝尺身整数＋游标读数值×精确度$$

图 1-29 中所示的（精确度为 0.01mm）读数值：2.7mm＋5×0.01mm＝2.75mm。

（九）其他工具

1. 其他电工常用工具

电工、钳工常用工具还有台虎钳、手工钢锯、冲击钻、各式钢锉及錾子等。

2. 其他常用测量工具

常用测量工具有卷尺、板尺及 90°角尺等。

3. 铁芯叠片工具

铁芯叠片工具有铜锤、铜撞块及拨片刀等。

4. 绕线工具

绕线工具有木锤、绕线模、立绕模具及导线拉紧器等。

5. 特殊专用工具

焊机修理中，某些特殊工序的加工或装卸均需用专用工具，如直流弧焊发电机换向器、挖削云母槽的专用挖刀等。

第四节 电焊机维修常用材料与配件

一、电焊机用绝缘材料

1. 电焊机选用绝缘材料的原则

电焊机初级输入电压是 380V（个别也有 220V），输出电压最高不超过 100V。所以，电焊机属低压电器。

电焊机里的绝缘材料，主要用在绕组与铁芯之间的绝缘、绕组与绕组之间绝缘、绕组内线圈各层之间的绝缘、裸线绕组匝与匝之间绝缘，这些地方绝缘不好，就会产生绕组短路、绕组烧毁以及使机壳带电的现象，会导致操作者触电。

电焊机的输入、输出端子都接在层压板制成的端子板上，予以绝缘和固定。为了增强绝缘材料的绝缘和防潮能力，对绕制好了的绕组和直接应用的绝缘层压制品，都还要进行浸绝缘漆处理。为了减少导磁材料硅钢片的涡流损失，对热轧硅钢片和表面没有绝缘层的冷轧硅钢片也都要浸绝缘漆。

电焊机在选用绝缘材料时，一般要考虑以下几点：

（1）绝缘材料的击穿电压。绝缘材料的击穿电压必须足够大，以保证电焊机工作时绝缘可靠和使用的安全。

（2）绝缘材料的耐热等级。绝缘材料的耐热等级，限制着电焊机工作时的最高温升，这将对电焊机设计、结构、制造的经济性，以及电焊机的使用价值都有极大的影响。

（3）电焊机的结构和重量。欲使电焊机结构紧凑和重量轻巧，可选用耐热等极高、击穿电压高的材料；反之，可选用耐热等级低、击穿电压低的材料。

（4）电焊机的成本和价格。绝缘材料的耐热等极越高，击穿电压越高，则材料的价格越高。而材料的配套件和加工制作的工艺要求也越高，因而电焊机的成本、价格也将提高。

（5）材料的供应状况。不能选择那种资料介绍性能优越，而实际买不到的材料，或者价格昂贵的材料。

总之，选择绝缘材料，必须综合以上各点要求，以达到保证电焊机性能、安全运行和经济耐用的目的。

2. 电焊机所用绝缘材料的主要性能参数

电焊机所用绝缘材料的主要性能参数见表 1-31。

表 1-31　电焊机所用绝缘材料的主要性能参数

类别	说　　明
电阻率	绝缘材料并不是绝对不导电的。当对绝缘材料施加一定的直流电压之后，绝缘材料中也会流过极其微小的电流，并呈现随时间增长而减小的特点。稳定以后，此微小电流称为漏导电流 　固体绝缘材料的漏导电流，可由两部分组成，即表面漏导电流和体积漏导电流。不同的绝缘材料，此漏导电流值不同，为此，表示材料绝缘能力的电阻率也相应有两部分，即表面电阻率，单位为 Ω，表示材料的表面绝缘性能；体积电阻率，单位为 $\Omega\cdot cm$，表示材料内部的绝缘特性，通常所称绝缘材料的电阻率，均指体积电阻率。一般固体绝缘材料的体积电阻率，通常在 $10^9\sim10^{21}\Omega\cdot cm$
击穿强度	固体绝缘材料于电场中，当施加其上的电场强度高于某临界值时，会使流过该绝缘材料的电流剧增，从而使绝缘材料破坏分解，完全丧失绝缘性能，这种现象叫绝缘击穿。绝缘材料发生绝缘击穿时的电压，称为击穿电压。发生击穿时的电场强度叫击穿强度
热等级	绝缘材料受热后，其绝缘能力会有所下降，随温度的升高，绝缘材料的电阻率呈指数形式急剧下降。为此，为保证绝缘材料能可靠地工作，对绝缘材料的耐热能力规定了一定的温度限制。所以，对于绝缘材料，按其在正常条件下所允许的最高工作温度进行的分级，叫耐热等级。常用绝缘材料的耐热等级共分七级，见表 1-32

表 1-32　绝缘材料的耐热等级及极限温度

绝缘材料	耐热级别	极限工作温度/℃
木材、棉花、纸、纤维等天然纺织品，以醋酸纤维和聚酰胺为基础的纺织品，以及易于热分解和熔化点较低的塑料（脲醛树脂）	Y	90
工作于矿物油中的用油树脂复合胶浸的 Y 级材料。漆包线、漆布、漆丝的绝缘及油性漆、沥青漆等	A	105
聚酯薄膜和 A 级材料复合、玻璃布、油性树脂漆、聚乙烯醇缩醛高强度漆包线、乙酸乙烯耐热漆包线	E	120
聚酯薄膜、经合适树脂黏合式浸渍涂覆的云母、玻璃纤维、石棉等，聚酯漆、聚酯漆包线	B	130

续表

绝缘材料	耐热级别	极限工作温度/℃
以有机纤维材料补强和石带补强的云母片制品、玻璃丝和石棉、玻璃漆布、以玻璃丝布和石棉纤维为基础的层压制品、以无机材料作补强和石带补强的云母粉制品、化学热稳定性较好的聚酯和醇酸类材料、复合硅有机聚酯漆	F	155
无补强或以无机材料为补强的云母制品、加厚的 F 级材料、复合云母、有机硅云母制品、硅有机漆、硅有机橡胶聚酰亚胺复合玻璃布、复合薄膜、聚亚酰胺漆等	H	180
不采用任何有机黏合剂及浸渍剂的无机物,如石英、石棉、云母、玻璃和电瓷材料等	C	180 以上

3. 电焊机中常用的各种绝缘材料

（1）层压制品　层压制品的规格、性能及用途见表 1-33。

表 1-33　绝缘层压制品规格、性能及用途

名称	型号	标称厚度/mm	耐热等级	主要用途
酚醛层压纸板	3020	0.2~0.5(相隔 0.1mm)	A	绝缘性能和耐油性较好,适合于电气设备中作绝缘结构零件,可在变压器油中使用,可用作电焊机电源绕组中的撑条板、绝缘挚圈、控制线路板等
	3021	0.6、0.8、1.0、1.2、1.5、1.8、2.0、2.5、3.0、4.0、4.5、5.5、6.0、6.5、7.0、7.5、8.0、9.0、10.0		
	3022	11~40(相隔 0.1mm) 42~50(相隔 0.1mm) 52~60(相隔 0.1mm)		
酚醛层压布板	3025	0.3、0.5 0.8、1.0~10(相隔 0.2mm)	A	具有高的力学性能和一定的绝缘性能,用途同 A 级
	3027	65~80(相隔 5mm)	E	具有高的绝缘性能,耐油性能好,用途同 A 级
苯胺酚醛玻璃布板	3231	0.5、0.6、0.8、1.0、1.2、1.5、1.8、2.0、2.5、3.0、3.5、4.0、4.5、5.0、5.5、6.0、6.5、7.0、7.5、8.0、9.0、10 11~40(相隔 1mm) 42~50(相隔 2mm)	B	力学性能及绝缘性能比酚醛层压布板高,耐潮湿,广泛代替酚醛层压布板作绝缘结构零部件,并使用于湿热带地区。可作电焊机电源绕组撑条板、夹件绝缘、端子板、绝缘热圈等
环氧酚醛玻璃布板	3240	0.2、0.30 0.5、0.8	—	具有高的力学性能、绝缘性能和耐水性,用途同 B 级

续表

名称	型号	标称厚度/mm	耐热等级	主要用途
有机硅玻璃布板	3250	1.0、1.2、1.5、1.8、2.0、2.5、3.0、3.5、4.0、4.5、5.0、5.5、6.0、6.5、7.0、8.0、9.0、10、11~30(相隔1mm)　32~40(相隔2mm)　42~50(相隔2mm)	F	具有较高的耐热性能和绝缘性能,用于耐热180℃及热带电机、电器中作绝缘零部件使用,用途同B级
	3251	52~60(相隔2mm)　65~80(相隔5mm)	H	具有高的耐热性和绝缘性能,但机械强度较差,用途同F级

（2）层压管　层压管的规格、性能、特性和用途见表1-34。

表1-34　层压管规格、性能、特性和用途

品名	型号	组成		垂直壁层耐压/kV				耐热等级	特性和用途
		底材	胶黏剂	1mm	1.5mm	2.0mm	3.0mm		
酚醛纸管	3520	卷绕纸	苯酚甲醛树脂	11	16	20	24	F	电气性能,适于电机、电器绝缘,可在变压器油中使用
	3523			—	16	20	24	E	电能性能好,可用于电焊机变压器铁芯、夹件、螺杆的绝缘
酚醛布管	3526	煮炼布		—	—	—	—	E	有较高机械强度,一定的电气性能,用途同酚醛纸管
环氧酚醛玻璃布管	3640	无碱玻璃布	环氧酚醛树脂	—	12	14	18	RF	有高的电气性能和力学性能。用途同酚醛布管,亦可在高电场强度、潮湿环境中使用
有机硅玻璃布管	3650		改性有机硅树脂	—	—	10	15	H	具有高耐热性、耐潮湿性能好,适用于H级的电机。电器绝缘构件使用

注：垂直壁层耐压数据中,3650是常态下数据,其余为变压器中数据。

（3）纤维制品和薄膜　纤维制品和薄膜的规格、性能及用途见表1-35。

表1-35　常用绝缘纤维制品和薄膜的规格、性能及用途

名称	型号	标称厚度/mm	耐热等级	主要用途
醇酸玻璃漆布	2432	0.11、0.13、0.15、0.17、0.2、0.24	E	电焊绕组层间绝缘
环氧玻璃漆布	2433		B	
有机硅玻璃漆布(带)	2450		H	用于温度180℃的电机、电焊机、电器中线圈绝缘
聚酯薄膜	2820	0.015、0.02、0.025、0.03、0.04、0.05、0.07、0.1	B	电焊绕组层间绝缘

续表

名称	型号	标称厚度/mm	耐热等级	主要用途
聚酰亚胺薄膜	6050	0.025~0.1	H	用于温度 180℃电机、电焊机层间绝缘及绝缘包扎之用
聚酰亚胺复合薄膜	F46	0.08~0.3	H	主要用于 BX1 系列、盘形绕组的匝间绝缘
聚四氟乙烯薄膜	SFM-1 ~ SFM-4	0.005~0.5	H	电容器制造、导线的绝缘、电器仪表中绝缘、无线电电器的绝缘等

（4）漆管　漆管的规格、性能和用途见表 1-36。

表 1-36　漆管的规格、性能和用途

名称	型号	组成		耐热等级	击穿电压/kV		特性和用途
		底材	绝缘漆		常态	缠绕后	
油性漆管	2710	棉纱管	油性漆	A	5~7	2~6	具有良好的电气性能和弹性，但耐热性、耐潮性和耐霉性差。可作电机、电器和仪表等设备引出线和连接线绝缘
油性玻璃漆管	2714	无碱玻璃纱管		E	>5	>2	
聚氨酯涤纶漆管	—	涤纶纱管	聚氨酯漆	E	3~5	2.5~3	具有优良的弹性和一定的电气性能和力学性能，适用于电机、电器、仪表等设备的引出线和连接线绝缘
醇酸玻璃漆管	2730	无碱玻璃丝管	醇酸漆	B	5~7	2~6	具有良好的电气性能和力学性能，耐油性和耐热性好，但弹性稍差，可代替油性漆管作电机、电器和仪表等设备引出线和连接线绝缘
聚氯乙烯玻璃漆管	2731		改性聚氯乙烯树脂	B	5~7	4~6	具有优良的弹性和一定的电气性能、力学性能和耐化学性，适于作电机、电器和仪表等设备引出线和连接线绝缘
有机硅下漆管	2750		有机硅漆	H	4~7	1.5~4	具有较高的耐热性和耐潮性，良好的电气性能，适于作 H 级电机、电器等设备的引出线和连接线绝缘
硅橡胶玻璃丝	2751		硅橡胶	H	4~9	—	具有优良的弹性、耐热性和耐寒性，电气性能和力学性能良好，适用于在-60~180℃工作的电机、电器和仪表等设备的引出线和连接线绝缘

（5）粘带 粘带的品种、性能及用途见表 1-37。

表 1-37 电工常用粘带的品种、性能及用途

名称	常态击穿强度/(kV/mm)	厚度/mm	用途
聚乙烯薄膜粘带	>30	0.22～0.26	有一定的电气性能和力学性能,柔软性好,粘接力较强,但耐热性低于 Y 级,可用于一般电线接头包扎绝缘
聚乙烯薄膜纸粘带	>10	0.10	包扎服帖,使用方便,可代替黑胶布带作电线接头包扎绝缘
聚氯乙烯薄膜粘带	>10	0.14～0.19	有一定的电气性能和力学性能,较柔软,粘接力强,但耐热性低于 Y 级,用作电压为 500～6000V 电线接头包扎绝缘
聚酯薄膜粘带	>100	0.055～0.17	耐热性较好,机械强度高,可用于半导体元件密封绝缘和电机线圈绝缘
环氧玻璃粘带	>6①	0.17	具有较高的电气性能和力学性能,可作变压器铁芯绑扎材料,属 B 级绝缘
有机硅玻璃粘带	>0.6①	0.15	有较高的耐热性、耐寒性和耐潮性,以及较好的电气性能和力学性能,可用于 H 级电机、电器线圈绝缘和导线连接绝缘
硅橡胶玻璃粘带	3～5①	—	同有机硅玻璃粘带,但柔软性较好

① 电穿电压（kV）。

（6）绝缘漆 绝缘漆的特性及用途见表 1-38。

表 1-38 常用绝缘漆的特性及用途

名称	型号	颜色	溶剂	干燥类型	漆膜干燥条件		耐热等级	特性及主要用途
					温度/℃	时间/h		
耐油清漆	1012	黄、褐色	200 号溶剂	烘干	105±2	2	A	干燥迅速,具有耐油性,耐潮湿性,漆膜平滑有光泽,适于浸渍电机绕组
甲酚清漆	1014	黄、褐色	有机溶剂	烘干	105±2	0.5	A	干燥快,具有耐油性,适于浸渍电机绕组,但内漆包线制成的绕组不能使用
晾干醇酸清漆	1231	黄、褐色	200 号溶剂油、二甲苯	气干	20±2	20	B	干燥快,硬度大,有较好的弹性,耐温、耐气候性好,具有较高的介电性能,适于不宜高温烘熔的电器或绝缘零件表面覆盖
醇酸清漆	1030	黄、褐色	甲苯及二甲苯	烘干	105±2	2	B	性能较沥青漆及清烘漆好,具有较好的耐油性及耐电弧性,漆膜平滑有光泽,适于浸渍电机电器线圈及作覆盖用

名称	型号	颜色	溶剂	干燥类型	漆膜干燥条件		耐热等级	特性及主要用途
					温度/℃	时间/h		
丁基酚醛醇酸漆	1031	黄、褐色	二甲苯和200号溶剂油	烘干	120±2	2	B	具有较好的流动性,干透性,耐热性和耐潮湿性,漆膜平滑有光泽,适于湿热带用电器线圈浸渍
三聚氰胺醇酸树脂漆	1032	黄、褐色	甲苯等	烘干	105±2	2	B	具有较好的干透性、耐热、耐油性、耐电弧性和附着力。漆膜平滑有光泽,适用于湿热带浸渍电机电器线圈用
环氧树脂漆	1033	黄、褐色	二甲苯和丁醇等	烘干	120±2	2	B	具有较好的耐油性、耐热性、耐潮湿性,漆膜平滑有光泽,有弹性,适用于湿热带浸渍电机绕组或作电机电器零部件的表面覆盖层
晾干环氧树脂漆	9120	黄、褐色	二甲苯	气干	25	—	B	晾干或低温下干燥,其他性能和1033同,适用于不宜高温烘焙的湿热带电器绝缘零件表面覆盖
氨基酚醛醇酸树脂漆	—	黄、褐色	二甲苯及溶剂油	烘干	105±2	1	B	固化性好,对油性漆包线溶解性小。适用于浸渍电机电器线圈
无溶剂漆	515-1 515-2	黄、褐色	—	烘干	130	1/6	B	固化快,耐潮性及介电性能好,不需用活性溶剂,适于浸渍电器线圈
有机硅清漆	1050	淡黄色	甲苯	烘干	—	1/2	H	耐热性高,固化性良好,耐霉、耐油性及介电性能优良,适用于高温线圈浸渍及石棉水泥零件防潮处理
	1051				200	—		同1050,但耐热性稍低,干燥快
	1052				20	1/4		性能与1050相似,但耐热性稍低,用于高温电器线圈浸渍及绝缘零件表面修补(低温干燥)

(7) 硅钢片漆 硅钢片漆的品种、特性和用途见表 1-39。

表 1-39　硅钢片漆的品种、特性和用途

名称	型号	耐热等级	特性和用途
醇酸漆	9161 3564	B	在 300～350℃干燥快,耐热性好,可供一般电机、电器硅钢片用,但不宜涂覆磷酸盐处理的硅钢片
环氧酚醛漆	H521 E-9114	F	在 200～350℃下干燥快,附着力强,耐热性好,耐潮性好,供大型电机、电器硅钢片用,且宜涂覆磷酸盐处理的硅钢片
聚酰胺酰亚胺漆	PAI-Q	H	干燥性好,附着力强,耐热性高,耐溶剂性优越,可供高温电机、电器的各种硅钢片用

二、电焊机用导电材料

1. 常用导电材料

（1）铜及其合金是电焊机制造和修理中最常用的导电材料,电焊机对导电铜合金的性能要求、选用及应用中的注意事项见表 1-40。导电铜合金的品种、成分、性能和用途见表 1-41。这些材料主要用来制作电焊机中的电极、夹具及绕组等。

表 1-40　电焊机对导电铜合金的性能要求、选用及应用中的注意事项

名称	性能要求	选　用	应用中注意事项
电动机、发电机的整流子片和滑环	电导率大于 85％IACS　抗拉强度大于 300MPa　伸长率大于 2％　硬度大于 80HBS　软化温度超过工作温度,接触性好,耐磨性高	银铜、稀土铜、镉铜、锆铜和铬锆铜等	冷作铜虽导电性很好,但强度和耐热性低,通常用到 80℃,高于 150°就开始软化;稀土铜、银铜和镉铜适于作 250℃以下的电机换向器片;锆铜（0.2％～0.4％Zr）适于作 350℃以下的电机整流子片;铬锆铜（锆砷铜、锆铪铜）在 500℃以下有足够高的强度、高的耐磨性、高的电导率,适于作 350～500℃的高功率电机的换向器片

续表

名称	性能要求	选　用	应用中注意事项
电焊机电极、电极支承座、电极臂和导电滑环	①具有比焊接材料更高的导电性和导热性，否则将发生电极和被焊接材料的熔焊现象或电极表面合金化 ②要求强度高，特别是高温硬度高，以保持电极形状的持久性 ③与被焊材料不发生合金化和黏着 ④抗氧化性好，使用中不生成氧化皮电极支承座和电极臂。要求有较高的电导率（以减少焊接回路阻抗）和强度 导电滑环要求有高的电导率和耐磨性	根据被焊接材料的不同，使用电极可分四类： ①铝、镁轻合金和铜合金的焊接，电极可用银铜、镉铜、锆铜和弥散硬化铜 ②低碳钢、镍合金和低合金钢的焊接，电极可用锆铜、银铬铜、铬铜、铬锡铜、铬铝镁铜和铬锆铜等 ③不锈钢和耐热合金的焊接，电极可用高导电铍铜、钴硅铜、镍硅铜、镍钛铜和铬钛锡铜等 ④铂（箔、带）、金饰和灯丝等的特殊焊接以及工件表面不允许有铜迹时（如银钨触头焊接于支座），电极可用钨、钼、铜钨合金、弥散硬化铜和复合电极（铬铜镶钨或弥散硬化铜）	选择电极材料时，在保证良好焊接的情况下，应着重提高使用寿命 ①铝、镁轻合金的焊接，其特点是散热快，要求输入更大热量，即短时间通入大电流。同时，由于铝、镁熔点低，容易发生黏着现象，所以要求电极材料的电导率大于85%IACS和抗软化温度高 ②低碳钢等的焊接，电极材料的电导率要求大于75%IACS ③耐热合金等的焊接，其特点是焊接温度高，时间长，焊接时所加压力大，要求电极材料具有高的强度、硬度和耐热性，电导率大于40%IACS

（2）导电用铜导线（电磁线）是用电解铜经轧制、拔丝等工艺制成的圆线或扁线。导线的规格是按裸线尺寸标定的，不包括导线外表的绝缘物尺寸。所以设计使用时，绝缘层的尺寸不可忽略。电焊机常用裸铜扁线的规格及截面积见表1-42，玻璃丝扁线绝缘物尺寸见表1-43，电焊机常用的电磁圆铜线的直径、截面积和绝缘物的外径见表1-44。

（3）电磁线。电磁线应用于焊机、电机、电器及电工仪表中，作为线圈或元件的绝缘导线。常用的电磁线有漆包线和绕包线。

①漆包线：漆包线是一种具有绝缘层的导电金属线，可供绕制电焊机、变压器或电工产品的线圈。漆包线多采用圆铜或扁铜线。常用型号有：QQ线（油性漆包线，漆层厚，用于潜水泵中）；QZ线（聚酰胺漆包线，用于多种干式电动机）；QF线（耐氟漆包线，用于制冷压缩机，价格较高）等几种类型，并有多种规格型号。常用漆包线的型号、规格、特点及主要用途见表1-45。

表 1-41　导电铜合金的品种、成分、性能和主要用途

类别	名称	室温性能				高温性能		主要用途
		抗拉强度/10MPa	伸长率/%	硬度(HBS)	电导率/%IACS	软化温度/℃	高温强度/10MPa	
中强度、高导电铜合金(抗拉强度为350~600MPa，电导率为70%~98%IACS)	冷作铜	35~45	2~6	80~110	98	150	20~24(200℃)	换向器片、架空导线、电线车
	银铜	35~45	2~4	95~110	96	280	25~27(290℃)	换向器片、点焊电极、发电机转子绕组、引线、导线
	银铬铜	40~42	24	130	82	500	—	点焊电极和缝焊轮
	稀土铜	35~45	2~4	95~110	96	280	—	换向器片、导线
	镉铜	60	2~6	100~115	85	280	—	点焊电极、缝焊轮、电焊机零件、高强度绝缘导线、滑接导线
	铬铜	45~50	15	110~130	80~85	500	31(400℃)	点焊电极、缝焊轮、电极支承座、开关零件、电子管零件
	铬铝镁铜	40~45	18	110~130	70~75	510	—	点焊电极和缝焊轮
	锆铜	40~45	10	120~130	90	500	35(400℃)	换向器片、开关零件、导线、点焊电极
	铬铜	45~50	10	130~140	85	500	37(400℃)	换向器片、缝焊轮、铜连续退火的电极轮
	锆铜	50~55	9	135~160	80	500	—	点焊电极、缝焊轮、换向器片、点焊电极、开关零件、导线
	铬锆铜	50~55	10	140~160	80~85	520	—	
	锆砷铜	50~55	10	150~170	90	520	—	
	锆铬铜	52~55	12	150~180	70~80	550	43(400℃)	换向器片、点焊电极和缝焊轮

续表

类别	名称	室温性能 抗拉强度/10MPa	室温性能 伸长率/%	室温性能 硬度(HBS)	室温性能 电导率/%IACS	高温性能 软化温度/℃	高温性能 高温强度/10MPa	主要用途
中强度、高导电铜合金(抗拉强度为350~600MPa,电导率为70%~98%IACS)	铜-氧化铝	48~54	12~18	130~140	85	900	20(800℃)	点焊电极、导电弹簧、高温导电零件
	铜-氧化铍	50~56	10~12	125~135	85	900	30(800℃)	
	铝青铜	30~35	12	80~85	97~99	150	—	易切削导电连接件
高强度、中导电铜合金(抗拉强度为600~900MPa,电导率为30%~70%IACS)	铍钴铜	75~95	5~10	210~240	50~55	400	35(425℃)	不锈钢和耐热合金的焊接电极、导滑环
	镍铍铜	55~60	15	160~180	55~60	400	—	
	铬铍铜	50~60	—	140~160	60~70	400	—	
	钴硅铜	75~80	6	240	45~55	550	—	电焊机的导电部件、导电弹簧、导电滑环
	镍硅铜	60~70	6	150~180	40~45	540	—	
	镍钛铜	60	10	150~180	50~60	600	40(500℃)	电焊机电极、对焊模
	铬钛铍铜	65~80	7~12	210~250	42~50	450	39(425℃)	电焊机电极、高强度导电零件
特高强度、低导电铜合金(抗拉强度大于1900MPa,电导率为10%~30%IACS)	铍铜	130~147	1~2	350~420	22~25	520	—	开关零件、熔断器和导电元件的接线夹,在周围介质温度150℃下使用的电刷弹簧
	钛铜	90~110	2	300~350	10	520	—	可代用铍铜,用途同铍铜
	钛铍铜	70~90	5~15	250~300	10~15	550	—	
	铝铜	55~65	3~7	310~420	21~25	—	—	电焊机电极、自动焊机导电阻、各种耐磨耐蚀零件

表1-42　电焊机常用裸铜扁线的规格及截面积

$$S=ab-0.858r^2(\text{mm}^2)$$

（图：矩形截面，宽度方向标 v，高度标 b，圆角标 r，截面内标 S）

宽度 b/mm	厚度 a/mm 0.80	0.90	1.00	1.12	1.25	1.40	1.60	1.80	2.00	2.24	2.50	2.80	3.15	3.55	4.00	4.50	5.00	5.60	6.30	7.10
圆角半径 r/mm	$r=a/2$	$r=a/2$	$r=0.50$	$r=0.50$	$r=0.50$	$r=0.50$	$r=0.50$	$r=0.65$	$r=0.65$	$r=0.65$	$r=0.80$	$r=0.80$	$r=0.80$	$r=0.80$	$r=1.00$	$r=1.00$	$r=1.00$	$r=1.00$	$r=1.20$	$r=1.20$
2.00	1.463	1.626	1.785	2.025	2.285	2.585														
2.24	1.655	1.842	2.025	2.294	2.585	2.921	3.369													
2.50	1.863	2.076	2.285	2.585	2.91	3.285	3.785	4.137												
2.80	2.103	2.346	2.585	2.921	3.285	3.705	4.265	4.677	5.237											
3.15	2.383	2.661	2.936	3.313	3.723	4.195	4.825	5.307	5.937	6.693										
3.55	2.703	3.021	3.335	3.761	4.223	4.755	5.465	6.027	6.737	7.589	8.326									
4.00	3.063	3.426	3.785	4.265	4.785	5.385	6.185	6.837	7.637	8.597	9.451	10.65								
4.50	3.463	3.876	4.285	4.825	5.41	6.085	6.985	7.737	8.637	9.717	10.7	12.05	13.63							
5.00	3.863	4.326	4.785	5.385	6.035	6.785	7.785	8.637	9.637	10.84	11.95	13.45	15.2	17.2						
5.60	4.343	4.866	5.385	6.057	6.785	7.625	8.745	9.717	10.84	12.18	13.45	15.13	17.09	19.33	21.54					
6.30	4.903	5.496	6.085	6.841	7.66	8.605	9.865	10.98	12.24	13.75	15.2	17.09	19.3	21.82	24.34	27.49				
7.10		6.216	6.885	7.737	8.66	9.725	11.15	12.42	13.84	15.54	17.2	19.33	21.82	24.66	27.54	31.09	34.64			
8.00			7.785	8.745	9.785	10.99	12.59	14.04	15.64	17.56	19.45	21.85	24.65	27.85	31.14	35.14	39.14	43.94		
9.00				9.865	11.04	12.39	14.19	15.84	17.64	19.8	21.95	24.65	27.8	31.4	35.14	39.64	44.14	49.54		
10.00					12.29	13.79	15.79	17.64	19.64	22.04	24.45	27.45	30.95	34.95	39.14	44.14	49.14	55.14	61.76	
11.20						15.47	17.71	19.8	22.04	24.73	27.45	30.81	34.73	39.21	43.94	49.54	55.14	61.86	69.32	78.28
12.50							19.79	22.14	24.64	27.64	30.7	34.45	38.83	43.83	49.14	55.39	61.64	69.14	77.51	87.51
14.00								24.84	27.64	31	34.45	38.65	43.55	49.15	55.14	62.14	69.14	77.54	86.96	98.16
16.00									31.64	35.48	39.45	44.25	49.85	56.25	63.14	71.14	79.14	88.74	99.56	112.4
18.00											44.45	49.85	56.15	63.35	71.14	80.14	89.14	99.94	112.2	126.6
20.00											49.45	55.45	62.45	70.45	79.14	89.14	99.14	111.1	124.8	140.8
22.40											55.45	62.17	70.01	78.97	88.74	99.94	111.1	124.6	139.9	157.8
25.00												69.45	78.2	88.2	99.14	111.6	124.1	139.1	156.3	176.3
28.00													87.65	98.85	111.1	125.1	139.1	155.9	175.2	197.6
31.50															125.1	140.9	156.6	175.5	197.2	
35.50															141.1	158.9	176.6	197.9		

表 1-43　玻璃丝扁线绝缘物尺寸

图　示	导线标称尺寸/mm		绝缘物厚度/mm	
	a	b	A－a	B－b
	0.9～1.95	2～3.75	0.28～0.35	0.25
		4～6	0.3～0.37	
		6.3～8	0.31～0.39	
		8.5～14.5	0.35～0.45	
	2～3.75	2.8～6	0.3～0.38	0.32
		6.3～10	0.33～0.41	
		10.6～14	0.35～0.44	
		15～18	0.37～0.46	
	4～5.6	5.6～10	0.36～0.45	0.4
		10.4～14	0.38～0.48	
		15～18	0.42～0.52	

表 1-44　电焊机常用电磁圆铜线的直径、截面积和绝缘物的外径

直径/mm	截面积/mm²	每千米净重/kg	每千米直流电阻(20℃)/Ω	漆包线最大外径/mm		玻璃包线最大外径/mm		丝包线最大外径/mm			
				薄漆层	厚漆层	单线漆包线	双线漆包线	双丝包线	单丝漆包线	双丝漆包线	双丝聚酯漆包线
0.20	0.0314	0.279	560	023	0.24	—	—	0.32	0.30	0.35	0.36
0.31	0.0755	0.671	233	035	0.36	—	—	0.44	0.43	0.48	0.49
0.47	0.1735	1.54	101	0.51	0.53	—	—	0.61	0.60	0.65	0.67
0.62	0.302	2.71	—	0.68	0.70	0.83	0.89	0.77	0.77	0.83	0.84
0.71	0.396	3.52	—	0.76	0.79	0.93	0.98	0.86	0.86	0.91	0.94
0.90	0.636	5.66	27.50	0.96	0.99	1.12	1.17	1.06	1.06	1.12	1.15
1.00	0.785	6.98	22.30	1.07	1.11	1.25	1.29	1.17	1.18	1.24	1.28
1.12	0.985	8.75	17.80	1.20	1.23	1.37	1.41	1.29	1.31	1.37	1.40
1.25	1.227	10.91	14.30	1.33	1.36	1.50	1.54	1.42	1.41	1.50	1.53
1.40	1.539	13.69	11.40	1.48	1.51	1.65	1.69	1.57	1.59	1.65	1.68
1.60	2.06	17.87	—	1.69	1.72	1.87	1.91	1.78	1.80	1.87	1.90
1.800	2.55	22.60	—	1.89	1.92	2.07	2.11	1.98	2.00	2.07	2.10
2.00	3.14	27.93	—	2.09	2.12	2.27	2.31	2.18	2.20	2.27	2.30
2.24	3.94	35.03	—	2.33	2.36	1.51	2.60	2.42	2.44	2.51	2.54
2.36	4.37	38.89	—	2.45	2.48	2.63	2.72	2.54	2.56	2.63	2.66
2.50	4.91	43.64	—	2.59	2.62	2.77	2.86	2.68	2.70	2.77	2.80

表 1-45　常用漆包线的型号、规格、特点及主要用途

类别	型号	名称	耐热等级	规格范围/mm	特点	主要用途
聚酯漆包线	QZ-1 QZ-2	聚酯漆包圆铜线	B	0.02～2.5	①在干燥和潮湿条件下,耐电压击穿性能好 ②软化击穿性能好	适用中小电机的绕组,干式变压器和电器仪表的线圈
	QZL-1 QZL-2	聚酯漆包圆铝线		0.06～2.5		
	QZS-1 QZS-2	彩色聚酯漆包圆铜线		0.06～2.5		
	QZB	聚酯漆包扁铜线		a:0.8～5.6		
	QZLB	聚酯漆包扁铝线		b:2.0～18.0		
聚酯亚胺漆包线	QZY-1 QZY-2	聚酯亚胺漆包圆铜线	F	0.06～2.5	①在干燥和潮湿条件下,耐电压击穿性能优 ②热冲击性能较好 ③软化击穿性能较好	高温电机和制冷装置中电机的绕组,干式变压器和电器仪表的线圈
	QZYB	聚酯亚胺漆包扁铜线		a:0.8～5.6 b:2.0～18.0		
聚酰胺酰亚胺漆包线	QXY-1 QXY-2	聚酰胺酰亚胺漆包圆铜线	—	0.6～2.5	①耐热性优,热冲击及击穿性能优 ②耐刮性好 ③在干燥和潮湿条件下击穿电压好 ④耐化学药品腐蚀性能好	高温重负荷电机、牵引电动机、制冷设备电动机的绕组,干式变压器和电器仪表的线圈以及密封式电机电器绕组
	QXYB	聚酰胺酰亚胺漆包扁铜线		a:0.8～5.6 b:2.0～18.0		
聚酰亚胺漆包线	QY-1 QY-2	聚酰亚胺漆包圆铜线	C (220℃)	0.02～2.5	①漆膜的耐热性是目前漆包线品种最佳的一种 ②软化击穿及热冲击性好,能承受短时期过载负荷 ③耐低温性优 ④耐辐射性优 ⑤耐溶剂及化学药品腐蚀性优	耐高温电机、下式变压器、密封式继电器及电子元件
	QYB	聚酰亚胺漆包扁铜线		a:0.8～5.6 b:2.0～18.0		
特种漆包线	QAN	自粘直焊漆包圆铜线	E	0.10～0.44	在一定温度时间条件下不需刮去漆膜,可直接焊接,同时不需浸渍处理,能自行黏合成形	微型电机、仪表的线圈和电子元件,无骨架的线圈

续表

类别	型号	名称	耐热等级	规格范围/mm	特点	主要用途
特种漆包线	QHN	环氧自粘性漆包圆铜线	E	0.10～0.51	①不需浸渍处理，在一定条件下，能自粘成形 ②耐油性较好	仪表和电器的线圈、无骨架的线圈
	QQN	缩醛自粘性漆包圆铜线	E	0.10～1.0	①能自行黏合成形 ②热冲击性能较好	—

　　② 绕包线：绕包线是指用绝缘物（如绝缘纸、玻璃丝或合成树脂等）紧密绕包在裸导线心（或漆包线）上形成绝缘层的电磁线，一般应用于大中型电工产品中。常用绕包线的型号、特点及主要用途见表1-46。

表 1-46　常见绕包线的名称、型号、特点及主要用途

名　称	型号	耐热等级	规格范围/mm	特点	主要用途
纸包线					
纸包圆铜线	Z	A	10～460 10～560 a:0.9～560 b:20～180	①在油浸变压器中作线圈,耐电压击穿性能好 ②绝缘纸易破损 ③价廉	用于油浸变压器线圈
纸包圆铝线	ZL				
纸包扁铜线	ZB				
纸包扁铝线	ZLB				
玻璃丝包线及玻璃丝包漆包线					
双玻璃丝包圆铜线	SBEC	B	0.25～60 a:0.9～560 b:20～180	①过负载性好 ②耐电晕性好 ③玻璃丝包线耐潮湿性好	用于电机、仪器、仪表等电工产品中线圈
双玻璃丝包圆铝线	SBFELC				
双玻璃丝包扁铜线	SBECB				
双玻璃丝包扁铝线	SBELCB				
单玻璃丝包聚酯漆包扁铜线	QZSBCB				
单玻璃丝包聚酯漆包扁铝线	QZSBLCB				
双玻璃丝包聚酯漆包扁铜线	QZSBECB				
双玻璃丝包聚酯漆包扁铝线	QZSBELCB				
单玻璃丝包聚酯漆包圆铜线	QZSBC	E	0.53～250	—	
硅有机漆双玻璃丝包圆铜线	SBEG	H	0.25～60 a:0.9～560 b:20～180	耐弯丝性较差	用于电机、仪器、仪表等电工产品中线圈
硅有机漆双玻璃丝包扁铜线	SBEGB				

续表

名　　称	型号	耐热等级	规格范围/mm	特点	主要用途
双玻璃丝包聚酰亚胺漆包扁铜线	QYSBEGB	H	0.25～60 a:0.9～560 b:20～180	耐弯丝性较差	用于电机、仪器、仪表等电工产品中线圈
单玻璃丝包聚酰亚胺漆包扁铜线	QYSBGB				
丝包线					
双丝包圆铜线	SE	A	0.25～250	①绝缘层的机械强度较好 ②油性漆包线的介质损耗较小 ③丝包漆包线的电性能好	用于仪表、电信设备的线圈,以及采矿电缆的线心等
单丝包油性漆包圆铜线	SQ				
单丝包聚酯漆包圆铜线	SQZ				
双丝包油性漆包圆铜线	SEQ				
双丝包聚酯漆包圆铜线	SEQZ				
薄膜绕包线					
聚酰亚胺薄膜绕包圆铜线	Y	C	25～60 a:25～56 b:20～160	①耐热和耐低温性好 ②耐辐射性好 ③高温下耐电压击穿性好	用于高温、有辐射等场所的电机线圈及干式/变压器线圈
聚酰亚胺薄膜绕包扁铜线	YB				

　　③ 无机绝缘电磁线:无机绝缘电磁线有铜线和铝线,形状有圆、扁、带(箔)。按绝缘层分,有氧化膜或氧化膜外涂漆、陶瓷、玻璃。突出优点是耐高温、耐辐射。无机绝缘电磁线名称、型号、特点及主要用途见表1-47。

表1-47　无机绝缘电磁线的名称、型号、特点及主要用途

类别	名称	型号	规格范围/mm	长期工作温度/℃	特　　点	主要用途
氧化膜线	氧化膜圆铝线	YML TMLC	0.05～50 a:10～40 b:25～63 厚:0.08～100 宽:20～900	以氧化膜外涂绝缘漆的涂层性质确定工作温度	①槽满率高 ②耐辐射性好 ③弯曲性、耐酸碱性差 ④击穿电压低 ⑤不用绝缘漆封闭的氧化膜耐潮性差	起重电磁铁、高温制动器、干式变压器线圈,并用于需耐辐射场合
	氧化膜扁铝线	YMLB YMLBC				
	氧化膜铝带(箔)	YMLD				
玻璃膜绝缘微细线	玻璃膜绝缘微细锰铜线	BMTM-1 BMTM-2	6～8μm 2～5μm	−40～100	①导体电阻的热稳定性好 ②能适应高低温的变化 ③弯曲性差	适用于精密仪器、仪表的无感电子用标准电阻元件
	玻璃膜绝缘微细镍铬线	BMTM-3 BMNG				

类别	名称	型号	规格范围/mm	长期工作温度/℃	特　　点	主要用途
	陶瓷绝缘线	TC	0.06～0.50	500	①耐高温性能好 ②耐化学腐蚀性、耐辐射性好 ③弯曲性差 ④击穿电压低 ⑤耐潮性差	用于高温以及有辐射场合的电器线圈等

2. 电焊机用导线电流密度的选择

电焊机的绕组在设计时首先要确定该绕组的电流密度。在确定电流密度时，要考虑电焊机的容量等级、绝缘等级，该绕组的散热条件，以及绕组的具体结构。对于铜导线的绕组，可按表1-48选取。

表 1-48　电焊机绕组电流密度

绝缘等级、冷却方式	焊机容量		
	1～10kV·A	10～100kV·A	>100kV·A
B级、自冷	2～2.8	1.8～2.6	1.6～2.4
B级、风冷	3.5～5.5	3.5～4.5	3～3.5
F级、风冷	4～6	3.5～5	3～4
H级、风冷	5～7	4～5.5	3.5～5

绕组的结构设计不同时，电流密度的选取将不同，如单层裸导线或具有导风沟槽的绕组，其电流密度可按表1-48取数值的上限；而多层密绕的绕组又无风道时，则电流密度可取下限值，或更低一些。

对于铝导线的绕组，由于其电阻率高于铜，所以其电流密度的选取可按上述铜导线的选取条件和因素去考虑，将按表1-48选取的数值除以1.7便可。

三、电焊机用导磁材料

电焊机产品中应用的导磁材料主要是硅钢片，可用作变压器、电抗器的铁芯和发电机的磁极。

电气工程上所用的硅钢片，也叫电工硅钢片，用D表示。按其轧制方法和轧后硅钢片的晶粒取向（所谓晶粒取向，就是硅钢片经冷轧以后，由于晶粒排列方向的不同，沿着轧制方向其导磁性能特别好，而垂直于轧制方向的导磁性能较差，冷轧硅钢片的这种导磁性能的差别叫晶粒取向），可将硅钢片分成三类：

（1）热轧硅钢片，代号为 DR；

（2）冷轧无取向硅钢片，代号为 DW；

（3）冷轧有取向硅钢片，代号为 DQ。

因此，使用冷轧有取向的硅钢片时，磁力线的方向必须和轧制方向相吻合。电工硅钢片的品种性能代号的意义如下：

D△×××-□□

其中　D——电工硅钢片；

　　　△——硅钢片的轧制工艺的字母代号，即：R 热轧；Q 冷轧有取向；W 冷轧无取向；

　　　×××——三位数字，表示该材料在 50Hz 的磁场强度作用下，每千克材料的铁损值的 100 倍；

　　　□□——两位数字，表示硅钢片厚度的 100 倍。

例：DR315-50，表示为热轧硅钢片，钢片厚度为 0.5mm，它在 50Hz 频率下磁感强度为 1.5T 时，每千克硅钢片铁损为 3.15W。

电焊机中常用的硅钢片品种、规格和性能参数，见表 1-49～表1-51。

表 1-49　热轧硅钢板电磁性能

厚度 /mm	牌号	最小磁感/T		最大铁损/(W/kg)		密度/(g/cm³)	旧牌号
		B25	B50	P10/50	P15/50	酸洗钢板	
0.5	DR530-50	1.61	1.61	2.20	5.30	7.75	D22
	DR510-50	1.54	1.54	2.10	5.10		D23
	DR490-50	1.56	1.56	2.00	4.90		D24
	DR450-50	1.54	1.54	1.85	4.50		—
	DR420-50	1.54	1.54	1.80	4.20		—
	DR400-50	1.54	1.54	1.65	4.00		—
	DR440-50	1.46	1.57	2.00	4.40	7.65	D31
	DR405-50	1.50	1.61	1.80	4.05		D32
	DR360-50	1.45	1.56	1.60	3.60	7.55	D41
	DR315-50	1.45	1.56	1.35	3.15		D42
	DR265-50	1.44	1.55	1.10	2.65		D44
0.35	DR360-35	1.46	1.57	1.60	3.60	7.65	D31
	DR320-35	1.45	1.56	1.35	3.20	7.55	D41
	DR280-35	1.45	1.56	1.15	2.80		D42
	DR25E-35	1.44	1.54	1.05	2.55		D43
	DR22E-35	1.44	1.54	0.90	2.25		D44

表 1-50　冷轧取向硅钢片的电磁性能

厚度/mm	牌号	最小磁感/T B10	最大铁损/(W/kg) P17/50	密度/(g/cm³)	武钢牌号
0.30	DQ113G-30	1.89	1.13	7.65	—
	DQ122G-30	1.89	1.22		Q8G
	DQ133G-30	1.89	1.33		009
	DQ133-30	1.79	1.33		
	DQ147-30	1.77	1.47		Q10
	DQ162-30	1.74	1.62		Q11
	DQ179-30	1.71	1.79		Q12
0.35	DQ117G-35	1.58	2.70	7.65	—
	DQ126G-35	1.58	2.90		—
	DQ137G-35	1.59	3.10		W10
	DQ137-35	1.60	3.60		W12
	DQ151-35	1.61	4.00		W14
	DQ166-35	1.64	4.70		W18
	DQ183-35	1.65	5.40		W20

表 1-51　冷轧无取向硅钢片的电磁性能

厚度/mm	牌号	最小磁感/T B50	最大铁损/(W/kg) P15/50	密度/(g/cm³)	武钢牌号
0.35	DW210-35	1.58	2.40	7.65	
	DW265-35	1.59	2.65		W10
	DW310-35	1.60	3.10		W12
	DW360-35	1.61	3.60		W14
	DW440-35	1.64	4.40		W18
0.35	DW500-35	1.65	5.00	7.75	W20
	DW550-35	1.66	5.50		W23
0.50	DW270-50	1.58	2.70	7.65	—
	DW290-50	1.58	2.90		—
	DW310-50	1.59	3.10		W10
	DW360-50	1.60	3.60		W12
	DW400-50	1.61	4.00		W14
	DW470-50	1.64	4.70		W18
	DW540-50	1.65	5.40	7.75	W20
	DW620-50	1.66	6.20		W23
	DW800-50	1.69	8.00	7.80	W30

四、电焊机常用配件与用途

1. 焊钳、焊枪和面罩

焊钳、焊枪和面罩的型号、参数及用途见表 1-52~表 1-54。

表 1-52　焊钳的型号、参数及用途

产品名称	型号	工作电流/A	夹持拉力/N	连接电缆截面积/mm²	额定负载持续率/%	适用焊条直径/mm	手柄温升最高值/℃	工作环境温度/℃	空气相对湿度	外型长度尺寸/mm	质量/kg	用途
电焊钳	HQ-200	200	60	16~25	60	2~4	≤50	40	20℃/90%	200	0.54	适用于≤250A手工焊
	HQ-300	300	80	35~70	60	2.5~5	≤50	40	20℃/90%	220	0.6	适用于≤300A手工焊
	HQ-500	500	100	70~95	60	4~8	≤50	40	20℃/90%	260	0.8	适用于≤500A手工焊
电焊钳(普通、压接,加长,不爱手)	—	300~600	—	—	—	—	—	—	—	—	0.3~0.46	—

表 1-53　焊枪的型号、参数及用途

型号	长度/mm	结构形式	质量/kg	用途
CQB-1-350A	3	大阪型(气电一体化接口)	4	
CQB-1-500A	3	大阪型(气电一体化接口)	—	
CQB-2-250A	3	大阪型	3	适用于CO_2,Ar及混合气体等保护焊机焊接用
CQB-2-350A	3	大阪型	4	
CQB-2-500A	3	大阪型	—	
CQB-1-250A	3	松下型	3	
CQB-1-350A	3	松下型	4	
CQB-1-500A	3	松下型	—	

表 1-54　面罩的型号、参数及用途

产品名称	型号	面罩材质	可配镜片尺寸 长×宽/mm	观察窗/mm	质量/kg	外形尺寸/mm 长	宽	高	用途
手持式电焊面罩	HZ-1	红钢纸	110×50	40×90	260	310	240	130	供手工施焊
头戴式电焊面罩	HZ-2	阻燃塑料	110×50	40×95	445	305	220	145	镜片框可开可闭,罩身可上下翻动,帽带可大小松紧
头戴式软皮面罩	HZ-3	软全皮	110×50	40×90	300	300	220	120	镜片盒可开可闭,适用于狭小或困难位置焊接

2. 导电嘴

导电嘴的型号、参数及用途见表 1-55。

表 1-55　导电嘴的型号、参数及用途

产品名称	型号	规格	材料	适用焊丝	制造工艺	硬度(HRB)	电导率/(mS/m)	软化温度/℃	抗拉强度/MPa	伸长率/%	质量/g	用途
三角孔形导电嘴	—	$\phi(6\sim10)\times(25\sim45)\times(M5\sim M8)$	T_2 QCr	0.6~2.2	冷挤压	—	—	—	—	—	10~20	CO_2气体保护焊机
圆孔形导电嘴	—					—	—	—	—	—	10~20	
CO_2导电嘴	OTC Panasonin MB 36KE	$\phi8\times40\times M6$ $\phi8\times45\times M6$ $\phi10\times30\times M8$	铬锆铜	—	—	76~82	43~48	550	450~550	10~20	—	配 NBC 系列、OTC、松下、麦采尔焊枪
埋弧焊导电嘴	林肯等	$\phi13\times40$ $\phi16\times47$	铬锆铜	—	—	76~82	43~48	550	500~600	10~20	—	埋弧焊机、林肯埋弧焊机
螺柱焊夹头	引.拉弧式	$\phi12\times40$	DZ 合金	—	—	100~110	≥30	650	700~800	6~12	—	螺柱焊送钉夹头

注：1. 表面处理：用化学抛光工艺代替传统的三酸表面处理。无废污染，符合绿色环保标准，产品表面光洁度高，能在自然状态中保持一年以上。

2. 产品特点：采用先进的冷挤压工艺替代传统的钻孔加工，使产品分子结构更加紧密，耐磨性提高，内孔光滑，走丝畅通，孔径标准稳定

3. 快速接头

电焊机维修中常用的快速接头的型号、参数及用途见表1-56。

表 1-56　电焊机维修中常用的快速接头的型号、参数及用途

型号	电流范围/A	配电缆截面积/mm²	插座安装尺寸/mm			参考价/(元/副)	用途
			L	M	N		
DKJ10-1	50～125	5、10、16	25	5	28	14.00	①KJ系列快速接头能与国产焊机相对应规格插头插座互换 ②DKJF系列能与伊萨公司等欧洲国家同一规格相互换 ③DKB系列能与南京康尼机电新技术公司相关规格互换 ④DKC系列是最新产品,插头内胀式接触导电,防止了松脱现象 ⑤DKL、DKLE快速连接器的插头能与相对应的快速接头的插头进行互换 ⑥快速连接器由连接器座和插头组成,能快速连接二根电缆的器件,螺旋槽端面接触,产品符合IEC国际标准和GB 15579.12—2012国家标准 ⑦1998年通过国家安全认证,证书编号:CH0029270-98
DKJ16-1	100～160	10、16、25	27	5	30	15.40	
DKJ35-1	160～250	25、35、50	32.5	5	36	17.60	
DKJ50-2	200～315	35、50、70	33	6	37	20.00	
DKJ70-1	250～400	50、70、95	35	6	39	22.50	
DKJ95-1	315～500	70、95、120	35	6.5	39	32.10	
DKJ120-1	400～600	95、120、150	40	7	46	46.20	
DKJE-35	160～250	16、25、35	32.5	5	36	20.00	
DKJE-50	200～315	25、35、50	33	6	37	22.5	
DKJE-70	250～400	50、70、95	35	6	39	24.9	
DKC-35	160～250	25、35、50	32.5	5	36	19.4	
DKC-50	200～315	35、50、70	33	6	37	21.9	
DKC-70	250～400	50、70、95	35	6	39	24.7	
DKC-95	315～500	70、95、120	35	6.5	39	35.3	
DKC-120	400～600	95、120、150	40	7	46	50.50	
DKB-16	160(150)	10、16、25	24	6	44	17.00	
DKB-35	250	16、25、35	28	7	50	19.80	
DKB-50	400	35、50、70	30	6	32	22.00	
DKB-70	400	50、70、95	31.5	6	34	25.00	
DKB-95	630	70、95、120	31.5	6.5	34	32.00	
DKL-16	100～160	10、16、25	—	—	—	16.80	
DKL-35	160～250	25、35、50	—	—	—	19.10	
DKL50	200～315	35、50、70	—	—	—	21.40	
DKL-70	250～400	50、70、95	—	—	—	25.30	
DKL-95	315～500	70、95、120	—	—	—	38.50	
DKL-120	400～600	95、120、180	—	—	—	46.20	
DKLE-50	200～315	25、35、50	—	—	—	23.70	
DKLE-70	250～400	50、70、95	—	—	—	25.90	

4. 冷却风扇

冷却风扇的型号、参数及用途见表1-57。

表1-57　冷却风扇的型号、参数及用途

型号	电源电压/V	最大输入功率/W	额定电流/A	输出功率/W	电容/(μF/V)	风叶外径/mm	同步转速/(r/min)	风量/(m³/min)	噪声/dB	工作制	绝缘等级	温升/℃	用途
轴流风机													
NEF-254P	380	—	0.25	45	1/750	—	1400	20	55	—	B组	—	由50Hz 380V和220V电压电机与叶轮、风框、风罩等组成的轴流风机,适用于电焊机及其他电气设备,壁面或板壁安装作通风散热
NRF-254P	220	—	0.4	45	2/500	—	1400	20	55	—	B级	—	
NEF-304P	380	—	0.25	45	1/750	—	1400	30	57	—	B级	—	
NRF-304P	220	—	0.4	45	2/500	—	1400	30	57	—	B级	—	
NEF-354P	380	—	0.5	120	1.8/750	—	1400	42	58	—	B级	—	
NRF-354P	220	—	0.8	120	5/500	—	1400	42	58	—	B级	—	
NEF-404P	380	—	0.5	120	1.8/750	—	1380	54	60	—	B级	—	
NRF-404P	220	—	0.8	120	5/500	—	1380	54	60	—	B级	—	
轴流式冷却风机													
YT300P-21	220	150	—	—	2/630	300	3000	>38	<78	连续	B级	<40	50Hz 220V和380V交流供电、单相异步电动机驱动,风量大、噪声小、温升低,广泛被焊机行业采用。专用冷却风机相关标准,也可根据用户要求经商定后做适当调整
YT300L-21	220	150	—	—	2/630	300	3000	>38	<78	连续	B级	<40	
YT300L-41	220	120	—	—	2/630	300	1500	>28	<73	连续	B级	<40	
YT300L-41	220	120	—	—	2/630	300	1500	>28	<73	连续	B级	<40	
YT300P-22	380	150	—	—	1/850	300	3000	>38	<78	连续	B级	<40	
YT300L-22	380	150	—	—	1/850	300	3000	>38	<78	连续	B级	<40	
YT300P-42	380	120	—	—	1/850	300	1500	>28	<73	连续	B级	<40	
YT300L-42	380	120	—	—	1/850	300	1500	>28	<73	连续	B级	<40	
YT400P-41	220	150	—	—	2/630	400	1500	>42	<75	连续	B级	<40	
YT400L-41	220	150	—	—	2/630	400	1500	>42	<75	连续	B级	<40	
YT400P-42	380	150	—	—	1/850	400	1500	>42	<75	连续	B级	<40	
YT400L-42	380	150	—	—	1/850	400	1500	>42	<75	连续	B级	<40	

5. CO_2气体减压流量计

CO_2气体减压流量计的型号、参数及用途见表1-58。

表1-58 CO_2气体减压流量计的型号、参数及用途

产品名称	型号	额定输入压力/MPa	额定输出压力/MPa	额定输出出流量/(L/min)	预热恒温温度/℃	工作电压/V	加热功率/W	结构形式
CO_2气体减压器	YQC-1	15	0.16	30	—	—	—	双表式、不带加热装置
CO_2电加热式气体减压器	YQC-4A	15	0.16	30	70±5	36、42、110、220	100 140 190	双表式、陶瓷发热元件,自动恒温
CO_2气体减压流量计	YQC-5A	15	0.2	15、30、45	—	36、42、110、220	100 140 190	双表带流量计指示
CO_2气体减压器	YQC-2T	—	—	40~120	—	220	500	双表带流量计

6. 氩气减压流量调节器

氩气减压流量调节器的型号、参数及用途见表1-59。

表1-59 氩气减压流量调节器的型号、参数及用途

产品名称	型号	额定输入压力/MPa	额定输出压力/MPa	额定输出出流量/(L/min)	安全保护压力/MPa	结构形式	质量/kg	用途
氩气减压流量调节器	YQC-1	15	0.16	30	—	双表式	—	—
	YQYL-2	15	0.2	15、30、45	—	浮标流量计指示	—	
	AT-15	15	0.45±0.05	15	≤0.8	—	0.81~1.4	氩弧焊氩气减压流量控制调节
	AT-30	15	0.45±0.05	15	≤0.8	—	0.81~1.4	
	BP-15	—	0.45±0.05	15	≤0.8	—	1	
	ALT-25	—	0.45±0.05	25	≤0.3	—	1	
		15	0.2~0.25	25	≤0.5	—		

7. 混合气体配比器

混合气体配比器的型号、参数及用途见表1-60。

表1-60 混合气体配比器的型号、参数及用途

型号	混合气体	进气压力/MPa	最大输出流量/(L/min)	配比精度/%	配比范围/%	用途
HQP-2	$Ar+CO_2(O_2、H_2、He$等)两元气体混合	0.12	45	±1.5	0~100 可调	—

型号	混合气体	进气压力/MPa	最大输出流量/(L/min)	配比精度/%	配比范围/%	用途
HQP-2A	Ar+ O_2(H_2、He),O_2 采用微型流量计	0.12	45	±1	0~100 可调	—
HQP-3	Ar+ CO_2(O_2、H_2、He) 三元或多元气体混合	—	—	—	—	流量计指示,并可分别调节
HQP-1A	Ar+ CO_2 两元气体混合	0.8~1	20~30	—	—	适用于管道或集中供气

8. 电磁气阀

电磁气阀的型号、参数及用途见表 1-61。

表 1-61　电磁气阀的型号、参数及用途

型号	工作压力/MPa	额定空气流量/(m³/h)	额定电压/V		线圈温升	用途
			交流	直流		
二位二通 QXD-22	0.8	1~2.5	36、110、220	24	当环境温度不超过40℃时,温度小于80℃	气体系统中被广泛采用的元件
二位三通 QXD-23	0.8	1~2.5	36、110、220	24	当环境温度不超过40℃时,温度小于80℃	

9. 电极及材料

电极及材料的型号、参数及用途见表 1-62。

10. 携带充气式小钢瓶

携带充气式小钢瓶的型号、参数及用途见表 1-63。

11. 电焊条保温筒与烘干筒

电焊条保温筒与烘干筒的型号、参数及用途见表 1-64。

12. 焊剂烘干机

焊剂烘干机的型号、参数及用途见表 1-65。

13. 焊条烘干设备

焊条烘干设备的型号、参数及用途见表 1-66。

14. 印刷电动机

印刷电动机的型号、参数及用途见表 1-67。

15. 氩弧焊焊炬

氩弧焊焊炬的型号、参数及用途见表 1-68。

16. 空气等离子弧切割柜

空气等离子弧切割柜的型号、参数及用途见表 1-69。

17. 碳弧气刨枪

碳弧气刨枪的型号、参数及用途见表 1-70。

表 1-62　电极及材料的型号、参数及用途

产品名称	型号	规格	材料	硬度(HRB)	电导率/(mS/m)	软化温度/℃	抗拉强度/MPa	伸长率/%	最大电极压力/kN	用途
标准直流电极	J,Y,M,O,P	φ13×40 φ16×50 φ20×60	铬锆铜	78~88	44~50	550	500~600	10~20	4、6、3、10	低碳钢、合金钢、镀锌薄板点焊
标准电极帽	A,B,C,D,E,F,G	φ13×18 φ16×20 φ20×22	铬锆铜	78~88	44~50	550	500~600	10~20	2.5、4、6.3	低碳钢、合金钢、镀锌薄板点焊
DN系列电极	DN-25等	φ17×63上 φ20×54下	铬锆铜	75~85	43~48	550	500~600	10~20	10 16	钢、铜、铝合金钢结构,铜、铝合金
UN系列电极	UN-100等	80×60×30	铬锆铜	76~82	43~48	550	400~500	10~25	—	对焊
FN系列电极	FN-150等	φ290×18 φ110×18下	铬镍铜	76~82	43~48	550	380~460	18~22	8	薄板、镀层薄板滚焊
TN系列电极	TN-250等	φ250×55	铬锆铜	75~85	43~48	550	500~600	10~20	16	有色金属、钢凸焊
特种微型电极	J,M	φ(3~9)×(20~60)	DZ合金	100~110	≥30	650	700~800	6~12	—	镀层板、不锈钢、有色金属(显像管、灯管、电器)强规范点焊
电极材料	—	棒、块、轮	铍镍铜	90~100	≥25	600	600~700	8~16	—	合金钢、防腐钢、镍合金焊接、模具
	—	棒、块、轮	铬锆铜	75~85	43~50	550	380~600	10~25	—	阻焊电极、电极臂、轴、滚杆

表 1-63　携带充气式小钢瓶的型号、参数及用途

型号	容量/L	工作压力/N	爆破压力/N	质量/kg	外形尺寸/mm 直径	外形尺寸/mm 长	用途
CP-1	4.5	1500	4800~5300	7.8	114	610	用自备的大钢瓶气体对小钢瓶充气。携带式解决流动焊接搬运大钢瓶难题
CP-2	4.5	1500	4800~5300	7.8	114	610	用自备的大钢瓶气体对小钢瓶充气。除携带方便外,还配有浮式标量计

表 1-64 电焊条保温筒与烘干筒的型号、参数及用途

产品名称	型号	形式	适用电压/V	加热功率/W	恒温温度/℃	可容焊条 长度/mm	可容焊条 质量/kg	质量/kg	外形尺寸/mm 直径	长	宽	高	用途
焊条保温筒	TRB-2.5	立式	25~90	100	135±15	400	2.5	3	172	600	—	—	—
	TRB-5	手提立式	60~90	300	180	400	2.5	2.8	60	410	—	—	用焊机的二次电源加热,恒温(180±20)℃,保持焊条现场施焊时干燥
		手提立式	60~90	300	180	400	5	3	190	480	—	—	
		立式	25~90	100	135±15	400	5	3.5	182	620	—	—	
	TRB-2.5B	背包式	25~90	100	135±15	400	2.5	1.8	—	85	120	470	—
	W-3	立卧式	25~90	100	135±15	400	5	2.3	115	480	—	—	—
	TRB-5W	卧式	25~90	100	135±15	400	5	4	—	140	170	480	—
	TRB-5	卧式	60~90	300	180	400	5	2.8	160	480	—	—	用焊机的二次电源加热,恒温(180±20)℃,保持焊条现场施焊时干燥
		立卧双用活轮式	60~90	300	180	400	5	2.8	160	480	—	—	
	TRB-10	手提立式	60~90	450	180	400	10	5.4	210	580	—	—	—
电焊条烘干筒	TRB-10	手提立式	110,220	450	400	400	10	5.4	210	580	—	—	可用直流110V或交流220V电压加热,用温度继电器进行无级调温 控温在30~400℃

表 1-65 焊剂烘干机的型号、参数及用途

型号	额定功率/kW	电源电压/V	加热功率/kW	上料机功率/kW	可烘焊剂容量/h	最高工作温度/℃	吸料速度/(kg/h)	温度上升速度/(℃/h)	保温时间调节范围/h	烘干后含水量/%	工作环境温度/℃	质量/kg	外形尺寸/mm 长	宽	高	用途
							吸入式自流焊剂烘干机									
YJJ-A-100	4.5	380	—	1.5	100	450	180	200	0~10	0.05	—	260	1160	700	1620	自动上料,微粉除清,远红外辐射加热,自动控制
YJJ-A-200	5.4	380	—	1.5	200	450	180	200	0~10	0.05	—	300	1160	700	1720	
YJJ-A-300	7.2	380	—	1.5	300	450	180	200	0~10	0.05	—	400	1160	700	2000	
YJJ-A-500	9	380	—	1.5	500	450	180	200	0~10	0.05	—	450	1220	700	2100	

续表

旋转式焊剂烘干机

型号	额定功率/kW	电源电压/V	加热功率/kW	上料机功率/kW	可烘焊剂容量/h	最高工作温度/℃	吸料速度/(kg/h)	温度上升/(℃/h)	温度调节范围/h	保温时间/h	烘干后含水量/%	工作环境温度/℃	质量/kg	外形尺寸/mm 长	宽	高	用途
YYZH-60	0.75	380	4.8	—	60	450	—	—	—	10	—	0~45	240	1450	510	1250	采用远红外辐射加热,自动控温报警。在旋转下对焊剂均匀加温,适用于焊剂烘焙
YYZH-100	0.75	380	4.8	—	100	450	—	—	—	10	—	0~45	280	1600	610	1400	
YYZH-150	0.75	380	4.8	—	150	450	—	—	—	10	—	0~45	310	1750	710	1550	

表 1-66 焊条烘干设备的型号、参数及用途

型号	电源电压/V	额定功率/kW	最高工作温度/℃	温度误差/℃	可装焊条容量/h	控制方法	焊条长度/mm	质量/kg	控制箱长	控制箱宽	控制箱高	炉体长	炉体宽	炉体高	用途
RDL4-40	380	3.2	450	±10	40	程控	≤450	130	380	470	270	810	580	1100	温度数字显示烘干温度控制
RDL4-60	380	4.0	450	±10	60	程控	≤450	150	380	470	270	810	620	1200	
RDL4-100	380	5.8	450	±10	100	程控	≤450	180	430	590	270	810	660	1350	
RDL4-150	380	7.0	450	±10	150	程控	≤450	220	430	590	270	810	700	1400	

型号	电源电压/V	额定功率/kW	最高工作温度/℃	温度误差/℃	可装焊条容量/h	焊条长度/mm	质量/kg	炉体长	炉体宽	炉体高	控制箱长	控制箱宽	控制箱高	用途
ZYH-10	220	1.2	450	±15	10	—	70	370	740	650	500	350	500	温度数字显示烘干温度控制
ZYH-15	220	1.2			15	—	75	400	740	650				
ZYH-20	220	1.8			20	—	90	400	750	780				
ZYH-30	220	2.6			30	—	115	450	750	800				
ZYH-30	220	3.2			30	—	165	500						
ZYH-40	220	3.8			40	—	128	570	750	1050				
ZYH-60	220	4.1			60	—	148	620	750	1050				

续表

型号	电源电压/V	额定功率/kW	最高工作温度/℃	温度误差/℃	可装焊条容量/h	质量/kg	外形尺寸/mm 炉体 长	宽	高	用途
ZYH-60	220	5.8	450	±15	60	195	500	450	500	温度数字显示烘干温度控制
ZYH-100	220	5.4	500	—	100	205	670	750	1170	
	220	7.8	450	±15	100	290	500	615	980	
ZYHC-20	220	2.0	—	—	20	110	400	740	1120	
ZYHC-30	220	3.8	—	—	30	170	5700	750	1350	温度数字显示配备储藏保温箱
	220	2.8	450	±15	30	185	580	1325	780	
ZYHC-40	220	4.4	—	—	40	192	580	1325	780	
ZYHC-60	220	7.0	450	±15	60	231	620	750	1350	
	220	5.8	—	—	60	220	500	450	500	
ZYHC-100	220	9.0	450	—	100	260	950	750	1250	
ZYHC-150	220	7.4	—	—	150	373	1050	750	1450	
	220	9.0	450	±15	150	350	1225	1520	780	
ZYHC-200	220	8.4	—	—	200	405	1150	750	1270	

表 1-67　印刷电动机的型号、参数及用途

产品名称	型号	电压/V	电流/A	输出功率/W	转速/(r/min)	质量/kg	用途
印刷电动机	120SN01-C	24	5	65	144	2.8	用于 CO_2/MAG 气保焊机送丝机
	120SN02-C	24	4.2	65	144	1.6	
	120SN03-C	28	4.2	70	144	1.6	
	120SN05-C	18.3	5.5	50	130	2.8	
	120SN010-C	24	5.5	85	130	3	用于埋弧焊机头并可配双驱动送丝装置,用于各类自动/半自动 CO_2 气保焊机,埋弧焊机送丝机
	120SN01	24	5	75	3600	1.2	
	120SN02	24	4.2	70	3600	0.65	适用于工业自动控制、办公设备和汽车电器
	120SN03	28	4.2	80	4000	0.65	

续表

产品名称	型号	电压/V	电流/A	输出功率/W	转速/(r/min)	质量/kg	用途
印刷直流减速电动机	154SN-J01/J02	—	—	—	130	2.4	用于 CO_2 气保焊送丝机
	154SN-J03	18.3/24/32/36	5.5/4.5/4.5/8.5	—	130	3.5	适用于药芯焊丝,大规格(2.0~2.4)焊丝及电缆焊枪送丝
	154SN-01	—	—	—	3000/4800	1.2	用于 CO_2 气保焊送丝机
	154SN-05	—	—	—	2800/4800	1.3	适用于送丝机和电动自行车

表1-68 氩弧焊炬的型号、参数及用途

产品名称	型号	适用互换电极直径/mm	可配喷嘴规格			用途
			螺纹	长度/mm	口径/mm	
气冷式手工氩弧焊炬	QQ-85°/200	1.6,2,3	M18×1.5	45,53	7,9,12	用于有缝管的自动焊接
	QQ-85°/150	1.6,2,2.5,3	M10×1	45,60	6,8	
	QQ-75°/150	1.6,2,2.5,3	M10×1	45,60	6,8	
	QQ-85°/150-1	1.6,2,2.5,3	M10×1	45,60	6,8	
	QQ-O-90°/150	1.6,2,3	M14×1.5	60	9	
	QQ-85°/100	1.6,2	M12×1.25	27	6,9	
	QQ-65°/75	1.2,1.6	M12×1.25	17	6,9	
气冷式 Ar,CO_2 双用焊炬	ZQS-0/500A	—	—	—	—	用于有缝管的自动焊接
水冷式手工氩弧焊炬	QS-75°/500	4,5,6	M28×1.5	43	13,15,17	焊炬出厂电缆一般5m,如需另加长电缆,每米收工料费15~25元,订电极夹头、喷嘴请注明焊炬型号
	QS-75°/400	3,4,5	M20×2.5	41	9,12	
	QS-75°/350	3,4,5	M20×1.5	40	9,12,16	
	QS-65°/300	3,4,5	M20×2.5	41	9,12	
	QS-85°/300	3,4,5	M20×2.5	41	9,12	
	QS-85°/250	2,3,4	M18×1.5	53	7,9,12	

续表

产品名称	型号	额定电流/A	角度/(°)	适用互换电极直径/mm	螺纹	长度/mm	口径/mm	用途
水冷式手工氩弧焊炬	QS-65°/200	50	85	1.6,2,3	M12×1.25	27	6,9	焊炬出厂电缆一般5m,如需另加长电缆,每米收工料费15~25元,订电极夹头、喷嘴请注明焊炬型号
	QS-85°/150	75	65	1.6,2,3	M14×1.5	30	6,9	
	QS-65°/150	150	10,85	1.6,2,3	M14×1.5	30	6,9	
	QS-0°/150	100/150	85	1.6,2,2.5	M10×1.5	48	6,9	
新型气冷式氩弧焊炬	QQ-65°/100A-C	150	85	1.6,2,2.5	M10	47	6.3,8,9.6	新型氩弧焊炬生产工艺引进国外先进焊炬系列,采用硅橡胶材料制成,其枪体绝缘性、耐热性、密封性、引弧性,气体保护性能全部达到国家专业标准
	QQ-85°/160A-C	150	85	1.6,2,2.5	M10	47	6.3,8,9.6	
	QQ-85°/20A-C0	200	75,85	1.6,2,2.5	M10	47	6.3,8,9.6	
气冷式 Ar,CO₂ 双用焊炬	QQ-85°/160A-C	200	85	1.6,2,3	M10	47	6.3,8,9.6	
	QS-65°/200A-C	300	65,85	2.2,5.3	M10	47	6.3,8,9.6	
	QS-85°/250A-C			2.2,5.3	M10	47	6.3,8,9.6	
	QS-85°/315A-C			2.5,3.4	M10	47	9.6,11,12.6	
	QS-75°/400A-C			2.5,3.4	M10	47	9.6,11,12.6	
	QS-75°/500A-C			4,5,6	M28	70	16	

产品名称	型号	额定电流/A	角度/(°)	可夹持钨极直径/mm	螺纹	长度/mm	口径/mm	用途
气冷式氩弧焊焊炬	QQ-50	50	85	0.8,1.0,1.6	M12×1.25	27	6,9	①氩弧焊炬分为水冷式和气冷式两大类 ②QQ-150-1、QQ-2150-2配有氩气开关,为接触引弧。QQ-150-1S、QQ-150-2可进行深坡口(150m)焊接 ③C为新型氩弧焊炬
	QQ-75	75	65	0.8,1.0,1.6	M12×1.25	27	6,10	
	QQ-150	150	10,85	1.4,2,2.5	M10×1	45/60	8,6	
	QQ-100	100/150	85	1.4,2,2.5	M14×1.5	30	6,9	
	QQ-50-1	150	85	1.6,2,2.5,3	M10×1	45/60	8,6	
	QQ-150-2	150	85	1.6,2,2.5,3	M10×1	45/60	8,6	
	QQ-200	200	75,85	1.6,2,2.5,3	M18×1.5	50	8,10	
	QQ-200-1	200	85	1.6,2,2.5,3	M18×1.5	50	8,10	
	QQ-300同体	300	65,85	2,3,4	M20×1.5	40	9,12,16	

续表

产品名称	型号	额定电流/A	角度/(°)	可夹持钨极直径/mm	可配喷嘴规格			用途
					螺纹	长度/mm	口径/mm	
气冷式氩弧焊焊炬	QQ-300 分体	300	65、85	2、3、4	M20×1.5	40	9、12、16	①氩弧焊炬分为水冷式和气冷式两大类 ②QQ-150-1、QQ-2150-2配有氩气开关,为接触引弧。QQ-150-1S、QQ-150-2可进行深坡口(150m)焊接 ③C为新型氩弧焊炬
	Q-100-C	100	85	1、2、2.5	M10×1.5	47	6.3、8、9.6	
	Q-160-C	160	85	1.6、2、2.5、3	M10×1.5	47	6.3、8、9.6	
	QQ-200-C	200	85	1.6、2、2.5、3	M10×1.5	47	6.3、8、9.6	
	QQ-150A-1S	150	85	1.6、2、2.5、3	M10×1.5	73/43	10、8	
	QQ-150A-S	150	85	1.6、2、2.5、3	M10×1.5	73/43	10、8	
	QS-150	150	85	1.6、2、2.5、3	M14×1.5	30	6、9	
	QS-200	200	85	1.6、2、2.5、3	M10×1.5	40/30	6、8	
	QS-250	250	75、85	1.6、2、2.5、3	M18×1.5	47	7、9、12	
	QS-300	300	65、75、85	2、3、4	M20×2.5	41	9、12、16	
	QS-350	350	75、85	3、4、5	M20×1.5	40	9、12、16	
	QS-400	400	75、85	3、4、5	M20×1.5	40	9、12、16	
	QS-500	500	75	5、6、7	M27×1.5	43	14、16、18	
	QS-600	600	75	5、6、7	M27×1.5	41	14、18、21	
水冷式氩弧焊焊柜	QS-160-C	160	85	1.6、2、2.5、3	M10×1.5	47	6.3、8、9.6	
	QS-200-C	200	75、85	1.6、2、2.5、3	M10×1.5	47	6.3、8、9.6	
	QS-250-C	250	75、85	2、2.5、3	M10×1.5	47	8、9.6、11	
	QS-315-C	315	75、85	2、2.5、3、4	M10×1.5	47	9.6、11、2.6	
	QS-400-C	400	75、85	4、5、6	M10×1.5	47	9.6、11、12.6	
	QS-500-C	500	75	4、5、6、7	M27×1.5	41	16、12.5	

表 1-69 空气等离子弧切割枪的型号、参数及用途

型号	额定电流/A	角度/(°)	切割厚度/mm 不锈钢碳钢	铝	紫铜	铸铁	可配喷嘴规格 螺纹	长度/mm	口径/mm	可配分流器规格/mm 内径	外径	高	用途
LG-40	40	75	12	8	3	10	M16×1.5	30	89	5.1	8.7	5.6	接触式切割
LG-50	50	75	15	10	8	12	M20×1	26	11	7	13	9.5	接触式切割
LG-60(63)	60	75	20	15	10	15	M13×1.5	17.5	35	8.2	11.5	10.8	接触式切割
LG-100	100	75	30	20	15	25	M19	27.5	36.5	19	27.5	39.5	非接触式切割
LG-200	200	75	60	50	40	55	M32×1.5	30	24	13.5	17	23.5	非接触式切割
LG-60(天宗)	60	75	20	15	10	15	树脂 M20×2	25.5	28.5	3	5	35.5	非接触式切割
LG-100(天宗)	100	75	30	20	15	25	M20×2	25.5	28.5	3	5	35.5	非接触式切割

注：与同型号切割枪配套，用于各种金属板材切割。

表 1-70 碳弧气刨枪的型号、参数及用途

型号	电流范围/A	炭棒 形式	直径/mm	使用电源 焊机	极性	风源 风压/(N/cm²)	风量/(m³/min)	刨削效率/(kg/min)	用途
TBQ-500	400~600	圆或扁	5~10	常用手工电弧焊直流焊机 AX-500 或 ZXG-500 或用两台 300A 焊机并联	反接	40~60	0.41	≥0.94	适用于金属切割，开槽，清根及焊缝缺陷返修。反把式操作
TBQ-800	700~1000	圆或扁	6~12				0.51	≥1.23	

第二章
电焊机电路与元器件的识读与维修

第一节 电焊机基本电路的组成

一、常用电焊机电气的启停控制典型电路

（一）启动停止控制电路

1. 断路器启动停止控制电路

断路器电源控制电路如图 2-1 所示。这种电路比较简单只要合上断路器，电源就送到负载，拉开断路器负载就没电。

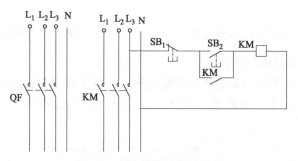

图 2-1　断路器电源控制电路

2. 接触器自锁控制电路

如图 2-2 所示。其动作原理如下：当按下按钮 SB_2，接触器 KM 线圈得电吸合，其主触点 KM 闭合，电源通过主触点送到负载（电机或电焊机以及用电设备），由于 KM 的常开辅助触点并联在 SB_2 两端，即使松开 SB_2，线圈回路仍然有电。这个电路也可改用万能转换开关直接控制。

3. 联锁控制电路

如图 2-3 所示。一般在 CO_2 电焊机、氩弧焊机的控制系统中经常见到气压、风压开关作为联锁系统的问题，下面举一个例子来学习其工作原理。当风压开关 SS 受 SB 控制，开机时按下风机启动按钮 SB，当风机启动并达到一定风压后，利用风的压力推动 SS 闭合，接触器线圈 KM 得电吸合，主触点闭合，负载得电。如果风机不启动或风的压力小，那么开关 SS 将不能闭合，接触器也就无法吸合。这种电路也可用接触器联锁实现，如图 2-4 所示。主接触器 KM_1 线圈与风机接触器 KM_2 的常开辅助触点串联，只有在风机启动 KM_2 常开辅助触点闭合后，才能按下按钮 SB_1，KM_1 才能得电。一旦按下停止按钮，风机停转了，主接触器也就断开了。

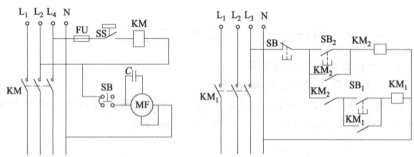

图 2-2　风压控制的联锁电路　　　　图 2-3　接触器控制的联锁电路

（二）其他控制电路

如图 2-4 所示为断电延时控制线路。当按下启动按钮 SB_2 时，快速时间继电器 KT 线圈得电，常开触点闭合，KM_1 线圈得电，主触点吸

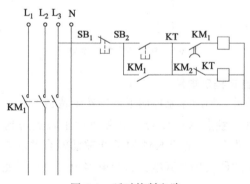

图 2-4　延时控制电路

合电源送到负载。当辅助触点 KM_2 断开时，时间继电器 KT 并不马上打开，而是经过一定延时才打开，这时接触器 KM_1 线圈才失电释放，负载断电。

二、常用电气图形符号和文字符号

电气原理图中常见的各种图形符号与文字符号见表 2-1。

表 2-1　电气工程基本图形符号及说明

符　号	符号名称	文字符号	符　号	符号名称	文字符号
+	正极	—	$\sim$	交流电	AC
−	负极	—	$\approx$	交直流电	AC/DC
——	直流电	DC		接地	PE
	原电池或蓄电池	E	(a)　　(b)	(a) 无极性电容器 (b) 电解电容器	C
	可变电容器	C		电感线圈	L
	有铁芯的电感线圈	LT		三相变压器	TM
	单相变压器	TC		电流互感器	TA
	电压互感器	PT/TV		电抗器	L
	熔断器	FU	M 3~	三相异步电动机	M
TG	直流测速发电机	TG	M	他励直流电动机	M
M	并励直流电动机	M	M	串励直流电动机	M
M 3~	三相绕线转子异步电动机	M		插头	XP

符　号	符号名称	文字符号	符　号	符号名称	文字符号
	固定电阻	R		插座	XS
	可变电阻器、滑线变阻器	RP		信号灯（指示灯）	HL
	热敏电阻器	RT		照明灯	EL
	压敏电阻器	RV		接机壳或接底板	GND
	光敏电阻	RG 或 RL		电磁阀	YV
	（a）瞬时闭合的常开触点（b）瞬时断开的常开触点	KT		热继电器	RF
	（a）接触器常开触点（b）接触器常闭触点	KM		断路器	QF
	接触器线圈	KM		隔离开关	QS
	自动开关	QA		电流表	A
	压力继电器常开触头	KP		频率表	Hz
	延时闭合的常开触点	KT		电压表	V
	延时断开的常闭触点	KT		转速表	n
	延时闭合的常闭触点	KT		二极管	V

符　　号	符号名称	文字符号	符　　号	符号名称	文字符号
	延时断开的常开触点	KT		稳压管二极管	VS
(a)　　　(b)	（a）位置开关动合触点 （b）位置开关动断触点	SQ		发光二极管	LED
(a)　　　(b)	（a）启动按钮开关（常开） （b）停止按钮开关（闭锁）	SBst SBss		光敏二极管	V
B—C E	NPN型三极管	—		变容二极管	V
G—C E	IGBT场效应管	VT		双向触发二极管	V
T₁ G T₂	可控硅双向晶闸管	VT		桥式整流器	V
A G K	晶闸管	VT	E B₁ B₂	单结晶体管（又基二极管）	VT 或 QA
B—C E	PNP型三极管	—	① 输入 ② ③ 输出 ④	四端光电耦合器	IC
B—C E	带阻尼二极管 NPN型三极管	VT	1 2 3 6 5 4	六端光电耦合器	IC

第二节 | 主焊接电源的维修

一、主焊接电源常见故障现象、原因及排除方法

主焊接电源常见故障现象、原因及排除方法见表 2-2。

表 2-2 主焊接电源常见故障现象、原因及排除方法

故障现象	故障原因	排除方法
无输出	主要是一次线圈或二次线圈有断路现象	直接观察法或万用表测量法检测断路点，找到断路点后，用焊接方法或用螺钉紧固连接，并加垫绝缘即可
焊接电流太小	焊接电缆过长；焊接电缆卷成盘形形成电感过大，焊接电缆与接线柱接触不良	减小电缆长度或增大电缆心的截面积，拉直电缆尽量使其不弯曲，使电缆线与接线柱接触良好
电焊机外壳带电	一次或二次线圈碰壳，电源线碰壳，焊接电缆碰壳，外壳接地不良或未接地	消除碰壳现象，接好地线，将外壳良好接地
焊接过程中，可动铁芯有强烈的振动声	可动铁芯的制动螺钉或弹簧松动，铁芯的移动机构损坏	拧紧制动螺钉或调整弹簧的拉力，修理好铁芯的移动机构
电焊机过热	电焊机过载，变压器线圈短路，铁芯螺杆绝缘损坏	减小使用电流；消除短路，重绕绕圈；恢复绝缘等
使用时焊接电流忽大忽小	a. 电网供电电压波动太大 b. 电流细调节机构的丝杠与螺母之间因磨损间隙过大，使动铁芯振动幅度增大，导致动、静铁芯相对位置频繁变动 c. 动铁芯与静铁芯两边间隙不等，使焊接时动铁芯所受的电磁力不等，产生振动过大，也同样使动、静铁芯的相对位置经常变动	a. 电网电压是否波动可用电压表测得；若确属电网电压波动的原因，可避开用电高峰使用焊机 b. 若电路连接处螺栓松动，打开焊机机壳便可发现，将螺栓拧接牢即可 c. 调节丝杠与螺母的间隙，可用正、反摇动调节手柄方法检查。因有窄挡，用手能感觉出间隙的大小。确定间隙过大不能使用时，应更换新件

二、线圈的制作及修理

线圈是弧焊变压器的重要部件，也是易损坏的部件，故线圈必须固定牢靠。否则，线圈工作时在电场力及热的共同作用下，会发生变形、绝缘击穿和短路等故障。因此，制造修理时必须保证线圈能长期可靠地工作；线圈接头的焊接既要导电良好，又要连接牢固。如果接触电阻

大，在大电流流过时就会发热，使接头烧毁。综上所述，线圈的固定、绝缘质量、接头焊接质量等问题，在修理时要特别注意。

线圈的制作及修理见表2-3。

表 2-3　线圈的制作及修理

类别	说　　明
动圈空心多匝线圈的绕制	一般电焊机变压器的一次线圈，都是多层密绕的结构形式，采用双玻璃丝包扁线绕成，如图2-5所示，就是BX系列弧焊变压器的一次线圈。动圈空心多匝线圈的绕制方法如下： 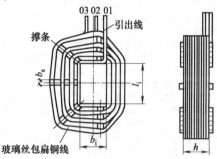 图 2-5　BX系列弧焊变压器的一次线圈 l_i—绕组内孔长度；b_i—绕组内孔宽度；b_s—撑条宽度；h—绕组高度 ①绕线模的设计与制作。要使线圈绕制得规整，没有绕线模是不行的。绕线模的材料可根据修理的线圈数量来决定：若一次性地修理，可以用硬质的木材制作；经常使用的绕线模，应使用铝材、钢材或层压绝缘板制作 绕线模的结构和尺寸应按线圈的图样尺寸要求来设计，它由模芯和模板构成，如图2-6所示。两块模板的间距为h(正是模芯的高度)，它可以保证绕制的线圈高度，同时可挡住线圈两边的导线，使之平整。模板上根据线圈图样的要求设有若干开口和凹槽，是为了固定线圈的引出线、抽头和撑条使用 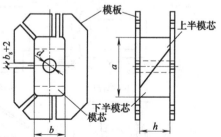 图 2-6　BX3一次线圈绕线模结构示意图 b_s—绕组撑条宽；a—模芯长度；b—模芯宽度； h—模芯高度；d—套绕线机转轴孔直径 为了卸模方便，做成两个相同的楔形体的半模芯，使用时两个半模芯对成一个整模芯，如图2-7所示。要保持转轴孔直径d贯通和模芯的尺寸L和A的准确性

类别	说　　明
动圈空心多匝线圈的绕制	②线圈的绕制。线圈可用绕线机绕制,绕制时转速较低,可调整在20r/min左右。一次性修理的线圈,可以利用普通车床当绕线机,慢车进行;也可以自制一个简易的木架支持绕线模,用手缓慢转动绕线模绕制线圈 扁线立绕线圈的绕制:焊机变压器的二次线圈,流过较大的电流,为使线圈散热好,节省材料,还要有足够的机械强度,故多采用单层立绕结构。 图 2-7　线圈绕线模的模芯结构示意图 b—模芯宽度;h—模芯高度;d—转轴孔直径 立绕线圈的绕制可在专门的立绕绕线机上进行。若在修理工作中没有立绕机时,也可以人工在胎具(金属立柱)上,一匝匝地锤击绕制。铜线在折弯时应使用夹具夹住,防止其扭曲不平。 裸扁线在立绕过程中,线圈扁线外角边缘会因受拉而变薄,而内角边缘又会受挤压而变厚,使线圈不平,影响质量。可以在线圈退火后,用平锉将其高出的部分锉平,即线圈整形。立绕线圈整形后,可在线圈匝间垫上浸过漆的石棉纸板条,然后装夹固定。立绕线圈装成后,可转入浸漆工序
固定线圈的绕制	对于不动线圈可在叠好的硅钢片上垫上绝缘纸,直接在铁芯上穿线绕制,铁芯先拧下一边,待绕制完成后再安装
线圈活络骨架的制作	电焊机中的电源变压器、电抗器、磁饱和电抗器、输出变压器及控制变压器等部件都有线圈。大、中功率焊机的线圈制作不用骨架,其与铁芯的绝缘是使用撑条。用此种方法处理既保证了线圈与铁芯的绝缘,又有利于线圈散热。对中小功率焊机(250A以下)的线圈要使用骨架。焊机厂批量生产的焊机,其骨架都采用注塑件。在焊机的修理或单机的试制工作中,可以自制矩形铁芯的活络骨架,制作方法如下: ①材料可选用0.5～2.0mm厚的酚醛玻璃丝布板 ②骨架的结构尺寸根据铁芯柱的截面积尺寸、窗口的尺寸、线圈的匝数和导线的规格来确定 ③骨架组件(片)的制作是先画线,再用锯和细板锉按图2-8所示步骤加工 ④骨架的组装:将图2-8(a)～(c)件各两块装成图2-8(d)所示的样式 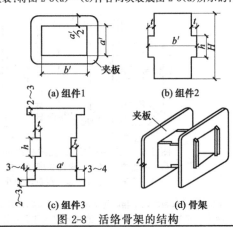 (a) 组件1　　　　(b) 组件2 夹板 (c) 组件3　　　　(d) 骨架 图2-8　活络骨架的结构

续表

类别	说　　明
扁线线圈引出端头的立向直角折弯	扁铜线绕制的线圈,其起头和尾头的引出线在折弯处是立向折曲(90°)的,如图2-9所示。这种扁线的立向 90°弯曲可使用专用工具。小截面的扁铜线可以直接立向折弯;大截面的扁线折弯前最好用火焰加热(600℃),然后急冷进行局部退火,效果会更好 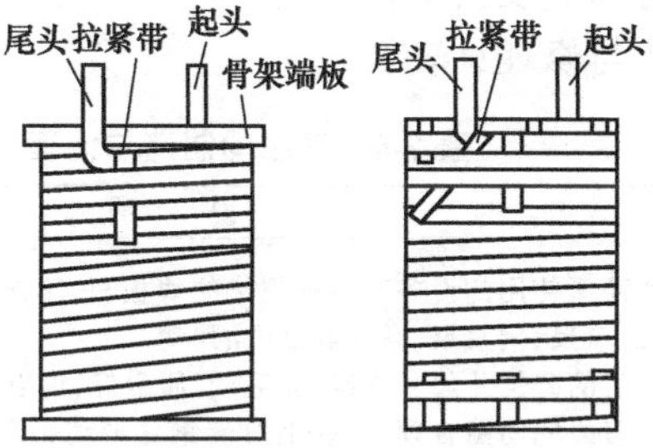 图 2-9　扁线线圈引出线端头示意图
线圈出线端的强固处理	线圈的出线端头因要接输入或输出线,接触电阻较大、温升高,又常受机械力振动,所以极易产生故障。因此,线圈的引出线端常采取加强措施 ①当线圈的导线较细(ϕ2mm 以下)时,易断折,所以常用较粗的多股软线作引出线。引出线的长度要保证在线圈内的部分能占到半圈以上。导线与出线的接头可采用银钎焊或黄铜焊接或使用接头压线钳压接 ②引出线要加强绝缘,一般都采用在引出线外再套上绝缘漆管的方法。漆管的长度要大于引出线,并能把引出线与线圈导线的焊接接头也套入内 ③当线圈的导线较粗时,用线圈的导线直接引出,但应套上绝缘漆管 ④无骨架线圈的起头和尾头,在最边缘的一匝起点和终点折弯处,应采用从其邻近数匝线下面用绝缘布拉紧带固定。导线较粗时,可多设几处拉紧带固定点 ⑤有骨架的线圈,其起头和尾头的引出线不用固定,只在骨架一端的挡板上适当的位置设穿孔即可。有骨架线圈的引出线也应套上绝缘漆管 ⑥无论有骨架或无骨架的线圈,加了绝缘漆管的引出线将随线圈整体一并浸漆,以使线圈结构固化、绝缘加强
线圈的绝缘处理	线圈绕制以后应进行绝缘漆的浸渍,使线圈有较高的绝缘性能、机械强度和耐潮性及防腐蚀性能 当前焊机的线圈主要浸渍 1032 漆和 1032-1 漆,属于 B 级绝缘 绝缘处理分为预热、浸渍和烘干三个过程: ①预热:目的是驱除线圈中的潮气,预热的温度应低于干燥的温度,一般应在100℃以下炉中进行 ②浸渍:当预热的线圈冷却至 70℃时沉浸到绝缘漆中,当漆槽的液面不再有气泡时便浸透了,取出线圈后放入烘干炉中烘干;再准备第二次浸漆、烘干 ③烘干:使用烘干炉烘干。热源可以用高压蒸汽,或者电阻丝、红外线管。烘干温度因漆种不同而有区别。1032 漆和 1032-1 漆均可加热到 120℃;时间差别很大,1032 漆需烘 10h,而 1032-1 漆只要 4h 如果没有烘干炉而需烘干,可利用线圈自身的电阻,通电以电阻热烘干。此方法简单,只要接一个可以调节的直流电源,电流由小到大的试调,选择合适为止;也可以在加好铁芯后加入交流电压或交流低电压,使二次侧短路加热,加热时不要离开人,防止过热把线圈烧坏

三、铁芯的制造与修理

铁芯是电焊机的重要部件之一，除了极少数的逆变器焊机以外，绝大多数电焊机里的铁芯部件都是用硅钢片制作的。铁芯的质量主要取决于硅钢片的冲剪和叠装技术。

铁芯的制造与修理见表 2-4。

表 2-4　铁芯的制造与修理

类别	说　明
硅钢片的剪切和冲压	剪切和冲压使用的设备有各种规格的剪板机、不同吨位的冲床等。使用的工具有千分尺、卡尺、钢直尺、卷尺和 90°角尺等 　为了剪后的硅钢片尺寸准确、无毛刺、质量好，可以调整剪床上的调节螺栓，使剪床的上下刀刃的间隙合理，工程上对硅钢片剪切毛刺的限制，要求小于 0.05mm。如果毛刺过大，应用油石或砂轮磨平 　为了提高定位的精确度，一般在剪床的工作台上安装纵向或横向的定位板。为了提高剪切速度，横向的定位板可以安装在活动刀架上 　剪床开始开切的一些硅钢片要用卡尺测量其尺寸和角度，要合理调整剪床的定位板或刀刃间隙，直至硅钢片符合要求 　硅钢片的角度偏差可用两片同样的硅钢片反向对叠比较法测量，如图 2-10 所示。测得的 △ 值越小，角度偏差越小，质量越好。 　冲床冲压的硅钢片，尺寸准确、生产率高，毛刺的大小也应控制在 0.05mm 以内 图 2-10　硅钢片角度偏差示意图 b—硅钢片宽度；l—硅钢片长度； △—硅钢片偏差的数值
铁芯叠装的技术要求	①硅钢片边缘不得有毛刺 ②每一叠层的硅钢片片数要相等 ③夹件与硅钢片之间要绝缘 ④夹件与夹紧螺栓间要绝缘 ⑤铁芯硅钢片与夹紧螺栓间要绝缘 ⑥铁芯硅钢片的叠厚不得倾斜，应时刻检查，可以用一片硅钢片进行检查，如图 2-11 所示 ⑦要控制叠片接缝间隙在 1mm 以内，间隙太大会使空载电流增加 图 2-11　硅钢片叠厚倾斜度检查方法示意图
硅钢片的叠压系数 K_c	铁芯的硅钢片的片数是根据图样的尺寸、硅钢片的厚度和叠压系数计算的，硅钢片的叠压系数与硅钢片表面绝缘层(漆膜)厚度、硅钢片的波浪性、切片质量及夹紧程度有关。叠压系数越大，一定厚度的叠片数就越多。焊机电源变压器、电抗器铁芯硅钢片的叠压系数，可按以下附表 1 选取

续表

类别	说　明

硅钢片的叠压系数 K_c

附表 1　焊机用硅钢片叠压系数 K_c

硅钢片种类及表面状况	硅钢片厚度/mm	叠压系数
冷轧硅钢片,表面不涂漆	0.35	0.94
热轧硅钢片,表面不涂漆		0.91
冷轧、热轧硅钢片,表面不涂漆	0.5	0.95
冷轧、热轧硅钢片,表面涂漆		0.93

铁芯叠片方式

焊机里的变压器、电抗器的铁芯大都采用双柱或三柱芯结构。铁芯的叠装采用交叉叠装方式,如图 2-12 所示

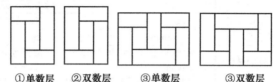

①单数层　②双数层　　③单数层　　③双数层

(a) 双柱铁芯交叉叠装　　(b) 三柱铁芯交叉叠装

图 2-12　铁芯交叉叠片的两种形式示意图

叠片工艺要点

叠片打底时可以使用一面的夹件,将夹件平放,里面向上、外面向下并垫平,如图 2-12 中的件④那样。然后在夹件④上面垫一层绝缘垫片,其后便在绝缘垫片上面按图 2-12 所示的形式一层一层地叠片。每层硅钢片的片数可取 3 片或 4 片,按着硅钢片叠装技术要求进行。当铁芯的片数达到要求后进行整形;装绝缘垫片;装另一面夹件;在夹件紧固过程中进行最后整形

叠片过程中要注意以下三点:

①铁芯的形状和尺寸要达到要求

②硅钢片相对的缝隙要小而且均匀,不得相互叠压

③硅钢片叠层要夹紧

铁芯组装的最后工序是防锈处理,即对铁芯硅钢片侧面的剪切口均涂防锈漆。也可以在以后线圈套装铁芯后,将变压器或电抗器整体浸漆一次,对提高焊机的绝缘强度和防锈能力都会有所加强

组装后的铁芯在吊运过程中,要注意防止其变形

硅钢片涂漆处理

焊机变压器硅钢片上的绝缘漆膜破坏时,必将引起铁芯涡流损耗增大,使铁芯发热。铁芯修理时,硅钢片上必须清除残漆膜,重新涂漆。若不清除硅钢片上的残漆膜就另涂新漆,会使硅钢片厚度增加,叠成铁芯后必然会使尺寸增大,套不进线圈。因此,必须清除旧残漆膜

①硅钢片残漆的去掉:对于局部少量残漆,可用机械方法去掉,然后刷上♯1032绝缘漆;对于大量硅钢片涂漆时,应先将硅钢片拆下,记录各级的硅钢片,分批放入氢氧化钠(也叫苛性钠,俗称火碱)水槽中煮洗或放入酸罐中酸洗

放入氢氧化钠(质量分数为 5%～10%的氢氧化钠溶液)中煮洗时,要把氢氧化钠加热 70℃ 左右,煮洗 1～2h,硅钢片表面漆脱离后再用刷子刷去残漆,最后用清水冲洗干净,准备晾干后涂漆

残漆也可用酸类清洗,如盐酸或硫酸溶液,浸酸时间长短视铁锈程度而定,洗到硅钢片浸酸露出白色金属为止,不可过分酸洗。然后在清水槽中冲洗几次,或放入质量分数为 5%～8%的氢氧化钠溶液中和,最后用清水冲洗干净。冲洗晾干后及时涂漆,否则会被氧化影响涂漆质量

续表

类别		说　　明	
硅钢片涂漆处理		②钢片涂漆:修理所用硅钢片,若片数不多可用手涂刷或喷涂法,但手涂刷漆膜厚度难以控制。若需涂漆的硅钢片数较多时,可以自制一台手摇硅钢片涂漆机。硅钢片涂漆要求见附表2	

附表2　硅钢片涂漆要求

工艺要求	漆标号	
	♯1611	♯1030
稀释剂	松节油	苯或纯净汽油
黏度	4号黏度计,于(20±1)℃时为50~70s	4号黏度计,于(20±1)℃时为30~50s
干燥温度	200℃	(105±2)℃
干燥时间	12~15min	2h
漆膜厚度	两面厚度之和为0.01~0.015mm	两面厚度之和为0.01~0.015mm
技术要求	漆中不应有杂质和不溶解的粒子;漆膜干燥后应平滑,有光泽,无皱纹、烤焦点、集中的漆包、空白点等	

四、导线的连接

1. 铜导线的焊接

铜导线的焊接方法见表2-5。

表2-5　铜导线的焊接方法

类别		连接方法
氧-乙炔焰气焊法	特点	该方法简便,应用普遍,设备投资少,焊接接头质量好
	设备及工具	氧气瓶一个、乙炔气瓶一个、气焊炬一把、氧气表一个及乙炔表一个
	焊丝及焊剂	焊丝可选购HSCu纯铜焊丝,或使用铜导线的一段,用CJ301铜气焊熔剂,或直接使用脱水硼砂
	接头形式	应选用对接接头,使用中性火焰。因为纯铜导热性好,必须使用较大的焊炬和喷嘴焊接,用较大的火焰功率。焊后应将接头锉光滑,进行绝缘包扎
钎焊法	特点	钎焊也是一种简便的焊接方法,焊接接头良好,设备投资少,导线钎焊后,应将接头锉光滑,包扎绝缘
	钎料和钎剂	铜导线的连接常用的钎料有两种,银钎料可使用BAg72Cu,这是导电性最好的一种,配用QJ-102钎剂。铜磷钎料可选HLAgCu70-5,这也是此类钎料中导电性能最好的一种,可配用硼砂钎剂
	热源	可以使用氧乙炔中性焰、氧液化气焰、煤油喷灯或电阻接触加热
	接头形式	钎焊是非熔化焊接,所以接头要采用搭接
手工钨极直流氩弧焊	特点	铜导线对接,使用手工钨极直流氩弧焊接是焊接质量最好的方法
	设备和工具	手工钨极直流氩弧焊机(120A或200A)一台,工业用纯度(体积分数)为99.9%的氩气一瓶,氩气减压阀流量计一个,头戴式电焊防护帽一个

续表

类别		连接方法
手工钨极直流氩弧焊	填充材料	可用待焊导线的一段,根据导线截面积的大小,调好焊机的规范参数,将接头焊好,焊后接头稍做修整便可包扎绝缘
	电阻对焊法	这也是铜导线连接常用的一种方法。焊接时,将待焊的导线两端除去绝缘层,使导线露出裸铜,端面要锉平。然后将欲焊导线分别装夹在焊机的两个夹具上,端面接触对正。调好焊机的有关焊接参数,进行电阻对焊 对焊法操作简便,焊接速度快,接头质量好,不用填充材料和焊剂,成本低;但需要一台对焊机(UN-10 型或 UN-16 型) 焊后,卸下焊件,将接头边缘用锉修好,包扎绝缘便可

2. 铝导线的焊接

铝线因熔点低,较铜线难焊,常用的焊接方法见表 2-6。

表 2-6　铝导线的焊接方法

类别	连接方法
氧-乙炔焰气焊法	火焰使用氧-乙炔中性焰。填充材料可使用待焊铝导线上的一段,或用 $\phi2\sim5mm$ 的纯铝线。可选用 CJ401 铝气焊熔剂,也可用氯化钾 50%(质量分数,下同)、氯化钠 28%、氯化锂 14%、氟化钠 8%的材料自己配制 焊前应先将填充焊丝在质量分数为 5%的氢氧化钠水溶液(70~80℃)中浸泡 20min,以除去表面的氧化膜,然后用冷水冲净、晾干备用,最好当天用完 接头形式应为对接,焊后要将接头周围的熔剂残渣清除干净,把接头修好包扎绝缘后可用
手工交流钨极氩弧焊	铝导线的手工交流钨极氩弧焊是焊接接头质量最好的一种焊接方法 设备及工具:NSA-120 型手工钨极交流氩弧焊机一台,工业用纯度(体积分数)为 99.99%的氩气一瓶,流量和压力一体式减压阀一个,头戴式电焊防护帽一个 填充材料:$\phi2\sim4mm$ 纯铝线或使用被焊铝导线的一段。焊接时,要去掉铝导线端部的绝缘物,裸铝线表面的氧化物要用质量分数为 5%氢氧化钠溶液清洗 焊厚度 2mm 的铝导线参考工艺参数:钨极直径 2mm,电流 80A 左右,喷嘴直径 6mm,氩气流量 10L/min。焊后对接头进行修整并包扎绝缘
钎焊法	铝导线的钎焊接头要用搭接形式 钎料:用质量分数为 99.99%的纯锌,取片状 钎剂:用氯化锌 88%(质量分数,下同)、氯化铵 10%、氟化钠 2%材料,以蒸馏水或酒精调和,呈白色糊状即可备用,要现用现调 焊时要将锌片涂上钎剂放置在导线搭接处中间。通过电阻接触加热,加热到 420℃时钎料熔化,流动并填满搭接接触面,待钎料发亮光时立即切断电源。整个焊接过程不要超过 5min 焊后要对接头修整,清洗掉钎剂的残渣,包扎好绝缘即可

3. 大截面的铜导线缺损的焊补

大容量的交流弧焊变压器,二次线圈截面积较大。当线圈导线烧损出现缺陷（输出端易发生）时，可以进行焊补。把缺陷处焊满填平，可以选用以下的焊接方法焊补：手工钨极直流氩弧焊，氧-乙炔焰气焊，银钎料钎焊。

4. 电缆与接头的冷压连接

焊机内部的连接，电缆与端头或电缆与铜套的连接，均应采用机械压接方式。这种方法不用焊接，不使用焊剂，所以电缆不会受到腐蚀。加工完的连接电缆，干净整洁，故被广泛采用。

第三节 | 电焊机电气控制电路的维修

一、通用电子元器件的检修

(一) 电阻器

电阻器是电子设备中应用最广泛的元件，是利用自身消耗电能的特性，在电路中起降压、阻流等作用。

电阻器的质量检查与测量方法见表 2-7。

表 2-7 电阻器的质量检查与测量方法

类别	说 明
电阻器的质量检查	检测电阻器时，首先可以通过观察电阻器的外貌来检查其是否有明显的异常，如是否有断裂、烧焦痕迹，引脚是否有松动等。检查电位器时，前先要转动旋柄，看看旋柄转动是否平滑、灵活，带开关电位器通、断时"咔嗒"声是否清脆，并听一听电位器内部接触点和电阻体摩擦的声音，如有"沙沙"声，说明质量不好
电阻的测量	将万用表的功能选择开关旋转到适当量程的电阻挡，将两表笔短路，调节"0Ω"电位器，使表头指针指向"0"，然后再进行测量。注意在测量中每次变换量程，如从 $R \times 1$ 挡换到 $R \times 10$ 挡或其他挡后，都必须重新调零再测量。将两表笔(不分正负)分别与电阻的两端引脚相接即可测出实际阻值。为了提高测量精度，应根据被测电阻标称值的大小来选择量程。由于欧姆挡刻度的非线性关系，它的中段较为精细，因此应使指针指示值尽可能落到刻度的中段位置，即全刻度起始的 20%～80% 弧度，以使测量更准确。根据电阻误差等级不同，读数与标称阻值之间分别允许有±5%、±10%或±20%的误差。如果不相符，超出误差范围，则说明该电阻变值了。如果测得的结果是 0，则说明该电阻已经短路。如果是无穷大，则表示该电阻断路了，不能再继续使用。测量时应注意的事项：测量时，若是大阻值电阻，手不要触及表笔和电阻的导电部分，因为人体具有一定电阻，会对测量产生一定的影响，即使读数偏小。被检测的电阻必须从电路中焊下来，至少要焊开一个头，以免电路中的其他元件对测试产生影响，使测量误差偏大

续表

类别	说 明
电位器测量	测量电位器的标称阻值。用万用表的欧姆挡测两边引脚,其读数应为电位器的标称阻值。如果万用表的指针不动或阻值相差很多,则表明该电位器已损坏 检测活动臂与电阻片的接触是否良好。用万用表的欧姆挡测中间脚与两边脚值。将电位器的转轴按逆时针方向旋转,再顺时针慢慢旋转轴柄,电阻值应逐渐变化,表头中的指针应平稳移动。从一端移至另一端时,最大阻值应接近电位器的标称值,最小值为零。如果万用表的指针在电位器轴柄转动过程中有跳动现象,说明触点有接触不良的故障 对于带有开关的电位器,检查时可用万用表的电阻挡测开关两接点的通断情况是否正常。旋转电位器的轴,使开关"接通"—"断开"变化。若在"接通"的位置,电阻值不为零,说明内部开关触点接触不良;若在"断开"的位置,电阻值不为无穷大,说明内部开关失控

(二) 电容器

在电子设备中,电容器也是常用的元件之一,通常简称为电容。电容器可以储存电能,具有充电、放电以及隔直流、通交流的特性。电容器的主要物理特征是储存电荷。由于电荷的储存意味着能量的储存,因此也可以说,电容器是一个能够储存电能的元件。

1. 电容器的电路图形符号

电容器是由两个相互靠近的金属电极板构成的,中间呈绝缘状,当在两电极加上电压时,电容器就可以储存电能。电容器在电路中用字母"C"表示,各种电容器的电路图形符号如图 2-13 所示。

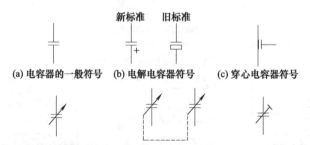

图 2-13 各种电容器的电路图形符号

电容器的种类很多,如按是否有极性来分,可分为无极性电容器和有极性电容器两大类,它们在电路中的符号稍有差别。无极性电容器的外形及电路符号见表 2-8 上半部所示,有极性电容器的外形及电路符号见表 2-8 下半部所示。

表 2-8　电容器的外形及电路符号

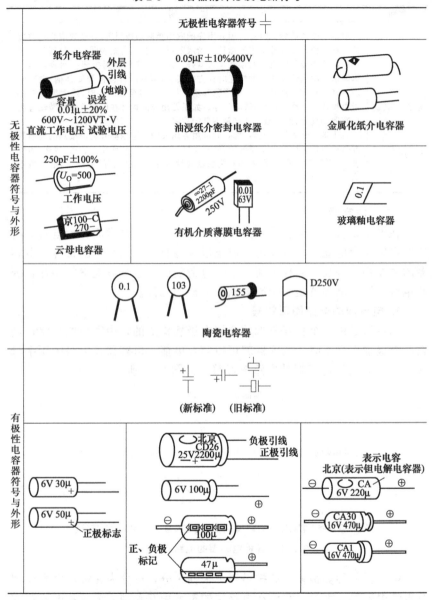

2. 电容器的质量检查与测量

电容器的质量检查与测量方法见表 2-9。

表 2-9　电容器的质量检查与测量方法

类别	说　明
电容器的 质量检查	检测电容器,首先可以通过观察电容器的外貌来检查其是否有明显的异常,如是否有裂纹、电解电容是否有膨胀、漏液现象,引脚是否有松动等
电容器的 测量	检测 100pF 以下的小电容。因 100pF 以下的固定电容器容量太小,用万用表进行测量,只能定性地检查其是否有漏电、内部短路或击穿现象。测量时,可选用万用表 $R\times10k$ 挡,用两表笔分别任意接电容器的两个引脚,阻值应为无穷大。若测出阻值(指针向右摆动)为零,则说明电容器漏电损坏或内部击穿 　　检测 $0.01\mu F$ 以上的固定电容器。对于 $0.01\mu F$ 以上的固定电容器,可用万用表的 $R\times10k$ 挡直接测试电容器有无充电过程以及有无内部短路或漏电,并可根据指针向右摆动的幅度大小估计出电容器的容量,测试操作时,先用两表笔任意触碰电容器的两引脚,然后调换表笔再触碰一次,如果电容器是好的,万用表指针会向右摆动一下,随即向左迅速返回无穷大位置。电容量越大,指针摆动幅度越大。如果反复调换表笔触碰电容器两引脚,万用表指针始终不摆动,说明该电容器的容量已低于 $0.01\mu F$ 或者已经消失。测量中,若指针向右摆动后不能再向左回到无穷大位置,说明电容器漏电或已经击穿短路 　　测试时要注意,为了观察到指针向右摆动的情况,应反复调换表笔触碰电容器两引脚进行测量,直到确认电容器有无充电现象为止 　　电解电容器的容量较一般固定电容器大得多,所以,测量时,应针对不同容量选用合适的量程。一般情况下,$1\sim100\mu F$ 的电容,可用 $R\times100\sim R\times1k$ 挡测量,大于 $100\mu F$ 的电容可用 $R\times100\sim R\times1$ 挡测量 　　根据引脚判别时,长脚为正极,短脚为负极。对于正、负极标志不明的电解电容器,可利用上述测量漏电阻的方法加以判别,即任意测一下漏电阻,然后交换表笔再测,两次测量中阻值大的那一次黑表笔接的是正极,红表笔接的是负极 　　将万用表红表笔接负极,黑表笔接正极,在刚接触的瞬间,万用表指针即向右偏转较大幅度(对于同一电阻挡,容量越大,摆幅越大),然后逐渐向左回转,直到停在某一位置。此时的阻值便是电解电容器的正向漏电阻。此值越大,说明漏电流越小,电容性能越好。将红、黑表笔对调,万用表指针将重复上述摆动现象。此时所测阻值为电解电容器的反向漏电阻,此值小于正向漏电阻,即反向漏电流比正向漏电流要大。实际使用中,电解电容器的漏电阻不能太大,否则不能正常工作。在测试中,若正向、反向均无充电的现象,即表针不动,则说明容量消失或内部断路,测阻值很小或为零,说明电容器漏电大或已击穿损坏,不能再使用

(三) 电感器

电感器是指电感线圈和各种变压器,它在电子电路中的应用也比较多,但远少于电阻器和电容器。

在电子电路设计中,常常需要测量各种线圈的好坏及电感量。通常测量电感要用 Q 表或电桥测试仪来测量,但这些仪表,个人很难拥有。用万用表来测量电感方法有多种。

检查电感器的质量时,首先通过观察电感器的外貌来检查其是否有明显的异常,如线圈引线是否有断裂、脱焊,磁铁芯是否有损坏松动等。检测主要是检测电感器件的绕组通断、绝缘等状况,可用万用表的电阻挡进行检测。

（四）二极管

二极管又称半导体二极管，简称二极管，是具有一个 PN 结的半导体器件。二极管品种很多，外形、大小各异。常用的有：玻璃壳二极管、塑封二极管、金属壳二极管、大功率螺栓状金属二极管、微型二极管、片状二极管等。按功能可分为整流二极管、检波二极管、稳压二极管、双向二极管、磁敏二极管、光电二极管、开关二极管等。

二极管的文字符号为"VD"，常见二极管外形和电路符号如图 2-14 所示。

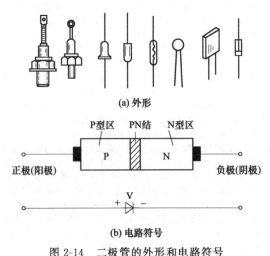

(a) 外形

(b) 电路符号

图 2-14　二极管的外形和电路符号

可用万用表测量二极管的正向和反向导电特性，在测量二极管时应注意，普通万用表红表笔表内接电池的负极，黑表笔表内接电池正极。也可以说，黑表笔为电源的正极，红表笔为电源的负极。

二极管的极性常用元件一侧的色环来标示，带色环的引出端为负极即 N 极，不带色环的一侧为正极即 P 极，可以用万用表的 $R \times 100$、$R \times 1k$ 挡测量。根据二极管单向导电特性，即正向电阻小，反向电阻大，用表笔分别与二极管的两极相接，若红表笔接二极管的正极（P 极），黑表笔接负极（N 极），电表所指示的阻值应大于 $100k\Omega$；若黑表笔接二极管的正极（P 极），红表笔接负极（N 极），阻值应小于 $1.5k\Omega$，此时黑表笔所接一端为二极管的正极（P 极）。若二极管的反向电阻很小，则说明二极管短路，若正向电阻很大，说明二极管内部断路。这两种情况都说明该二极管已损坏，不能使用。

（五）三极管

半导体三极管简称三极管或晶体管，是一种内含两个 PN 结，外部通常有三个引出电极的半导体器件，在电路中通常用"VT"（旧文字符号用"Q""BG"等）字母表示。

半导体三极管又称为晶体三极管（简称三极管），是电子电路中应用最广泛的器件之一。如图 2-15 所示是部分常用三极管的外形。

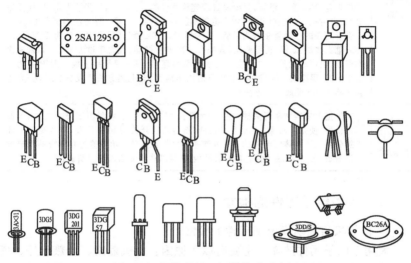

图 2-15　部分常用三极管外形示意图

三极管的测量方法见表 2-10。

表 2-10　三极管的测量方法

类别	说　　明
三极管基极的判别	三极管是由两个方向相反的 PN 结组成的，根据 PN 结正向电阻小，反向电阻大的性质，用万用表 $R \times 100$ 挡或 $R \times 1k$ 挡进行测试。可先假设任一个管脚为"基极"，用红表笔接"基极"，黑表笔分别接触另外两只管脚，若测得的均为低阻值；再将黑表笔接"基极"，红表笔接另外两个管脚，若读数均为高阻值，则上述假设的"基极"是正确的，而且为 PNP 型三极管 　如果将黑表笔接假设"基极"，红表笔分别接触另外两只管脚，若测得的均为低阻值；再将红表笔接"基极"，黑表笔接另外两个管脚，若读数均为高阻值，则假设的"基极"是 NPN 型三极管的基极，此管则为 NPN 型三极管 　如果用黑表笔或红表笔接假设的"基极"，余下的表笔分别接触另外两只管脚，测得的结果一个是低阻值，一个是高阻值，则原假设的"基极"是错误的，这就要重新假定一个"基极"再测试，直到满足要求为止

类别	说　明
发射极与集电极的判断	对于 NPN 型三极管,用万用表 $R \times 1k$ 挡,先让黑表笔接假设的"集电极",红表笔接"发射极"。手指沾点水,捏住黑表笔和"集电极",再接触基极(两个电极不能碰在一起),即通过手的电阻给三极管的基极加一正向偏置,使三极管导通。此时观察表针的偏转情况,并记下表针指示的阻值。然后再假设另一只管脚为"集电极",重复上述测试,记下表针偏转的角度和表针指示的阻值。比较两次表针偏转所指示的阻值,表针偏转角度大、指示的阻值小的那次,假定是正确的,即该次黑表笔接的就是集电极 如果是 PNP 型三极管,只要将红表笔接假设的"集电极",手指沾点水,捏住黑表笔和"发射极",再接触基极(两个电极不能碰在一起)按照上述方法测试即可 由于现在的三极管多数为硅管,可采用 $R \times 10k$ 挡(万用表内电池为 15V),红、黑表笔直接测 ce 极,正反两次,其中有一次表针摆动(几百千欧左右)。如果两次均摆动,以摆动大的一次为准。NPN 管为红笔接 c 极,黑笔接 e 极。PNP 管为红笔接 e 极,黑笔接 c 极(注意:此法只适用于硅管,与上述方法相反,也是区分光电耦合器中 c、e 极最好的方法)
直流放大倍数 hFE 的测量	首先把万用表转动开关拨至晶体管调节 ADJ 位置上,将黑测试棒短接,调节欧姆电位器,使指针对准 300hFE 刻度线,然后转动开关到 hFE 位置,将要测的晶体管脚分别插入晶体管测座的 e、d、d 管座内。指针偏转所示数值即晶体管的直流放大倍即 B 值,N 型晶体管应插入管孔内,P 型晶体管应插入 P 型管孔内

二、专用电子器件的检修

1. 电焊机用大功率电子元件的检修

大功率电子元件的损坏主要有以下原因:负载短路、散热不好、模块与散热器紧固的螺钉松动、接线端子接触不良发热、散热器等有毛刺短路;另外,也和续流二极管、阻容吸收网络、压敏电阻、浪涌限制器及电感等有关;还与驱动信号有关系,如果驱动信号的频率、幅度、波形的上升沿、波形的下降沿、波形的最高正电压、波形的最低负电压、波形的过冲振荡、多路驱动信号的相位关系等不正常也会导致其损坏。功率半导体模块损坏后,还可能导致驱动电路的损坏。

功率半导体模块在大电流试验时一定要拧紧螺钉、装好散热器,接线螺钉也一定要拧紧,否则大电流的接线端发热会损坏模块,小电流接线端接触不良造成干扰并损坏模块。如果示波器外壳接地,在测量时会因短路损坏功率模块或控制电路。所以,示波器的外壳不要接地,电源线的三芯插头的地线不要连接。模块接入电源之前最好先串联一个几百欧姆的限流电阻(可以用一个灯泡代替),这样限流即使有短路也不会损坏模块,正常后再撤掉限流电阻。

2. 晶闸管的检测

将连接于门极的触发信号线拆下，用万用表的电阻挡测量晶闸管的门极和阴极之间的电阻，如图 2-16 所示。正常时应为几十欧姆，一般为 30～40Ω。不同功率等级、不同型号的模块会有较大的区别，这里一般指大功率的，具体数值可以比较设备上的几个晶闸管。如果大于100Ω 或断路，说明晶闸管损坏，这会导致输出电压、电流过低。拆下接于阳极或阴极的主电缆，测量阳极和阴极之间的电阻，一般约为1MΩ。成组应用（如桥式整流、并联等）最好选用特性参数相同的同批次的产品。当某一晶闸管的门极、阴极击穿时会同时造成其阴极、阳极击穿，这会导致输出电压、电流的过高失控。平板式封装的晶闸管的散热器夹紧螺栓必须按规定顺序和力矩拧紧，对于水冷的要注意防漏电和短路，这也会造成损坏。晶闸管的引线端子接触不好时会发热，向内传热也会损坏元件。

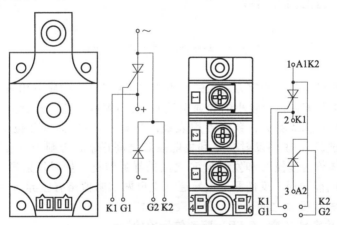

图 2-16　典型晶闸管模块外形与内部电路

3. 功率晶体管（GTR）模块的检测

松开接线螺钉移去晶体管的线扎及电缆，观察晶体管的外观是否有裂纹、变形及变色等损坏，典型 GTR 模块的结构如图 2-17 所示。用万用表测量时，由于模块内并联电阻、集电极 C 和发射极 E 之间有续流二极管，测量结果和普通晶体管有很大不同。用指针万用表的 $R×1$ 电阻挡或数字万用表的二极管挡，检测模块中的每个晶体管的集电极 C 和发射极 E 之间的导通情况。如果发射极 E 向集电极 C 方向能导通（即指针万用表的黑表笔接发射极 E，指针万用表的红表笔接集电极 C，

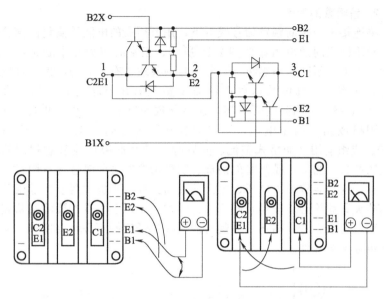

图 2-17 典型 CTR 模块外形与测量

指示较小的电阻；数字万用表的红表笔接发射极 E，数字万用表的黑表笔接集电极 C，指示较小的导通电压），反向测量不通（指针万用表指示的电阻值为无穷大；数字万用表最高位显示"1"而低几位不显示，即指示过载），说明发射极 E 和集电极 C 之间正常，否则表明损坏。再测量晶体管的基极 B 和发射极 E 之间的导通情况。如果发射极 E 向基极 B 方向能导通、反向测量也导通（正反两次阻值略有差异），说明发射极 E 和基极 B 之间正常，否则表明损坏。

4. 功率晶体管（GTR）驱动信号的检测

检测从驱动板到功率晶体管的驱动信号时，断开功率晶体管的供电电路（一般移去主整流电路的连接电缆即可），取下各个晶体管的基极和发射极连线（每个管有两根一组的双绞线）。有的设备有主电路断路检测电路，需要适当短接或断开某些连线，使控制电路部分能够工作。打开电源开关，闭合启动开关，用示波器测量基极 B 和发射极 E 之间的波形（注意示波器的外壳与发射极 E 有同电位，不要短路），如果是变压器耦合的驱动信号，一般要有±7V 左右的方波；如果是直接耦合正负电压一般不等。单（三）相全桥结构的四（六）个功率晶体管的驱动信号要相同，相位关系要合乎标准，不能有短路导通。测完后关闭电源恢复基极信号线和其他电缆。基极典型驱动信号波形如图 2-18 所示。如果是变压器耦合的正负电压相等，直接驱动的可能不等。

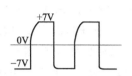

图 2-18　35 GTR 典型驱动信号波形

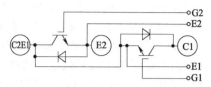

图 2-19　典型 IGBT 模块内部电路图

5. 绝缘栅晶体管（IGBT）、绝缘栅场效应管（MOSFET）的检查

典型 IGBT 模块内部电路图如图 2-19 所示，驱动信号波形如图 2-20 所示。检查时松开接线螺钉移去 IGBT 的连线，观察晶体管的外观是否有裂纹、变形及变色等损坏。用万用表测量门极 G 和发射极 E，双向应不通；用 9V 电池给门极 G（＋）和发射极 E（－）加正向电压（即

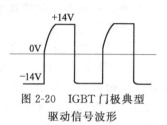

图 2-20　IGBT 门极典型驱动信号波形

G 接＋、E 接－），测量集电极 C 和发射极 E，两个方向都应导通。用 9V 电池给门极 G（＋）和发射极 E（－）加反向电压（即 G 接－、E 接＋），测量集电极 C 和发射极 E，发射极 E 向集电极 C 应导通，集电极 C 向发射极 E 应不通，否则说明损坏。由于门极与发射极有较大的电容，可以用指针万用表的 $R \times 1k$ 电阻挡测量，和测电容一样应有充、放电现象。IGBT 各引脚状态见表 2-11，表中所标为数字万用表的测量结果，指针万用表的电阻挡红笔为低电压、黑笔为高电压，与数字万用表相反。MOSFET 的检查方法与之类似。

表 2-11　IGBT 各引脚状态

数字万用表		9V 电池		状态	数字万用表		9V 电池		状态
＋端(红笔)	－端(黑笔)	＋端	－端		＋端(红笔)	－端(黑笔)	＋端	－端	
G	E	—	—	截止	C	E	G	E	导通
E	G	—	—	截止	E	C			导通
C	E	—	—	截止	C	E	E	G	截止
E	C	—	—	导通	E	C			导通

6. 绝缘栅晶体管（IGBT）、绝缘栅场效应管（MOSFET）的驱动信号的检测

参照电路图断开主回路的电源（一般取下主整流电路的电缆即可），

不得向 IGBT 施加电压；取下 IGBT 的门极 G 和发射极 E 的线扎（每个管有两根一组的双绞线）；接通电源使控制电路工作，闭合启动开关；用示波器测量门极 G 和发射极 E 之间的波形，如果是变压器耦合一般要有 ±14V 左右的方波，直接耦合时正负峰值电压不等。关闭电源 3min 以后恢复基极信号线和其他电缆。不能只断开门极和发射极的线扎，而不断开集电极的供电，这样门极的静电感应或门极电容存有的电荷会使其导通短路而烧毁。GTR 模块没有这一特点。所以，IGBT 拔掉触发线后还要将门极与发射极可靠短路，最好断开连接主电源的集电极，然后再加电。典型 IGBT 一般驱动信号电压在 ±15V 范围内。

另外，在同类型的模块中用电容表，测出模块 G-E 或 C-E 结的电容量，电流大的电容量也大，这样可以大致判断模块的功率级别的大小，还应注意如下几个方面：

（1）IGBT 的门极、MOSFET 栅极要比晶体管的基极更容易被静电击穿。修理时，拿 IGBT、MOSFET 一定要小心，不要用手随意触摸门极、栅极端子；放置时，要将门极与发射极端子、栅极与源极端子用金属片或金属丝短路。

（2）晶体管、IGBT、MOSFET 由来自驱动板的信号驱动，一般距离较远。如果有干扰信号串入干扰了驱动信号，晶体管、IGBT、MOSFET 会工作异常，甚至损坏主功率管。通常驱动信号用双绞线防止干扰，并且要远离主回路等干扰源。

（3）如果取下 IGBT 的门极引线、MOSFET 的栅极引线，向 IGBT 的集电极和发射极、MOSFET 的漏极和源极加电，因为门极电容充有电荷或因静电感应没有完全关断，会导通短路损坏 IGBT、MOSFET。

（4）通过向 IGBT 的门极与发射极加电，IGBT 的集电极和发射极一旦导通，将不能恢复到原始的截止状态。若要恢复到原始的截止状态，可以将 9V 电池的正极接到发射极端子，负极接到门极端子，即给门极加反压，并维持 1s 以上的时间。MOSFET 也类似。

（5）如果由于向 IGBT 的门极与发射极加电导致导通的 IGBT 安装到设备上，IGBT 会在设备电源开关闭合的瞬时被短路大电流烧毁。所以，向设备上安装 IGBT 时，一定要使它处在截止状态。对于 MOSFET 也类似。

7. 二极管模块

对于三相整流桥，内有六个接成桥式整流电路的二极管，根据内部结构，用万用表和二极管检测判断六个二极管的好坏。实际测量时，三个交流端到正极正向导通，反向不通；负极到三个交流端正向不通，反向导通；正极到负极不通；负极到正极导通，导通电压是单二极管的两倍。典型二极管模块外形与内部电路如图 2-21 所示。

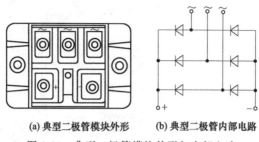

(a)典型二极管模块外形　　(b)典型二极管内部电路

图 2-21　典型二极管模块外形与内部电路

8. 智能功率模块（IPM）

智能功率模块要确保正常，一般只能接到电路中检验。

如图 2-22 所示是一种七管智能功率模块，还有一种六管模块，缺少 B 端内的制动管。可见内部有相同的单元，可以用比较的方法检测，从输出端看，有六个相同的 IGBT 和续流二极管，可以和测量普通 IGBT 一样测量。六个 IGBT 的测量参数应当相同，制动管略有不同。从输入端看高边的三部分相同，低边的三部分相同，可以将测量的电阻值对照。

9. IGBT 变换器主模块损坏的维修

绝缘门极双极型晶体管（IGBT）在变频器、IGBT 焊机、IGBT 中应用很广，其主要参数有通态电压、关断损耗及开通损耗。一般其耐压均选用在 12kV 以上，常闭的有 50A、75A 及 100A，典型编号如 CM150DY-24H（150A/2400V）。

具体测量时可用（只适用于指针表，如 MF500 或 MF47 型）$R \times$ 10k 电阻挡红表笔接 E，黑表笔接 C，用手一端按 C、一端接 G 测其触发能力。但因 IGBT 的内阻极高（MOS 管输入），所以在常态下也易受到外界干扰而自开通，这时只需 G、C 两点短路一下即可消除。然后再测一下各极之间有无短路（注意 C、E 间的孪生二极管）。也可用较简便的方法，即直接测 G、E 的极间电容，如检测到有一小电容存在就可以大致认为无损坏。在替换 IGBT 时同一台机内的两只（或四只、六只）IGBT，最好用同一批次的同型管（避免因工艺参数不同造成桥臂失衡）。

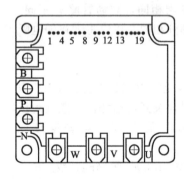

(a) PM75RSA060模块外形

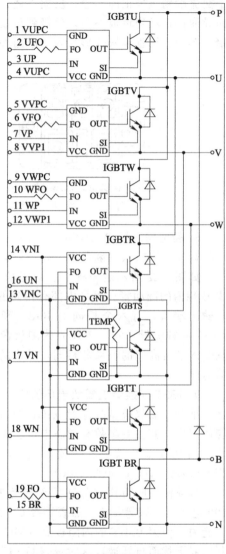

(b) PM75RSA060内部框图50A/600V

图 2-22　典型 IPM 模块外形与内部电路

在更换 IGBT 时应小心静电击穿，最好在更换过程中用一短路线短封 G、E 两极。

（1）关断电源打开机壳：目测检查机器的损坏情况，做出初步分析。大致确定故障范围，例如主回路或控制回路。如已确定 IGBT 已经烧毁则可按以下标准步骤检测。

（2）检查主回路电路的损坏，其部件包括电源开关、三相整流桥、IGBT、主开关变压器及二次侧整流单元。检查的重点是元器件的损坏状况，如短路、开路、对地、击穿及触点烧蚀等。在检查时应注意区分在线和离线状态的不同。如发现损坏应用同型号的元件替换。

（3）拆下触发板检查，重点检查触发保护，也可在离线状态对触发板进行检查。方法是：在电源变压器端口接入交流电源给触发板供电，测端口的触发信号，调节过流保护。调整好后将触发板装回机内。

（4）检查各组连接线是否存在接触不良的现象，重点检查 IGBT 的两组触发信号线，一定要保证其良好接触。此步骤不可忽略，否则，有可能因为触发信号的传递不良误触发，使得开关管 IGBT 误开通导致一次侧短路再次损坏设备。

（5）查高频回路的吸收电容有无失效、短路等现象，确保能可靠工作。如高频回路的吸收有故障不但会损坏主回路元件，更有可能损坏控制回路（PCB 板）。因吸收回路的电容较小，为可靠检测可离线测量。断开一次侧整流桥的输出侧，断开高频电路的电源（此步骤是为安全起见而采用的步进检测）。

（6）打开电源看机器有无异常。按下开关查看相关指示灯。

（7）用示波器监测 IGBT 的触发信号有无异常，输出波形是否合格（输出应为方波信号，一般开通＋15V，关断－12V），如无异常，可以用稳压电源接到一次侧电源输入端（由整流器一次侧或二次侧端输入，但要保证拆除交流电源）调节电压到 30V，检测稳压电源输出电流是否超标（不超过 1A 均可认为正常），如果稳压电源的负载电流超过 1A 则系统仍有故障点；如一切正常进行下一步。

关断电源将一次侧整流输出接好（撤掉稳压电源），打开电源使滤波电容充电，然后关闭电源拆除一次侧整流。

（8）输出流的连线。关闭电源开关，用示波器检测 IGBT 逆变输出的波形是否正常。此步是利用电容存贮的电量提供一个短时的主回路工作电压，因其所加的时间和电量均较小即使回路仍存有故障点也不会造成太大的损坏。

（9）输出波形的电压会随着时间慢慢地下降，这符合电容的放电规律。在确认上述工作全部已经做好并确定无故障时，复原主回路线路但不要连接高频回路，接好电阻箱（注意电阻箱和机器功率之间的配接）。

MOSFET 的维修和 IGBT 相似。

10. 各种小电动机

在自动焊机和工装设备中，多数使用电动机作旋转动力源，下面介绍常用电动机的检修（表 2-12）。

表 2-12　常用小电动机的检修

类别		说　明
直流伺服电动机	电刷的安装	电刷装入刷握内要保证能够上下自由移动,电刷侧面与刷握内壁的间隙应为 0.1～0.3mm,以免电刷卡在刷握中因间隙过大而产生摆动。刷握下端边缘距换向器表面的距离应保证为 2～3mm,其距离过小时,刷握易触伤换向刷;过大时,电刷易跳动、扭转而导致损坏 应用细玻璃砂纸(勿用金刚砂纸)研磨电刷弧面,将其蒙在换向器或集电环上,在电刷上施加运行时的弹簧压力,沿电动机旋转方向抽动砂纸(拉回砂纸时应将电刷提起),直到电刷弧面与换向器或集电环基本吻合为止。研磨好取出电刷观察接触面,电刷与换向器或集电环的接触面要在 80% 以上。清除研磨下来的粉末和砂粒,电动机空转 30min。然后以 25% 的负荷运转,待电刷与换向器或集电环接触完好,电动机即可投入正常运行
	电刷的压力	施于电刷上的弹簧压力应尽可能一致,一般要求误差小于 10%,尤其是并联使用的电刷,不然将导致各电刷负荷的不均。不同电动机的弹簧压力也不相同。圆周速度较高的电动机,其电刷压力也应适当增大,但压力过大将增加电刷的磨损
	更换新电刷	电刷磨去原高度的 2/3 或 1/2 就需更换新的。更换新电刷时,旧的电刷应全部从电动机上取下,更换的新电刷在型号、规格上应和原用电刷相同。同一台电动机的换向器或集电环不允许混用两种或两种以上型号的电刷。由于电刷规格很多,如果实在没有同型号的电刷,可以用大一点的电刷,用锯条、砂纸等切割、研磨成形,要确保外形尺寸、形状,引线要保证被较多的石墨包围。普通尺寸较小的电刷,在电动工具、汽车发电机等维修配件店都能找到。对于含铜高的铜红色电刷、含银高的银色电刷(直流测速发电机用)等金属石墨电刷一般不能用普通石墨电刷替换
	电刷的维护	电动机运行时,换向器或集电环表面经常保持一层光亮的棕色氧化薄膜(氧化亚铜),以利于稳定电刷的接触电压,降低摩擦系数、减弱火花、减少电刷对换向器或集电环的磨损。氧化膜过厚,接触电压将增加,引起电刷过热及增加电气损耗;氧化膜过薄,则将加剧电刷、换向器或集电环的磨损,并易产生强烈的火花。氧化膜在电动机 25% 的额定负荷下较为容易形成。氧化膜形成的厚薄与电动机使用环境有关,在温度高、湿度大和有腐蚀性气体的情况下,换向器及集电环易形成较厚的氧化膜;反之,在高原地区及空气稀薄的情况下,换向器及集电环则不易形成氧化膜。在特殊环境中使用的电刷,应选择用适当浸渍剂处理过的电刷。连续工作的电动机,电刷的负荷不应超过技术性能表中的允许值。各种电刷都具有自润滑性能,因此严禁在换向器或集电环上涂油、石蜡等润滑剂
	换向器的车削和清理	当电动机换向器或集电环的圆度超过 0.02mm 时,或被电刷磨出沟槽时,就应车削、研磨,以免电刷因换向器或集电环的偏心过大而震颤。换向器片间的铜屑等污物要清除干净,换向器片间云母是不允许突出的,云母槽应保持在 1mm 左右的深度

续表

类别	说　明
交流伺服电动机	目前交流伺服电动机大都是永磁转子的交流伺服电动机,其结构简单,很少出故障,但价格较高,主要由有三相线圈的定子、永磁转子及编码器等组成。线圈和机械部分与普通电动机相比精度高、不能敲击。拆开后最好用薄铁片将转子卷好,使磁场短路,防止退磁。转子轴后端的编码器的转动盘部分与转子轴用锥度轴配合连接,精度很高。固定检测部分是有电路板的,可以和普通电路板一样维修故障。安装编码器时要特别强调相对于磁极的角度。在拆卸前最好在转子轴与编码器的连接端面用划针等画线做标记,回装时有一个粗略定位 在完成伺服电动机的维修后,为了保证编码器的安装正确,必须进行转子位置的检查和调整,步骤如下: ① 将电动机电枢线的 V、W 相(电枢插头的 B、C 脚)路相连 ② 将 U 相和直流调压器的"+"端相连,V、W 相和直流电源的"一"端相连,编码器加入电源 ③ 通过调压器对电动机电枢加入励磁电流。这时,因为 $I_u=I_v+I_w$,且 $I_v=I_w$,相当于使电动机工作在相对于 U 相电的 90°位置。因此,伺服电动机(永磁式)将自动转到 U 相的位置进行定位。加入的励磁电流不可以太大,只要保证电动机能进行定位即可 ④ 在电动机完成 U 相定位后,旋转编码器测量编码器的检测输出,使编码器的转子位置检测信号为 90°位置,使转子位置检测信号和电动机实际位置一致 ⑤ 安装编码器固定螺钉,装上后盖,完成电动机维修。也可以将 U 相断开,W、V 相分别接直流电源的"+""一"端,这时 $I_u=0$,$I_w=-I_v$,$I_w>0$。从三相交流电源的波形知,相当于 U 相电的 0°位置,这时编码器的转子位置检测信号为 0°位置。不同的交流伺服电动机的三相接线不同,可以参考驱动器和用户手册,查 U 相、W 相及 V 相在连接器的编号。不同的交流伺服电动机的编码器的连接器也不同。有的编码器输出是通信接口,无法从接口线直接检测角度,只能从内部电路板的点检测。有的是 A、B 相正交输出,再配合 Z 相零位输出,这类增量编码器可以在连接器直接测量。还有的输出正弦、余弦两路模拟信号。不同的编码器所用的电源电压不同,但大部分是 5V。交流伺服电动机的编码器的连接线有电源线、角度信号线、通信线及过热检测等。详细情况查阅用户手册,一般可以从生产厂家网站下载,还可以从互联网搜索查找
步进电动机	步进电动机结构简单,和普通电动机比特点是精度高,转子与定子的间隙很小,有的为 $50\mu m$。如此小的间隙,转子与定子有很少的污物或轴承有很少的径向间隙都会导致扫膛,不能运转,修理时要特别注意

三、电焊机控制电路板的维修

1. 无图电路板的维修概述

在电焊机维修过程中,多数选修焊机无电路原理图,所以在维修过程中应注意收集各种焊机接线图及电路板图,下面介绍无图板的维修(表 2-13)。

表 2-13　无图电路板的维修

类别	说　　明
要精通典型电路,举一反三	要彻底弄懂一些典型电路的原理,再类比、推理、举一反三。例如电焊机型号繁多,但相同功能焊机电控板原理相似,彻底分析透彻几种型号的电路,再接触其他型号的电焊机 设备内部的控制小功率的开关电源,一般用 220V 交流电源的都是反激式的,用 380V 交流电源的是双管反激式的,功率大些的是半桥式的。反激式的和电视机等家用电器的开关电源相似,双管反激式的在 380V 交流电源变频器中常用。开关电源原理复杂,但无非是由振荡电路、开关管、开关变压器、整流二极管及反馈调节电路等组成,检查时要检查电路有没有起振,电容有没有损坏,各三极管、二极管有没有损坏。不管碰到什么开关电源,小功率电源元件不多,用简单测量和代换法很容易修复 单片机系统包括晶振、三总线(地址线、数据线及控制线)及输入输出接口芯片等 各种运算放大器组成的电路,只要是工作在线性状态,就可以在"虚短"(同相、反相输入端的电压差为 0V)和"虚断"(同相、反相输入端的电流为 0mA)的基础上推理判断。懂得了分析和推理的方法及简单计算,即使是从未见过的设备,也能从大体原理上弄明白
要讲究维修先后顺序	讲究维修步骤,避免乱插乱拆,维修不成反使故障扩大,步骤如下: ① 检查故障板的外观,看上面有没有明显损坏的痕迹,有没有元件烧黑、炸裂,电路板有无受腐蚀引起的断线、漏电,电解电容有没有漏液,顶部有没有鼓起,热缩套管有无严重收缩等 ② 用鼻子嗅一嗅有没有东西烧焦的气味,气味是从哪里发出的 ③ 要详细地询问当事人,设备出故障当时的情况,从情况推理可能的故障部位或元件 ④ 动用一定的检测仪器和手段,分通电和不通电两种情况,检查电路部位或元件的阻值、电压及波形等,将好坏电路板对比测试,观察参数的差异等
要善于总结规律	要善于总结分析每一次元件损坏的原因,如操作不当、欠缺维护、设计不合理、元件质量欠佳或自然老化。有了这些分析,再碰到同类故障,尽管不是相同的电路板,维修起来也较容易 电路板的电解电容容易损坏,不加电存时寿命短,放置几年的设备加电时经常出现电解电容漏电故障,使用中的设备电解电容的故障率也较高,维修时有对电解电容全部更换试验。光电耦合元件(光电耦合器、光隔离放大器等)也是容易损坏的元件。另外,主电路和开关电源等高压大电流电路的元件、半导体元件都是容易损坏的元件
要善于寻找资料	设备原理、电路原理及典型故障,设备的用户手册、维修手册、集成电路资料及半导体分立元件资料等都可以从网上找到,至少能找到相近的资料
必要的检测设备	要配备基本的仪器、仪表、工具及材料等

2. 具体维修步骤

在无任何原理图状况下要对一块比较陌生的电路板进行维修，应遵循以下步骤（见表 2-14）。

表 2-14　电焊机控制电路板的维修步骤

类　别	说　　明
检查整个电路板外观	使用的工具有万用表、放大镜及显微镜等，检查内容如下： ① 是否有断线，有无变色、变形、裂纹、元件爆裂、元件炸飞、放电及烟熏的痕迹等 ② 分立元件如电阻、电解电容、电感、二极管及三极管等是否存在断开现象；电解电容有无套管收缩、鼓胀、顶部防爆纹裂开、底部密封堵突出及底部漏液等；电阻的中部是否变黑甚至表层脱落，塑料外观件有无受热变形或熔化 ③ 电路板上的印制铜箔连线是否存在断裂、粘连等；有无污物（金属屑、水迹、灰尘、蜘蛛网、油污、导电液体及导电粉尘等），有的电路板表面有一层像清漆一样的透明的保护涂层，不是污物 ④ 检查外壳的结合部有无撬过的痕迹，电路板的焊盘是否焊过，有无松香等焊剂的痕迹，是否有人修过，是否存在虚焊、漏焊，电解电容、集成电路、二极管插反等操作方面的失误，有无元件类型错误等
用万用表等初步检查	目测检查无故障后，首先用万用表测量电路板电源和地之间的阻值，该阻值正常值与电路板的元件多少、元件种类及大功率元件的多少等有关。通常电路板的阻值都在 70～80Ω，若阻值只有几欧姆或十几欧姆，说明电路板上有元器件被击穿或部分击穿，就必须采取措施将被击穿的元器件找出来。找被击穿元器件的具体办法是：给被修板供电，如果不严重可以直接加到电源电压；如果严重最好是在电源和地间接上一个有保护、有电压电流指示的 0V 起的可调电源（如维修电源为 0～15A、0～15V），从 0V 起慢慢调高电压，观察电流、电压，如果电压较低时电流急剧增加，则停止上调，查找发热部位，一般发热部位就是短路或漏电部位 如果电流出现偏小现象，可能是断路、稳压电源没有供电输出、电阻值变大、电感断路、电子元件的偏置及驱动等原因。一般稳压电源的功率元件，如三端稳压集成电路、开关电源的开关管、线性稳压电源的调整管等应当有较高的温度；如果和普通元件一样的温度，说明没有工作 对于污物较多的电路板要测量其是否漏电，应用万用表的高阻挡测量电路板无铜箔处的电阻，表笔距离要近，再用嘴向被测部位哈湿气，看读数的变化，电阻都应当极大。如果漏电，可用刷子蘸纯净水刷洗或浸泡溶掉盐分（继电器等要拆下），然后用手甩掉附着的水。有机物可以用酒精、硝基漆或醇酸漆用的稀料清洗（要注意容易腐蚀的元件材料），超声波清洗（振动不要太强烈），再用电吹风、热风焊台、烘箱等在 60～100℃ 烘干（不耐热的元件要拆下），浸泡时间和烘干时间根据漏电程度而定

类　别	说　明
逐个对比检查元件	如果情况允许,最好是找一块与被维修板一样的好板作为参照,然后使用电路在线维修仪的双棒 V-I 曲线扫描功能对两块板进行好、坏对比测试。起始的对比点可以从端口开始,然后由表及里,尤其是对电容的对比测试,可以弥补万用表在线难以测出是否漏电的缺憾。有的电路板只有一块,但板上有几部分相同的电路,如三相晶闸管触发电路,可能有六部分相同电路。交流伺服电动机驱动器、步进电动机驱动器可能有三部分相同电路,这几个相同的部分电路也可以对比测试
详细检查	详细检查使用电路在线维修仪、电烙铁及记号笔等。为提高测试效果,在对电路板进行在线功能测试前,应对被修板做一些技术处理,以尽量削弱各种干扰对测试进程带来的负面影响,具体措施如下: ①　测试前的准备。将晶振短路,对大的电解电容要焊下一条脚使其开路,因为电容的充放电同样也能带来干扰。对于备用电池及大容量电容也要注意干扰问题 ②　采用排除法对器件进行测试。对器件进行在线测试或比较过程中,凡是测试通过(或比较正常)的器件,直接确认测试结果,以便记录;对测试未通过(或比较超差)的,可再测试一遍,若还是未通过,也可先确认测试结果,将板上的器件测试(或比较)完,再返回处理那些未通过测试(或比较后发现超差)的器件。对未通过功能在线测试的器件,仪器还提供了一种不太正规却比较实用的处理方法:由于仪器对电路板的供电可以通过测试加到器件相应的电源与地脚,若对器件的电源脚进行刀割,则这个器件将脱离电路板供电系统,这时再对该器件进行在线功能测试,由于电路板上的其他器件不会再起干扰作用,实际测试效果等同于"准离线",测准率将获得很大提高
典型处理方法	典型处理方法见表 2-15

表 2-15　典型处理方法

类　别	说　明
维修电路板中的 VCC 短路故障	在电路板维修中,VCC 电源短路的故障比较麻烦,因为并联在 VCC 和 GND 之间的元件有集成电路、有电容及有晶体管等多种,任意一个元件都有可能短路,焊锡点和铜箔也可能短路。一般维修人员会将元件逐个拆下来,直到拆下某个元件后短路排除为止。有时将整个板上的元件基本拆下,不但找不到故障,还会把电路板损坏 电源和地间接上一个有保护、有电压电流指示的 0V 起的可调电源(如维修电源为 0~15A,0~15V),从 0V 起慢慢调高电压,观察电流、电压,如果电压较低时电流急剧增加,则停止上调,查找发热部位,一般发热部位就是短路或漏电部位。对于严重的短路发热不明显,这种方法就不适用了 对于电路板上插件电容可以用斜口钳剪断一只脚(注意从中间剪断,不要齐根剪断或齐电路板剪断),插件 IC 可以将电源 VCC 脚剪断或拔下。当剪断某一个脚时短路消失,则某个芯片或电容短路。如果是贴片 IC,可将 IC 的电源脚用电烙铁熔化焊锡后用镊子抬起,使其离开 VCC 电源。更换短路元件后将剪断处或翘起处重新焊好即可

类　别		说　明
电路板电容损坏的故障特点及维修		电容损坏引发的故障在电子设备中是最高的,其中尤其以电解电容的损坏最为常见 　电容损坏表现为:容量变小,完全失去容量,漏电及短路 　电容在电路中所起的作用不同,引起的故障也各有特点。在工控电路板中,数字电路占绝大多数,电容多用做电源滤波,用做信号耦合和振荡电路的电容较少,一般会引起抗干扰能力差、故障时有时无,用示波器观察各路电源可以确认。用在开关电源中的电解电容如果损坏,则开关电源可能不起振,没有电压输出;或者输出电压滤波不好,电路因电压不稳而发生逻辑混乱,表现为机器工作时好时坏或开不了机。如果电容并在数字电路的电源正负极之间,故障表现同上 　电容的寿命与环境温度有直接关系,环境温度越高,电容寿命越短。所以在寻找故障电容时应重点检查和热源靠得比较近的电容,如散热片旁及大功率元器件旁的电容。另外,也有瓷片电容出现漏电、短路的情况。所以在维修查找时应有所侧重
单片机、DSP等相关电路的维修	带程序的芯片	EPROM 芯片一般不易损坏,因这种芯片需要紫外光才能按除掉程序。但随着时间的推移,有的芯片即便不用也有可能损坏(主要指程序),所以要尽可能备份 　EEPROM、PROM 以及带电池的 RAM 芯片极易破坏程序,破坏程序的时间还未有定论。检修工具(如测试仪、电烙铁等)的外壳漏电也很容易损害程序 　对于电路板上.带有电池的芯片不要轻易将其从板上拆下来,也不要轻易用断电的方法复位。怀疑电池电压低,也不要急于取下更换,要先焊上导线接上一个临时电池,再取下更换新电池,更换完毕后再拆下导线及临时电池
	复位电路	待修电路板上有大规模集成电路时,应注意复位问题。在测试前最好装回设备上,反复开、关机器测试,并多按几次复位键
	功能与参数测试	测试仪对器件的检测,仅能反映出截止区、放大区和饱和区,但不能测出工作频率的高低和速度的快慢等具体数值。同理对 TTL 数字芯片而言,也只能知道高低电平的输出变化,而无法查出它的上升和下降沿的速度
	晶体振荡器	通常只能用示波器(晶振需加电)或频率计测试,万用表等无法测量;晶振常见故障有内部漏电,内部开路,变质频偏及外围相连电容漏电。用测试仪的 V-I 曲线应能测出;整板测试时可采用两种判断方法:测试时晶振附近及周围的有关芯片不通过;除晶振外没找到其他故障点 　常见晶振有两脚、四脚两种,其中第二脚是加电源的,注意不可随意短路
	故障现象的分布	电路板故障部位的不完全统计:芯片损坏 30%,分立元件损坏 30%,连线(PCB 板敷铜线)断裂 30%,程序破坏或丢失 10%

第三章
通用电焊机的结构与维修

第一节 | 直流电焊机的结构与维修

一、弧焊发电机式直流电焊机的结构与维修

1. 直流弧焊发电机结构原理

直流弧焊机是一种特殊直流发动机，它具有调节装置，用以获得所需的电流输出范围，并有指示装置，用以指示输出数值。

表 3-1 给出了 3 种不同类型的弧焊发电机的工作原理及接线图。

表 3-1　弧焊发电机的工作原理及接线图

发电机类型	工作原理及接线图
裂极式直流弧焊发电机	AX-320(TA-320)型三电刷裂极式直流弧焊发电机的电气接线如图 3-1 所示 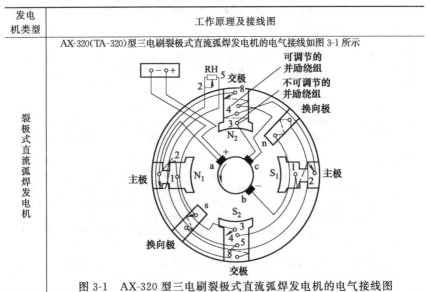 图 3-1　AX-320 型三电刷裂极式直流弧焊发电机的电气接线图

发电机类型	工作原理及接线图
裂极式直流弧焊发电机	在结构上,弧焊发电机有 4 个不是交替分布的磁极,而是两个北极 N_1、N_2 和两个南极 S_1、S_2 相邻地分布着,所以它实质上是 1 台两极直流发电机。4 个磁极中,N_1、S_1 称为主极,旋转截面狭窄,磁路容易饱和,N_2、S_2 称为交极,铁芯截面积较大,磁路不易饱和 直流弧焊发电机有两组并联的并励线圈,一组分布在 4 个磁极上的是不可调节的,另一组可以调节的分布在两个交极上 弧焊发电机空载时,虽然主极磁路饱和,但交极未饱和,因此,发电机的总磁通能产生足够大的感应电动势满足引弧要求。当发电机带上负载后,由于电枢反应使交极产生去磁作用,而主极则因磁路已经饱和而没有多大的增磁作用。所以,随负载增大,发电机的总磁通将大大减少,这将使发电机感应电动势也大大减少,从而使弧焊发电机获得了陡降的外特性 同时由于主磁饱和,在各种负载情况下,电刷 a、c 间的电压几乎不变,因此,并励线圈如同接在恒压源上 焊接电流的调节分为粗调和细调两种。粗调可用手柄移动刷架,粗调共有 3 挡位置,可定位在机盖上的外凹槽中。若顺电机转向移动刷架,可使工作电流减小;反之,将增大工作电流。细调可用手轮改变并励线圈励磁电路中变阻器的电阻值,来实现按粗调三挡电流范围内,进行电流的细调节
换向极去磁式直流弧焊发电机	AX3-300-2 型换向极去磁式直流弧焊发电机共有 4 个主极和 4 个换向极。它与一般直流发电机不同的是,其磁极极靴两边不对称,其中一边较突出,另一边则较短,具有倾斜而非均匀的空气隙。换向极铁芯也较宽,起着分路的作用。在 3 个主极上绕有并励线圈,余下的 1 个主极上则绕他励线圈。此外,在 4 个主极上都绕有串励线圈,其电气接线如图 3-2 所示 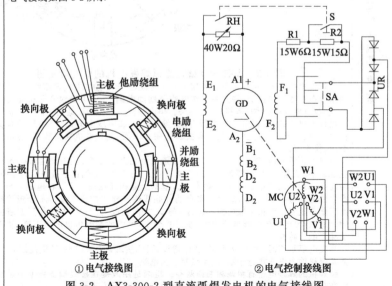 ①电气接线图　②电气控制接线图 图 3-2　AX3-300-2 型直流弧焊发电机的电气接线图

发电机类型	工作原理及接线图
换向极去磁式直流 弧焊发电机	弧焊发电机的工作原理:由于串励线圈接成积复励,则当负载增大时,串励线圈产生的磁通使主极迅速饱和,主极部分的磁通成为漏磁通经过换向极的前极尖(突出的极靴)、磁轭而回到主极。发电机负荷越大,漏磁就越多,因此通过主极与电枢的磁通大大减少,从而获得陡降的外特性 他励线圈由三相异步电动机定子的一相线圈抽头经整流器供电 焊接电流的调节分粗调和细调两种:粗调节分为两挡,有"大"和"小"标号的单掷开关,它是由将他励和并励线圈中的附加电阻分别接入或断开而获得;细调节可用手轮改变电刷位置进行调节。如需要变换极性,只要扳动标有"顺"和"倒"标号的双掷开关,不必更换焊接回路的连接线
差复励式直流弧焊发电机	AX1-500(AB-500)型直流弧焊发电机的电气接线如图 3-3 所示 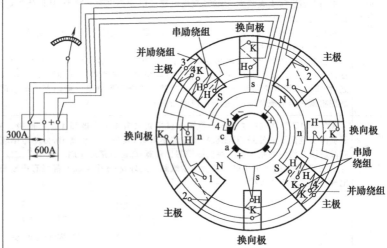 图 3-3　AX1-500 型直流弧焊发电机的电气接线图 　　弧焊发电机在上,共有 4 个主极和 4 个换向极,并有串励和并励两组线圈,其中并励线圈分布在 4 个主极上,并接在工作电刷及辅助电刷 c 上;串励线圈分布在两个主磁极上,与电枢线圈(a 刷)串接,并有抽头。串励线圈所产生的磁通与主磁通方向相反 　　当发电机空载时,利用剩磁进行自励,发电机空载电压上升,此时由于没有负载电流,发电机不产生电枢反应,故没有去磁作用。因而,使发电机获得较高、稳定的空载电压,便于引弧 　　当发电机负载时,发电机中的合成主磁通 $\Sigma\Phi$ 由并励磁通 Φ_1、串励磁通 Φ_2 和电枢反应磁通 Φ_a 三部分组成,即 $\Sigma\Phi=\Phi_1+\Phi_2+\Phi_a$。由于 Φ_2 与 Φ_a 在主极一边的方向相反,因此随焊接电流变化而变化的 Φ_2 与 Φ_a,基本上能相互抵消。所以在电刷 a 与 c 之间产生的电动势由 Φ_1 决定,故用它来自励并联线圈所建立的磁通 Φ_1,不会随焊接电流的变化而改变。但在主极的另一边,Φ_2 与 Φ_a 方向相同,且与 Φ_1 方向相反起着去磁作用。所以,发电机随焊接电流增加,使 $\Sigma\Phi$ 减小,焊机的端电压也随之下降,从而获得了陡降的外特性 　　当发电机短路时,由于 Φ_2 与 Φ_a 急剧增加,因此使 $\Sigma\Phi$ 变得很小,甚至使 $\Sigma\Phi$ 为 0,并使弧焊机输出电压接近于零,从而限制输出电流 　　弧焊机的焊接电流有粗调和细调两种。粗调是用改接在接线端子板上串励线圈的匝数来实现;细调则用改变并励线圈回路中变阻器的阻值来实现

2. 弧焊发电机式直流电焊机常见故障现象、原因与检修方法

弧焊发电机式直流电焊机常见故障现象、原因与检修方法见表 3-2。

表 3-2　弧焊发电机式直流电焊机常见故障现象、原因与检修方法

故障现象	故障原因	排除方法
电刷下火花过大	①电刷与换向器接触不良	①仔细观察接触表面,清除污物
	②个别电刷刷绳线接触不良,引起同组其他电刷过载	②紧固无火花电刷刷绳线节点
	③电刷更换后没有研磨好	③重新研磨或减小负载试运行
	④电刷在盒中卡住或跳动	④磨小电刷或调整电刷弹簧压力及检查电刷与刷盒间隙应不超过 0.3mm
	⑤换向器片间云母凸出	⑤进行换向器拉槽
	⑥刷架歪曲或松动	⑥重新调整或紧固
	⑦换向器分离,即个别换向片凸出或凹进	⑦不严重时可用细油石研磨,若无效,须上车床加工
剩磁消失	①弧焊机长期不使用 ②使用前受过激烈振动 ③发电机反转过 ④焊机修理或保养后出现	用 6~12V 直流电源,通入励磁绕组数秒钟,使其磁化。如无效,可将电源极性对调,重新磁化
发电机电压不能建立	①自励式发电机剩磁消失	①充磁
	②励磁电路断路	②检查励磁电路与变阻器连接是否松脱,如松脱应紧固
	③励磁线圈出线接反	③调换两出线头
	④励磁线圈短路	④用电桥测量电阻并排除
	⑤旋转方向错误	⑤改变发电机转向
	⑥励磁电路中电阻过大	⑥检查变阻器,将它短路后再试
	⑦换向器脏污	⑦用略粘汽油的干净抹布擦净换向器
	⑧至少一组电刷磨损过度或与换向器不接触	⑧更换相同牌号的新电刷
	⑨电枢线圈或换向片间短路	⑨用片间压降法检查,并排除短路点
	⑩电路中有两点接地造成短路	⑩用校验灯或绝缘电阻表检查,并排除短路点
发电机电压达不到额定值	①转速太低	①用转速表测量提高发电机转速至额定值
	②励磁线圈中(以它为主)	②用电桥或压降法检测每一线圈,修理或调换电阻、压降小的线圈
	③刷架(或电刷)位置不当	③调整刷杆座位置到输出电压最高处
	④串、并励线圈相互接反	④用指南针法分别检查后纠正
	⑤换向极线圈接反	⑤同排除方法④,换向极与主磁极极性关系为,顺发电机旋转方向为 n-N-s-S
	⑥过负载或调节不当	⑥减去过载部分或重新调节
	⑦4 只复励的串励线圈接反	⑦互换串励线圈两个接线头

二、单相硅整流二极管直流电焊机的结构与维修

1. 整流弧焊机的结构原理

整流式直流弧焊机是一种将交流电经过整流二极管整流后变成直流电的弧焊机。由于一般都采用硅整流二极管，故又称为硅整流弧焊机。采用硅整流器做整流元件称为硅整流弧焊机，采用硅材料晶闸管整流称为硅晶闸管整流器。它与旋转式直流弧焊机相比，具有体积小、效率高、工作可靠、使用寿命长及维护简单等优点。

最简单的整流弧焊机是在 BX1-330 交流焊机的基础上增加硅整流器做整流元件及风机即可。ZXG-150 型焊条电弧焊整流器线路如图 3-4 所示。

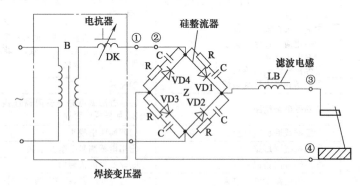

图 3-4　ZXG-150 型焊条电弧焊整流器线路图

交流电压 U 正半周时，电流正半周经 VD1、LB、负载、VD3 形成回路，负载上电压 $U_负$ 为上正下负。U 负半周时，电流负半周经 VD2、负载、VD4 形成回路，负载上电压 $U_负$ 仍为上正下负，实现了全波整流。经四只二极管 VD 整流出来的脉动电压再经电感；LB 滤波后即为直流电压。整流二极管多选用面接触型二极管，其额定电流应大于电路电流。

2. ZXG-150 型焊机常见故障现象、原因与检修方法

ZXG-150 型焊机常见故障现象、原因与检修方法见表 3-3。

表 3-3　ZXG-150 型焊机常见故障现象、原因与检修方法

故障现象	故障原因	检修方法
无输出	①弧焊变压器损坏 ②电抗器损坏 ③滤波电感损坏	①重新绕制变压器 ②查修电抗器 DK ③检修滤波电感 CB

续表

故障现象	故障原因	检修方法
开机烧熔断器	①弧焊变压器短路 ②整流管击穿短路 ③保护电容损坏	①修复 ②更换整流管 ③更换保护电容
焊接时，电压突然降低	主回路短路或整流元件击穿，控制回路断线	更换元件修复线路，并检查保护线路；检修控制回路，并修复
电流调节不良	控制线圈匝间短路，电流控制器接触不良，控制整流回路击穿	消除短路，包括重绕线圈；使电流控制器接触良好；更换已损元件
空载电压太低	电网电压太低，变压器一次线圈匝间短路，磁力起动器接触不良	调整电压值；消除短路，包括重绕线圈；使磁力起动器接触良好
风扇电动机不转	熔体烧断，电动机线圈断线或按钮开关触点接触不良	更换熔体；重焊或重绕线圈，修复或更换按钮开关

三、三相硅整流二极管直流电焊机的结构与维修

（一）ZXG-500型弧焊机的结构原理

ZXG系列弧焊机可用做手工电弧焊电源和钨极氩弧焊电源，其中ZXG-500型弧焊机还可用做自动或半自动埋弧焊电源及碳弧切割电源。

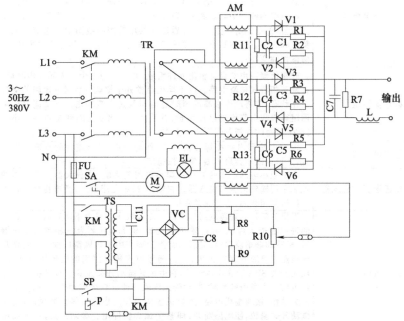

图3-5　ZXG-500型硅整流式直流弧焊机电气原理示意图

　　ZXG-500 型弧焊机的电气原理及自饱和电抗器结构示意如图 3-5、图 3-6 所示，其结构说明见表 3-4。

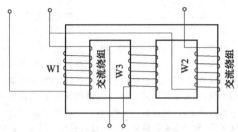

图 3-6　自饱和电抗器结构示意图

表 3-4　ZXG-500 型硅整流式直流弧焊机控制系统结构

结　　构	说　　明
三相整流变压器 TR	提供硅整流器低压电源
内反馈三相磁放大器(简称磁放大器)	磁放大器是弧焊机的主要部件，它是由 6 只自饱和电抗器(放大元件)与 6 只硅整流二极管组成内反馈的三相桥式整流电路。它的作用是将交流电变换为直流电，并获得陡降的外特性
自饱和电抗器	自饱和电抗器由 3 只铁芯组成，每只铁芯上装有交流线圈，每只铁芯两旁的铁芯柱上的两部分交流线圈串联起来，使该相内反馈电流(指整流后的直流分量)产生的磁通与直流控制线圈产生的磁通相叠加。直流控制线圈装在中间铁芯上，为 6 元件所共用，内反馈(指整流后的交流分量)的电流所产生的交流磁通在共用的控制线圈中所感应的电动势总和为零。自饱和电抗器的铁芯采用冷轧硅钢片，切忌敲打振动，以防磁性能变坏
硅整流器组	硅整流器组由 6 只硅整流元件组成，并分别与 6 个放大元件串联后，接成三相桥式整流电路。由于焊机经常处于空载—负载—短路的交替工作状态，故将产生很高的瞬时过电压及过电流冲击。硅整流元件采用阻容吸收电路作过电压保护，并采用风压开关 SP，使焊机在不小于 5m/s 风速的冷却条件下才能工作
输出电抗器	输出电抗器串接在焊接回路中，作滤波用，使整流后的直流电更平直，还可以减小金属飞溅，使电弧稳定
铁磁谐振式稳压器	为了减小电网电压的波动对焊接电流的影响，磁放大器控制线圈的电源采用铁磁谐振式稳压器。它输出 25V 交流电压，经单相桥式整流后供给控制线圈，作直流励磁用
通风机组	焊机各部件的安装应适应不同的冷却要求。风由下部和两侧面板上的进风窗进入焊机，经过输出电抗器、饱和电抗器及三相整流变压器后，再冷却硅整流器组，最后由背面的面板中部排风窗口排出。特别是硅整流器组应安置在出风口处，确保被安装在前面的通风机所冷却。风压开关 SPA 装在出风口处，它由 1 只微动开关及具有杠杆机构的叶片组成。当风扇鼓风时，叶片受风压吹开使杠杆机构动作，从而使微动开关动作，接通整机电路，弧焊机才能工作。当风扇停止鼓风时，由于微动开关复位，使电路断开，即整个弧焊机停电。必须注意，严禁在风扇不鼓风的情况下，用外力使微动开关动作，强迫弧焊机进行焊接

（二）ZXG7-300-1 型弧焊整流器

ZXG7-300-1 型弧焊整流器由电源变压器、磁饱和电抗器、硅整流器和相应的控制电路组成，单独使用可作为手工电弧焊电源，配备NSA-300 型氩弧焊控制箱，便成为 NSA4-300 型直流钨极氩弧焊机，主要用于钢、不锈钢构件的焊接，也可用于铜、银、钛等金属的焊接。

1. 结构

ZXG7-300-1 型弧焊整流器结构如图 3-7 所示。ZXG7-300-1 型弧焊整流器各部分的结构和作用见表 3-5。

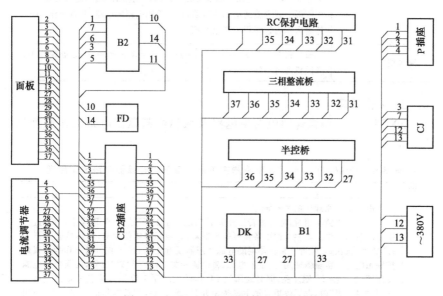

图 3-7　ZXG7-300-1 型弧焊整流器结构

表 3-5　ZXG7-300-1 型弧焊整流器各部分的结构和作用

类　别	说　明
主要电源变压器和饱和电抗器组	主电源变压器为三相降压变压器，一次侧、二次侧均为星形连接，引入磁饱和电抗器使电流具有垂直下降的外特性，因而焊接电流稳定。调节电抗器控制线圈中的直流控制电流，即可改变电抗器的输出特性，实现电流无级调节，变压器二次侧线圈和饱和电抗器一组工作线圈共用，结构紧凑
三相硅整流电路	三相硅整流电路由 6 只 250V、200A 硅整流元件连接成三相桥式全波整流回路，输出电流波纹小，并有防止瞬时冲击电压的阻容保护装置。整流器的输出特性是垂直下降的，故不可能出现过载情况，因此不需要过载保护装置

类　别	说　明
焊接电流调节器	焊接电流调节器由晶闸管半控桥电路及异相触发电路和焊接电流衰减装置等组成,以调节磁饱和电抗器的直流控制电流,具有电流反馈,使焊接电流稳定。焊接电流衰减装置能适应焊缝及闭合缝焊接的需要,改善焊接收尾阶段的焊缝质量
机架和控制电路	机架由扁钢焊接而成,下部有四个滚轮,顶部设有供吊装用的吊环,以便于搬运,在机架的正面板上装有电源开关、焊接电流调节旋钮、衰减时间开关、调节旋钮及指示灯、电流表、电压表,后面板的下方设有交流 380V 电源的接线板及连接氩弧焊控制箱的四芯插座,机架的中层隔板上装有辅助电源变压器,作为控制电路的电流,并有交流 110V 外输出作为氩弧焊控制箱电源
通风机	通风机是一单相 220V、1400r/min 的电动机拖动,接通电源开关,通风机即可运转

2. 工作原理

ZXG7-300-1 型弧焊整流器主电路及氩弧焊起弧器电路工作原理见表 3-6。

表 3-6　ZXG7-300-1 型弧焊整流器主电路及氩弧焊起弧器电路工作原理

类别	说　明
主电路工作原理	主电路工作原理如图 3-8 所示 当整流器单独使用时,将焊接转换开关 K2 放到"手工焊"位置,使用焊钳,即可进行手工电弧焊操作。当整流器配备氩弧焊控制箱,作氩弧焊机使用时,将焊接转换开关 K2 放到"氩弧焊"位置。整流器辅助电源变压器设有交流 110V,向外输出作为氩弧焊控制箱电源。整流器使用时,接上电源,将电源开关 K1 放到"通"位置,接通辅助电源变压器 B2,指示灯 XD1 亮,同时通风机 FD 运转,在"手工焊"时,接点 3、4 已直接接通;作"氩弧焊"时,撤下焊炬手把上的按钮开关,通过氩弧焊控制箱的程序工作,使接点 3、4 接通。继电器接通,使交流接触器合闸,整流器进入工作状态 转动焊接电流调节旋钮,通过电位器 W2 所对应的电阻值的改变去控制电流信号,改变晶闸管移相导通角,晶闸管半控电路输出电压及磁饱和电抗器 DK 的直流控制电流随之改变,即可获得焊接电流的调节 当需要电流衰减时,将电流衰减开关 K3 放到"有"位置,使继电器 JD 的触点串接在 JC 回路中。焊接将要结束时,松开焊炬手把上的按钮开关,通过氩弧焊控制箱的程序工作,使 3、4 接点断开、J1 断开,此时,JC 通过 JD 仍然接通,故焊接电流继续维持,但 J1 断开使电流调节器中的接点 25、26 断开,控制电流信号靠电容器 C8 放电来供给,使焊接电流随着控制信号 C8 放电电流的逐渐减小而逐步衰减,同时 JD 的吸合电流也由于 C8 的放电逐渐减小而逐步衰减,切断 JC,整流器恢复到准备工作状态 电流衰减时间的细调节,借助转动衰减时间旋钮,改变电容 C8 的放电电阻 W2 来达到

续表

类别	说　明
主电路工作原理	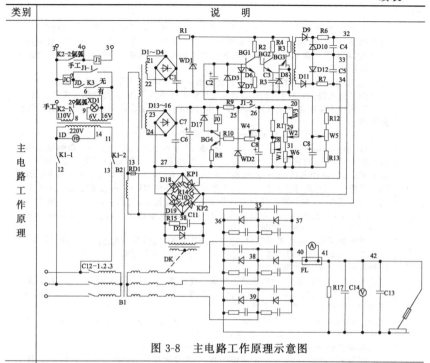 图 3-8　主电路工作原理示意图
氩弧焊起弧器电路	本整流器和氩弧焊控制箱(氩弧焊起弧器)配合作氩弧焊机使用时,用户只需外配氩气及气体减压流量计(JL-15 型),冷却水就成为全套焊接设备。弧焊机引弧器电路如图 3-9 所示 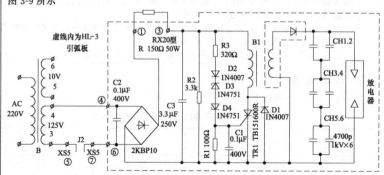 图 3-9　弧焊机引弧器电路 焊接控制系统主要是控制箱,控制箱的作用是控制引弧、控制气路和水路系统。引弧器主要有高频引弧器和脉冲引弧器等

类别	说　明
氩弧焊起弧器电路	a. 高频引弧器，氩气是较难电离的气体的一种，所以引弧困难，若采用短路引弧法，由于钨极与工件接触可能会出现夹钨的缺陷，则手工钨极氩弧焊通常采用高频引弧器来引弧，高频引弧器是通过在钨极与焊件之间另加的高频高压击穿钨极与焊件之间的氩气而引弧的 b. 脉冲引弧器，它的作用是当采用交流电源时，焊接电流通过电位改变极性时，在负半波开始的瞬间，另用一个外加脉冲电压使电弧重复引燃，从而达到稳弧的目的 由于现在多使用逆变式或直流脉冲焊机，所以下面简要介绍引弧器工作原理及常见故障维修： 接通电源，按下焊钳手柄的联动开关，触发开关 K（图中未标）接通且继电器 J2（图中未标）动作。电源变压器 B 的③～④线圈 125V 交流电压通过 J2、C2 和整流全桥流电阻 R，为引弧电路提供工作电压。该工作电压一方面通过晶闸管 TR1 向升压变压器 B1 提供脉冲电源，另一方面通过限流电阻 R3、二极管 D2 及两只反向串联的稳压二极管 D3、D4 向 TR₁ 的触发极提供触发电压，其中 R1、C1 起移相作用。这样 TR1 的间歇导通在 B1 的一次侧包中产生脉冲振荡电流，经过耦合，在二次侧感应出高压。通过 D1 内部高压二极管的整流、CH1-6 高压电容滤波后，在引弧放电器两端产生一定的高压，从而放电引弧 使用时如无电弧或电弧不稳定，应打开设备外壳，观察引弧板上的放电器有无灰尘、铁屑等异物而引起的短路情况，高压线头是否脱落，或紧固螺钉是否松动而引起放电间隙过小或过大，使引弧困难 排除以上故障后通电试机，检测引弧板下变压器 B 的④～⑥间是否有约 125V 交流电。如无，听听控制电路的电磁阀有无动作声。如有，则说明手柄开关完好，按动手柄开关时 J2 应有振动感。如无或虽有，但④～⑥间无 125V 交流电，则可能是 J2 线包坏或触点接触不良。如有 125V 电压，关机后用万用表电阻挡测试①～③之间应有 150Ω 的阻值，这是一个 BX20 型 50W、150Ω 的大功率电阻，安装在机器内部并通过引线连接到引弧板上。如引线断，则引弧板因失电而不工作 若查引弧板上的①～③、④～⑥间电压都正常，则故障不在引弧板上。拆下引弧板，据图提供的参数进行检查，其中 D3、D4 是 30V 的稳压二极管，损坏后可用国产的 2CW19F/30V、2CW118/30V'等型号代替。B1 为专用升压变压器，可用黑白电视机常用的全联一体化高压包代替。替换时高压包的⑤、⑧脚分别接到电源正极和晶闸管正极，而④脚和高压线则接到高压电容上 维修完成后应注意，在调整放电器时一定要用一把带有绝缘手柄的螺钉刀触碰放电器的两端间隙放去残余电压，以免遭到高压电击 注意：在应急修理时，还可用霓虹灯高压变压器（或电子高压变压器代替整块高压板）

3. 技术数据

ZXG7-300 系列焊机技术数据见表 3-7。

表 3-7　ZXG7-300 系列焊机技术数据

项目	参数	项目	参数
电源电压	三相 380V,50Hz	空载电压	72V,5％
输入容量	23kV·A	工作电压	25～30V
额定焊接电流	300A	衰减时间调节范围	0.5～5s
电源调节范围	20～300A	效率	68％
额定负载持续率	60％	—	—

注：1. 负载持续率为负载的持续时间和工作周期（工作周期等于负载持续时间与空载时间之和）之比，本整流器的：工作周期为 5min。

2. 当负载持续率为 100％时，本整流器的焊接电流最大值为 230A。

（三）ZXG-1000R 整流焊机的结构原理

ZXG-1000R 焊接整流器（以下简称焊机）为具有下降电压特性的焊机，焊机具有优良的工作性能，可用作在焊药层下进行自动埋弧焊的焊接电源，亦可作 CO_2 气体保护焊的焊接电源和碳弧切割的电源。ZXG-1000R 整流焊机控制系统电气原理如图 3-10 所示，其结构说明见表 3-8。

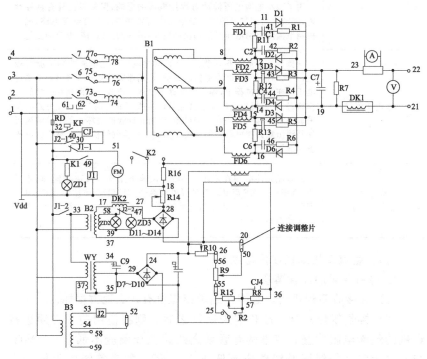

图 3-10　ZXG-1000R 整流焊机控制系统电气原理图

表 3-8　ZXG-1000R 整流焊机控制系统结构说明

结　构	说　明
焊机的启动	使用焊机时,将电源开关 K,置于接通位置,此时通风电动机 FM 运转,当风量达到一定值时,即以一定压力撤开 KF,使交流接触 CJ 吸引线圈通电,继而使主变压器一次侧通过 CJ 的主触头与电网接通,于是磁放大器开始工作,输出一定的直流电压,即可开始焊接工作
焊机空载电压的调节	焊机具有可改变的两挡空载电压,对于埋弧焊接来讲,是为适应电弧电压反馈自动调节系统(变速送丝)和电弧电流自动调节系统(等速送丝)的。一般地采用变速送丝时,焊机的空载电压调为较高值。采用等速送丝时,焊机的空载电压调为较低值。焊机空载电压的调整依靠改变在焊机背面下方的接线板上接线片的接线方法来完成

续表

结　构	说　明
焊接电流的调节	焊接时为了调节焊接电流,首先将电流调节开关 K2 置于"大"或"小",然后依靠调节面板上的焊接电流控制器 R9,用以改变磁式放大器控制线圈中磁通势大小,从而调整输出(焊接)电流的大小,满足焊接需要 为了减小电网电压波动对焊接电流的影响,保持焊机具有良好性能,磁放大器控制线圈的电源采用带有电网电压的硅整流电路,促使控制电流随电网电压产生相反的变化,减小输出(焊接)电流的变化
过电压保护	硅整流元件虽有很多优点,但它耐过电压和过电流的冲击能力较差,一次侧的开断,网络电压的波动,熔断器突然断开等都可能造成过电压。在焊接过程中,焊机经常处于空载—负载—短路相互交替的工作状态,在焊机的输出端也会经常产生很高的瞬时过电压,为此必须采取一定的抑制方法或保护措施,以防止硅管的烧坏。采用硅整流元件及输出端并接电阻电容进行瞬时过电压抑制保护,防止瞬变过电压击穿硅管
硅整流器组冷却保护	硅整流元件必须在不小于 5m/s 风速下工作。风速降低,叶片复位,风压开关 KF 因其本身的弹性而跳开,即切断交流接触器 CJ 控制回路,从而使焊机主电路与电网断开。通风电动机由熔断器 RD 进行过载及短路保护

(四) 整流二极焊机使用与维修

1. 焊机使用的注意事项

(1) 在接收新焊机时,必须仔细观察焊机有什么地方损坏。

(2) 接收新焊机时,或长期未运行之后,则在使用前,必须进行焊机的绝缘电阻检查,与电网有联系之线路及线圈应不低于 0.5MΩ;与电网无联系的线圈及线路应不低于 0.2MΩ。如果绝缘电阻低于上述值,焊机必须给予干燥处理。例如,置于干燥处,靠近锅炉或电炉等。

注:在进行绝缘电阻检查时,焊机中硅整流元件应用导线短接(可用导线将输出端短接)。

2. 焊机允许在下列工作条件下工作

(1) 海拔高度不超过 1000m。

(2) 周围介质温度不超过 40℃。

(3) 空气相对湿度不超过 85%。

3. 整流二极焊机常见故障原因、现象与检修方法

整流二极焊机常见故障原因、现象与检修方法见表 3-9。

表 3-9 整流二极焊机常见故障原因、现象与检修方法

故障原因	故障现象	检修方法
箱壳漏电	①电源线接线不慎碰箱壳 ②变压器、磁放大器(饱和电抗器)、电源开关以及其他电气元件或接线碰箱壳 ③未接地线或接触不良	①找到碰触点断开即可 ②找到碰触点断开即可 ③接好接地线
空载电压太低	①电源电压过低 ②变压器一次线圈匝间短路 ③磁力起动器接触不良	①调整电压额定值 ②找到短路点撬开加绝缘 ③清理触点使接触良好
焊接电流调节失灵或调节过程中电流突然降低	①磁放大器控制线圈 KF 匝间短路或烧断 ②焊接电流控制器接触不良 ③稳压变压器线圈短路或断开 ④电感 DK2 损坏 ⑤电容器 C9 损坏 ⑥硅整流元件中有击穿现象	①短路可撬开加绝缘,如断路则应找到断点重新焊接,并加绝缘 ②修复或更换 ③修复或更换 ④修复或更换 ⑤更换 ⑥更换击穿之硅整流元件
焊接电流调节范围小	①控制电流值未达到要求 ②控制线圈 FK 极性接反 ③磁放大器(饱和电抗器)铁芯受振性能变坏	①检查线路有否接触不良,如有修复 ②更换极性 ③调换铁芯
焊接时焊接电流不稳定,有较大波动现象	①稳压线路接触不良 ②交流接触器抖动 ③风压开关抖动 ④控制线圈接触不良 ⑤线路中接触不良	①修复稳压线路 ②修复或更换 ③修复或更换 ④查找接触不良点修复 ⑤查找接触不良点修复
通风电动机不转	①熔体熔断 ②电动机线圈断线 ③按钮开关触头接触不良 ④电动机离心开关接触不良或损坏	①更换熔体 ②修复电动机或更换 ③更换或修复按钮开关 ④调整离心开关触点或更换
工作时焊接电压突然降低	①主线路部分或全部短路 ②主变压器或磁放大器短路 ③硅整流器击穿短路	①修复线路 ②查找短路点并修复 ③检查保护电阻,电容接触是否良好。更换同型号同规格整流器

第二节 交流电焊机的结构与维修

交流电焊机是目前国内使用的最为广泛的焊机,且多数是动铁芯式,属于动铁芯漏磁式。如图 3-11 所示,W1 是一次绕组,W2 是二次

绕组。W1 和 W2 绕在同一铁芯上。一次绕组将电能传给铁芯，使铁芯中产生交变磁场，然后铁芯又把磁能传给二次绕组，使二次绕组产生感应电动势，这就是交流弧焊变压器的基本原理。

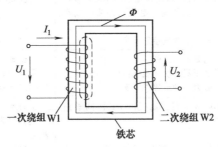

图 3-11 变压器示意图

一、动铁芯电流调节式交流电焊机的结构与维修

(一) 动铁芯交流电焊机的结构与参数

1. 动铁芯式焊机结构与工作原理

BX1-330 型交流电焊机是一台具有三只铁芯柱的单相漏磁式降压变压器，其中两边为固定主铁芯，中间为可动铁芯。变压器的一次侧线圈为筒形，绕在一个主铁芯柱上。二次侧线圈分为两部分：一部分绕在一次侧线圈外面；另一部分兼作电抗线圈，绕在另一个主铁芯柱上。焊机的两侧装有接线板：一侧为一次侧接线板，供接入网络电源用；另一侧为二次侧接线板，供接往焊接回路中用。

BX1-330 型交流电焊机的外形与工作原理如图 3-12 所示，焊机的降压特性是借可动铁芯的漏磁作用而获得不同电流的输出。

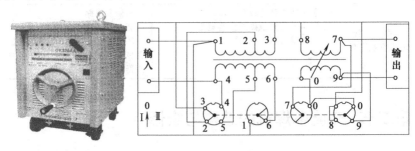

(a) 外形　　　　　　　　　　(b) 构造原理

图 3-12 BX1-330 型交流电焊机的外形与工作原理

(1) 空载时，由于无焊接电流流过，电抗线圈不产生电压降，故形成较高的空载电压，便于引弧。

(2) 焊接时，二次绕组有焊接电流流过，同时在铁芯内产生磁通，可动铁芯中的漏磁便显著增加，这样二次侧电压就下降了，从而获得了降压的外特性，短路时，由于很大的短路电流流过电抗绕组，产生了很大的电压降，使二次绕组的电压接近于零，这样就限制了短路电流。

(3) 焊接电流的调节。BX1-330 型交流电焊机焊接电流的调节有粗调节和细调节两种，如图 3-13 所示。

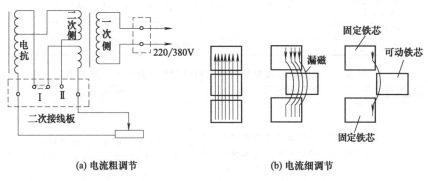

(a) 电流粗调节   (b) 电流细调节

图 3-13　BX1-330 型交流电焊机焊接电流的调节

① 粗调节是通过二次绕组不同的接线方法，改变二次绕组的匝数进行的。在二次绕组的接线板上有两种接线方法，如图 3-13 所示。当连接片接在 I 位置时，空载电压为 70V，焊接电流调节范围为 50～180A；当连接片接在 II 位置时，空载电压为 60V，焊接电流调节范围为 160～450A。

② 细调节是通过改变可动铁芯的位置进行的，在粗细调节的两种接法中，均可转动手柄来改变动铁芯与主铁芯的间隙，从而改变漏磁的大小。当转动手柄使可动铁芯离开主铁芯时，漏磁减少，焊接电流增大；反之则焊接电流减小。

2. 动铁芯式焊机参数

BX1-330 型交流焊机的空载电压为 60～70V，工作电压为 30V，电流调节范围为 50～450A，代表机型为焊机。

BX 系列焊机的主要技术参数见表 3-10。

(二) 动铁芯交流电焊机的故障分析与维修

动铁芯交流电焊机常见故障现象、分析及处理方法见表 3-11。

表 3-10 BX 系列焊机的主要技术参数

项目	BX1-160-2 BX1-160	BX1-200-2 BX1-200	BX1-250-2 BX1-250	BX1-330-2 BX1-330	BX-1400-2 BX1-400	BX-1500-2 BX1-500	BX1-630-2 BX1-630
额定输入电压/V	单相 220/380			单相 380			
额定频率/Hz	50						
载电压/V	62	66	68	70	72	70	72
额定焊接电流/A	160	200	250	315	400	500	630
电流调节范围/A	65～160	75～200	50～250	60～315	75～400	95～500	125～630
额定负载持续率/%	20			35			
额定输入容量 /kV·A	10.6	13.6	18.6	22.8	30	38	47
绝缘等级	F						
冷却方式	强迫风冷						

表 3-11 动铁芯交流电焊机常见故障现象、分析及处理方法

故障现象	故障分析	处理方法
在使用中空载电压、电流调节均正常，但在焊接时总感到电流明显变小，不论电流调节任何刻度位置都要比新电焊机输出电流要小	①一般用时间比较久的电焊机或旧电焊机会出现该现象。首先检查电焊机的输出端子的接线板上螺栓接线是否接牢，因端子接线松动和不紧时，都会使接触电阻比紧固时要大好几倍；其次旧电焊机或用时间比较久的电焊机往往接线螺栓不是原配的(原配是黄铜接线螺栓一套)，有时节约，使用一般的铁螺栓(该种现象比较常见) ②因使用现场比较远，用较长或较细的焊接电缆(此时电阻值会增大很多)，造成焊接电流减小；另一方面电焊机的地线长短和接地夹子的使用不合理(搭、压连接)，使接地电阻增大，也会造成焊接电流减小 ③有时焊接电缆不打开，盘在一起(呈卷状)，或堆放在铁件上(很多焊工为了方便，经常把焊把线挂在铁挂件上)，电缆线盘成卷状或打起螺旋卷，就形成电感，此时若把电缆线放置在铁板上，会使电感量更大，这样造成焊接电流减小	①电焊机输出端子接线螺栓(一套)都应用原配的黄铜件，电缆线接头要用线鼻子(标准的)。电焊机内绕组的连接线、接头应保持紧固牢靠，并且使用合格的标准焊钳 ②焊接手把线和地线电缆应选用合适电缆截面积和长度，如附表所示 附表 焊接手把线和地线长度的选择 | 电流/A	截面面积/mm²				
	20	40	60	80	100
	长度/mm				
100	16	25	35	50	60
200	25	35	50	60	70
300	35	50	60	70	85
400	50	60	70	85	95
500	60	70	85	95	120
600	70	85	95	120	135	 ③焊接电缆使用时应尽可能拉直、不打卷，并尽可能远离铁件或把电焊机移到离现场(作业面)近的地方使用

续表

故障现象	故障分析	处理方法
焊接时电流忽大忽小	动铁式交流弧焊变压器的电流调节是采用粗调和细调相结合的方法来实现的。粗调是分为大小两个挡,而细调是采用移动活铁芯来改变动、静铁芯的相对位置获得所需的焊接电流。焊接电流不稳定是由于电流细调机构的丝杠与螺母之间磨损间隙过大,使动铁芯振动幅度增大,导致动、静铁芯相对位置频繁变动所致;也有可能是动铁芯与静铁芯两边间隙不等,使焊接时动铁芯所受的磁力不均,产生振动过大,也同样导致动、静铁芯相对位置的经常变动;还可能是电路连接处有螺栓松动或接触不好,使焊接时接触电阻时大时小地变化	如果电路连接处螺栓松动,在打开电焊机壳便就可以发现,将螺栓拧紧接牢即可;丝杠与螺母的间隙的调节,可以使用正、反摇动调节手柄方法进行调试,因有空挡,在调试时可以感觉出间隙的大小。确实间隙过大不能使用时,应更换新件。调整活动铁芯与静铁芯之间间隙,应保证动铁芯与静铁芯之间两面的间隙相等。除了用导轨保证外,维修时可用适当厚度的玻璃丝布板垫在活动铁芯下面,可以保证间隙相等而且可以保证其对地绝缘
在工作中调节电焊机电流时,怎么也调不到电焊机铭牌上的最小值,也调不到最大值	在国家电焊机标准中规定(在电焊机标牌上一般有规定),电焊机的最小电流不应超过额定电流的20%,最大电流不应小于额定电流的120%。如果电焊机的动、静铁芯调节对齐以后,电流仍达不到最小电流的规定值时,那是因为动、静铁芯对齐后其间隙(δ)比原来变大了,使漏抗变小了	调小铁芯与静铁芯之间的间隙。在动、静铁芯对齐时,紧固静铁芯的螺栓便可;也可将电焊变压器大修,将动铁芯取下,设法使叠片厚度适当增大,以铁芯移动时不碰一、二次绕组为准
在使用中,电焊机手柄摇到最大极限,但是电流仍没达到最大值,影响了施工进度	此时动铁芯外移没有到位,动铁芯实际上并没有达到最外的位置,可能是有障碍物,使动铁芯外受阻,也可能丝杠局部变形(比较旧的电焊机),使动铁芯的移动不到位,还有可能是动铁芯的外部滑道不正,使动铁芯在外面没有到达最大位置就被卡,或与电焊机内导线连接接触电阻明显增大有关	检查清除电焊机铁芯上的障碍物;如果丝杠变形,轻者可用车床修整,严重者应更换新件;动铁芯滑道不规整的,应调整平整后固定牢靠;如果电焊机内导线连接接触电阻明显增大,要检查电焊机内绕组的连接线或接头使其紧固牢靠,降低其接触电阻的阻值,消除这些故障。铁芯能调到最外面,电焊机的电流就能调节到铭牌上的最大值了。如果以上措施仍达不到要求,可适当减少绕组的匝数,使电焊机的空载电压提高,可使电流增大。但是,采用这一措施后电焊机的其他参数也会相应改变,如焊接电流的下限也会提高等,这一点应用时要引起注意

续表

故障现象	故　障　分　析	处　理　方　法
当电焊机接入电源后,该电焊机就发出"嗡、嗡"声,但不起弧,测量二次电压后发现无空载电压	电焊机接入电网后,电焊机本身发出"嗡、嗡"声,说明电焊机一次绕组没有问题。无空载电压的原因,可能是二次绕组或电抗器绕组有断线的地方,或者是绕组的引出线、连线、接头有断线或掉头	此种故障比较明显就是二次绕组或电抗器绕组有断线的现象,应将断线或接头重新接好、焊牢,拧紧螺钉;如果是二次绕组断线(或烧损)的话,应进行电焊机大修
交流弧焊变压器在使用过程中,接入电源的刀闸开关或铁壳开关的熔丝经常烧断	①当接通电焊机电源时,刀闸开关或铁壳开关的熔丝立即烧断,有时会听到强烈的放炮声,这种情况说明交流电焊机的一次绕组有短路故障,另外也有可能是交流电焊机的一次电源线相碰(输入端子板内侧两头相碰)或是变压器一次绕组的两根端线与机壳相碰及接地等 ②刀闸开关或铁壳开关送电后,电焊机内部会有较强的"嗡、嗡"声,稍待片刻熔丝便烧断。此时,说明交流电焊机的二次绕组有短路故障,如焊把电缆线与地线相碰或电焊机输出端两根电缆头的铜线毛刺与机壳相碰;或者是电焊机变压器二次绕组与外壳及铁芯形成短路 ③刀闸开关或铁壳开关送电后,电焊机能正常工作,但熔丝经常烧断,说明熔丝的容量小	首先根据故障现象确定熔丝烧断的原因,根据故障发生的不同,采取不同的处理措施。属于前两者的,应将电焊机变压器的短路处找到,此时拆开电焊机的外壳,短路处很容易发现,因为短路处有发热以及局部过热烧焦、变色的痕迹。将上述故障修好,再更换新的熔丝,就可以使电焊机故障排除。属于第三种原因的,应选择合适规格的熔丝即可

二、同体式交流电焊机的结构与维修

(一) 同体式交流电焊机的结构、工作原理与参数

1. 焊机结构

BX-500 型交流电焊机的外形及构造原理如图 3-14 所示。BX-500型交流电焊机是与普通变压器不同的同体式降压变压器, 其变压器部分和电抗器部分装在一起, 铁芯形状像一个"日"字, 并在上部装有可动

铁芯。利用转动手柄移动可动铁芯，改变它与固定铁芯的间隙大小，从而改变漏磁的大小，达到调节电流大小的目的。在变压器的铁芯上绕有三个线圈：一次侧线圈、二次侧线圈及电抗线圈。一次侧线圈及二次侧线圈绕在铁芯的下部，而电抗线圈绕在铁芯上部，与二次侧线圈串联，并按反联方向连接。在电焊机的前后各装有一块接线板，电流调节手柄端为一次侧接线板；另一端是二次侧接线板（不同型号焊机电流调节手柄所在位置不同）。

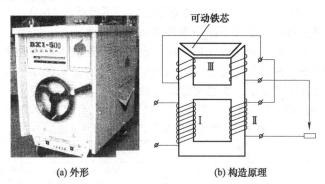

(a) 外形　　　　(b) 构造原理

图 3-14　BX-500 型交流电焊机的外形及构造原理

2. 工作原理

BX-500 型交流电焊机的降压特性是借电流电抗线圈所产生的电压降而获得的。

（1）空载时，由于无焊接电流流过，电抗线圈不产生电压降，则空载电压基本上等于二次侧电压，便于引弧。

（2）焊接时，由于焊接电流流过时电抗线圈产生电压降，从而获得了降压的外特性。

（3）短路时，同样由于很大的短路电流流过电抗线圈，产生了很大的电压降，使二次侧线圈的电压接近于零，限制了短路电流。

3. 焊接电流的调节

BX-500 型交流电焊机只有一种调节电流方法，是移动可动铁芯来改变其与固定铁芯之间的间隙的大小而获得。当顺时针方向转动手柄时，两铁芯间隙增大，焊接电流增加，反之焊接电流减小。

4. 焊机参数

BX-500 型交流焊机的结构属于同体式类型。焊机的空载电压为60V，工作电压为 30～40V，电流调节范围为 150～700A。

（二）同体式交流电焊机的维护保养与故障排除

1. 焊机的维护保养

（1）焊机的维护保养应由专业人员进行，维护保养前必须切断电源。

（2）焊机的维护保养每半年至少应进行一次。

（3）维护保养时至少应进行以下几项工作。

① 用绝缘电阻表测量一次侧线圈与二次侧线圈之间、一次侧线圈和二次侧线圈分别与机架之间的绝缘电阻，不得低于1MΩ。

② 用压缩空气或刷子除净堆积在机内的灰尘。

③ 检查各连接处是否连接牢固，消除所有连接不可靠现象。

④ 检查线圈及其他部件固定是否牢固，如有松动必须加以紧固。

2. 常见故障现象、原理与排除方法

常见故障现象、原理与排除方法见表 3-12。

表 3-12　常见故障现象、原理与排除方法

故障现象	产生原因	排除方法
焊机无焊接电流输出	①焊机输入端无电压输入	①检查配电箱到焊机输入端的开关、导线、熔断丝等是否完好，各接线处是否接线牢固
	②内部接线脱落或断路	②检查焊机内部开关、线圈的接线是否完好
	③内部线圈烧坏	③更换烧坏的线圈
焊机电流偏小或引弧困难	①网络电压过低	①待网络电压恢复到额定值后再使用
	②电源输入线截面积太小	②按照焊机的额定输入电流配备足够截面积的电源线
	③焊接电缆过长或截面积太小	③加大焊接电缆截面积或减少焊接电缆长度，一般不超过 15m
	④工件上有油漆等污物	④清除焊缝处的污物
	⑤焊机输出电缆与工件接触不良	⑤使输出电缆与工件接触良好
焊机发烫、冒烟或有焦味	①焊机超负载使用	①严格按照焊机的负载持续率工作，避免过载使用
	②输入电压过高或接错电压（对于可用220V和380V两种电压的焊机，错把380V电压按220V接入）	②按实际输入电压接线和操作
	③线圈内部短路	③检查线圈，排除短路故障
	④风机不转（新焊机初次使用时，有轻微绝缘漆味冒出属于正常）	④检查风机，排除风机故障
焊机噪声大	①线圈短路	①检查线圈，排除短路处
	②线圈松动	②检查线圈，紧固好松动处
	③动铁芯振动	③调整动铁芯顶紧螺钉
	④外壳或底架紧固螺钉松动	④检查紧固螺钉，消除松动现象

续表

故障现象	产生原因	排除方法
冷却风机不转	①风机接线脱落、断线或接触不良	①检查风机接线处,排除故障
	②风叶被卡死	②轻轻拨动风叶,排除障碍
	③风机上的电动机坏	③更换电动机或整个风机
外壳带电	①电源线或焊接电缆线碰外壳	①检查接线处,排除碰外壳现象
	②焊接电缆绝缘破损处碰工件	②检查焊接电缆,用绝缘带包好破损处
	③线圈松动后碰铁芯	③检查线圈,调整和紧固好松动的线圈
	④内部裸导线碰外壳或机架	④检查内部导线,排除碰外壳处
使用时焊接电流忽大忽小	①电网供电电压波动太大	①电网电压是否波动可用电压表测量得出;若确属电网电压波动的原因,可避开用电高峰使用焊机
	②电流细调节机构的丝杠与螺母之间因磨损间隙过大,使动铁芯振动幅度增大,导致动、静铁芯相对位置频繁变动	②调节丝杠与螺母的间隙,可用正、反摇动调节手柄方法检查。因有空挡,用手能感觉出间隙的大小。确实间隙过大不能使用时,应更换新件
	③动铁芯与静铁芯两边间隙不等,即 $\delta 1 \neq \delta 2$,使焊接时动铁芯所受的电磁力不等,产生振动过大,也同样致使动、静铁芯的相对位置经常变动	③对动铁芯与静铁芯的间隙进行调整
	④电路连接处有螺栓松动,使焊接时接触电阻时大时小地变化	④将螺栓拧紧接牢

三、动圈电流调节式交流电焊机的结构与维修

（一）动圈式交流电焊机的结构与参数

1. 动圈式焊机结构原理

BX3-300、BX3-500 等弧焊变压器结构如图 3-15（a）所示,其原理如图 3-15（b）所示。由图 3-15（b）可知,焊机的下降外特性是因动线圈（二次线圈）和静线圈（一次线圈）之间距离 l,产生了漏抗作用而形成的。

焊机的电流调节就是用摇动手柄调节动、静线圈间的距离 l,从而改变了焊机漏抗的大小,由此可获得不同的焊接电流。

2. 动圈式焊机参数

动圈式交流弧焊机是为矿山和矿井巷道专门设计制造的专用交流手弧电焊机,它既可以使用矿用 660V 交流电源供电,也可以使用普通

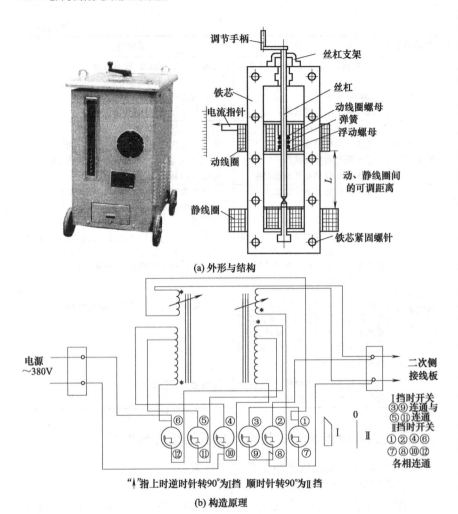

调节手柄
丝杠支架
铁芯
丝杠
电流指针
动线圈螺母
弹簧
浮动螺母
动线圈
动、静线圈间的可调距离 *L*
静线圈
铁芯紧固螺针

(a) 外形与结构

电源~380V

二次侧接线板

I挡时开关
③⑨连通与⑤⑪连通
Ⅱ挡时开关
①②④⑥
⑦⑧⑩⑫
各相连通

0   I   Ⅱ

⑥ ⑤ ④ ③ ② ①
⑫ ⑪ ⑩ ⑨ ⑧ ⑦

"↑"指上时逆时针转90°为I挡 顺时针转90°为Ⅱ挡

(b) 构造原理

图 3-15 BX3 系列动圈式弧焊机外形及构造原理

380V 交流电源供电，可供单人手工操作，适用于焊接 3～30mm 厚的低碳钢、低合金钢及各种不同的机械结构，也可进行结构的填补工作，使用 1.5～6mm 的涂药焊条。在整个电流调节范围内，可保持焊弧稳定，焊接时飞溅小，焊缝平滑。动铁芯式焊机技术数据见表 3-13。

负载持续率为焊接电流接通时间与焊接周期之比，即负载持续率 $= t/T \times 100\%$，"t" 为焊接电流接通时间，"T" 为整个周期（工作和休息时间之总和）5min。

该焊机电流调节为两挡，Ⅰ、Ⅱ两挡换接由组合转换开关一次完成，焊接电流细调节靠转动手柄，调节二次侧线圈位置，改变漏抗的大小来实现。

表 3-13　动铁芯式焊机技术数据

型号		BX3-300-3		BX3-300		BX3-500		BX3-500-2	
初级电压/V		380		380		380		380	
电流调节范围 /A	接法Ⅰ	36～125		60～134		70～185		70～224	
	接法Ⅱ	120～360		120～360		172～520		222～610	
空载电压 /V	接法Ⅰ	75		78		78		78	
	接法Ⅱ	65		70		69		70	
工作电压/V		22～35		22.4～35		22.8～40.8		22.8～44	
效率/%		85		85		84		88.5	
功率因数		0.51		0.51		0.62		0.61	
频率/Hz		50		50		50		50	
各负载持续率/%		100	35	100	35	100	35	100	60
输入容量/kV·A		12.2	21	13	22	22.42	88	28.5	36.86
初级电流/A		32	55	34	58	59	100	75	97
次级电流/A		177	300	178	300	296	500	387	500

BX3 系列交流矿用焊机使用时要特别注意转换开关位置。BX3-300K、BX3-500K 及 BX3-630K 矿用交流弧焊机其输入电源为 380V 和 660V 两用。需特别注意的是，使用 380V 电源时 660V 转换开关必须放在"0"位置，使用 660V 电源时 380V 转换开关必须放在"0"位置，否则容易烧坏焊机。

(二) 动圈式交流电焊机的故障分析与故障维修

动圈式交流弧焊变压器，焊接时电流不能调节。动圈式交流弧焊变压器，其外特性是因动、静绕组之间有距离，产生了漏抗作用而形成的。电焊机的电流调节，就是用摇动手柄调节动、静绕组的距离，从而改变了电焊机漏抗的大小，由此可获得不同的焊接电流。

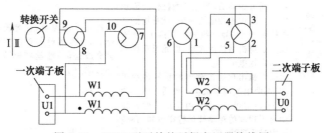

图 3-16　KDH 型开关的弧焊变压器接线图

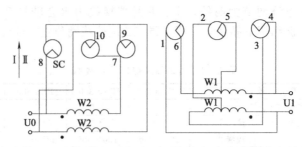

图 3-17　E119 型开关的弧焊变压器接线图

U1——一次电压；W1——一次绕组；U0—空载电压；

W2—二次绕组；SC—转换开关

1. 动圈式焊机常见故障现象、分析与处理方法

BX3 系列交流弧焊机常见故障现象、分析与处理方法见表 3-14。

表 3-14　BX3 系列交流弧焊机常见故障现象、分析与处理方法

故障现象	故障分析	处理方法
使用中发现电流不能调节	有可能是电流调节机构不灵活，或者是重绕电抗绕组后，匝数不足，焊接电流不能调节得较小	切掉电源，拆开电焊机传动机构，调节丝杠转动的松紧程度，如果是重绕的电抗绕组，应适当增加匝数
在换上新的转换开关以后，发现Ⅰ挡和Ⅱ挡不能调节	—	用转换开关来实现Ⅰ挡和Ⅱ挡的换接，使用起来很不方便，但动圈式交流弧焊变压器种类很多，线路接线也有差别，常用的转换开关有 KDH 开关和 E119 型开关。转换开关与绕组的正确接线如图 3-16 和图 3-17 所示
动圈式交流弧焊变压器（BX3-300 型）电焊机使用正常，但电流调节机构的手柄摇动困难	BX3-300 型动圈式交流弧焊变压器结构见图 3-15(a)。由其工作原理可知，电焊机的下降外特性是因动、静绕组之间有距离 L，产生了漏抗作用而形成的。电焊机的电流调节，就是用摇动手柄调节动、静绕组间的距离 L，从而改变了焊机漏抗的大小，由此可获得不同的焊接电流 该焊机出现电流调节时手柄摇动困难，说明电流调节机构不灵活。由结构图 3-15(a)可知，这是由于调节丝杠转动松紧程度的浮动螺母拧得过紧，弹簧压力过大所致	拧松浮动螺母，使弹簧的压力降低，动线圈螺母与丝杠的转动配合就会放松，手摇丝杠调节电流时就不会吃力了

续表

故障现象	故障分析	处理方法
在动圈式交流弧焊变压器（BX3-300型）电焊机使用过程中（焊接）正常，但在调节电流时达不到标牌所标的最大电流值	由其工作原理可知动、静绕组间的间距 L 最小时电焊机的电流最大，如果电焊机的绕组活动空间受阻(有障碍物)使两绕组的间距没有达到设计的最小值时，电焊机电流便不会达到标志的最大值。另外，电焊机动绕组各接头处如果接触不良，也会因接触电阻增大而使电流减小	①仔细检查动绕组滑道上有无障碍物，使动、静绕组的间距可调，达到设计的最小值 ②清理动绕组各接头的接触面，并拧紧螺钉，使接触电阻最小 ③更换不合格的转换开关，清理各接头接触面，拧紧接线螺钉 ④如果以上几点措施仍达不到要求时，可适当减少静绕组的匝数，使电焊机的空载电压提高，可使电流增大。但是，采用这一措施后电焊机的其他参数也会相应改变，如焊接电流的下限也会提高等，这一点应要注意
动圈式交流弧焊变压器（BX3-300)电焊机使用正常，但在调节电流时达不到标牌所标的最小电流值	动圈式交流弧焊机的电流调节，是靠改变动、静绕组的间距 L 来调节弧焊变压器输出电流的。当 L 最小时，变压器的漏抗最小，所以电焊机电流最大；反之，当 L 最大时，漏抗最大，而电焊机电流最小 该电焊机的动绕组虽已调到最高处，却没有达到设计的 L 最大值，所以，实测电流仍达不到电焊机铭牌上所标的最小电流值	处理方法:根据具体电焊机结构实际情况，在确保电焊机质量的前提下对阻止动绕组调高的障碍物予以清理，使 L 尽可能达到设计最大值 当对阻止动绕组调高的障碍物予以清理，使 L 尽可能达到设计最大值仍达不到要求时，可适当增加静绕组匝数，使电焊机空载电压适当降低，可以实现电焊机最小电流。但是这样做电焊机的最大电流也会相应下降一些
在现场施工时造成（没有及时给电焊机罩上防雨设施）交流弧焊变压器受大雨的淋湿(绕组)，不能正常使用	故障分析及处理:交流弧焊变压器因受大雨的淋湿(绕组)可有以下几种方法进行干燥处理: ①自然干燥法:对于被淋湿但受潮不严重的电焊机可采用此方法。此方法简单、经济。将受潮的交流电焊机机壳打开，置于干燥通风处，晾晒 2～3 日就可以了 ②炉中烘干法:将受潮交流电焊机放置在大型的烘炉中加温烘烤，在 80～90℃温度下烘烤 2～3h 便可。但要注意烘烤前要将电焊机上的不耐温的电气元件拆下来，待电焊机烘烤完毕冷却后再装上去 ③烘干干燥法:对于被淋湿但受潮严重的电焊机，将电焊机置于板式电热器(1～2kW)焦炭炉上方 200～300mm 处烘 3～5h(要注意看护被烘烤弧焊变压器)，也可以用电热风机进行吹干。但此法需要边吹边检查电焊机的绝缘情况，隔一段时间进行一次绝缘测试，直至绝缘良好 ④通电干燥法:可选用一台直流弧焊发电机作电源，将被干燥的交流电焊机作负载，将电源接入负载的二次输出端，合上电源开关，将直流弧焊发电机的电流调节在 50～100A，电流由小到大缓慢增加。通电约 1h 便可。这是利用电流的热效应使交流电焊机自身发热干燥 交流电焊机干燥以后，应使用 500V 的兆欧表检测电焊机的绝缘状况。一次绕组对地绝缘电阻不应低于 5.0MΩ;二次绕组对地绝缘电阻不应低于 2.5MΩ 以上两项检查都合格后，该电焊机便可放心地使用了。如果检查绝缘不合格，说明电焊机干燥的不彻底，绝缘物中仍有残留潮气，仍需继续干燥处理，直至绝缘检查合格为止

2. 动圈式焊机常见故障现象、引起原因及排除方法

BX3 系列交流弧焊机常见故障现象、引起原因及排除方法见表 3-15。

表 3-15 BX3 系列交流弧焊机常见故障现象、引起原因及排除方法

故障现象	产生原因	排除方法
引线接线处过热	接线处接触触电电阻过大或接线处紧固件太松	松开接线,用砂纸或小刀将接触导电处清理出金属光泽,然后拧紧螺钉或螺母
焊机过热	①变压器过载 ②变压器线圈短路 ③铁芯螺杆绝缘损坏	①减小使用电流,按规定负载运行 ②撬开短路点加垫绝缘,如短路严重应更换线圈 ③恢复绝缘
焊机外壳带电	①一次侧线圈或二次侧线圈碰壳 ②电源线碰壳 ③焊接电缆碰壳 ④未接地或接地不良	①检查碰触点,并断开触点 ②检查碰触点,并断开触点 ③检查碰触点,并断开触点 ④接好接地线,并使接触良好
焊机电压不足	①二次侧线圈有短路 ②电源电压低 ③电源线太细,压降太大 ④焊接电缆过细,压降太大 ⑤接头接触不良	①消除短路处 ②调整电压达到额定值 ③更换粗电源线 ④更换粗电缆 ⑤使接头接触良好
焊接电流过小	①焊接电缆过长 ②焊接电缆盘成盘状,电感大 ③电缆线有接头或与工件接触不良	①减小电缆长度或加大电缆直径 ②将电缆由盘形放开 ③使接头处接触良好,与工件接触良好
焊接电流不稳定	焊接电缆与工件接触不良	使焊接电缆与工件接触良好
焊机输出电流反常,过大或过小	①电路中起感抗作用的线圈绝缘损坏,引起电流过大 ②铁芯磁路中绝缘损坏产生涡流,引起电流过小	①检查电路绝缘情况,排除故障 ②检查磁路中的绝缘情况,排除故障
焊接"嗡嗡"响强烈	①二次侧线圈短路 ②二次侧线圈短路或使用电流过大过载	①检查并消除短路处 ②检查并消除短路,降低使用电流,避免过载使用
焊机有不正常的噪声	①安全网受电磁力产生振动 ②箱壳固定螺钉松动 ③侧罩与前后罩相碰 ④机内螺钉、螺母松动	①检查并消除振动产生的噪声 ②拧紧箱壳固定螺钉 ③检查并消除相碰现象 ④打开侧罩检查并拧紧螺钉螺母
熔丝熔断	①电源线接头处相碰 ②电线接头碰壳短路 ③电源线破损碰地	①检查并消除短路处 ②检查并消除短路处 ③修复或更换电源线

四、抽头式交流弧焊机的结构与维修

(一) 抽头式交流弧焊机的结构

目前普通抽头交流电焊机以小型焊机为主，是一种供单人操作的交流电焊机，有自然冷却和强迫风冷两种。焊机的空载电压为75V，工作电压为40V，焊接电流调节范围为120～550A。普通交流电焊机的外形及构造原理如图 3-18 所示，它具有体积小、重量轻、效率高及性能良好等特点。

由接线图可知，它也是一台具有两只或三只铁芯的柱式降压变压

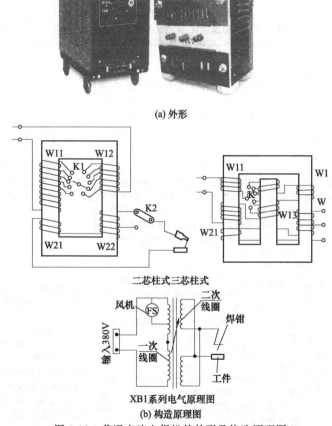

(a) 外形

二芯柱式三芯柱式

XB1系列电气原理图

(b) 构造原理图

图 3-18　普通交流电焊机的外形及构造原理图

器。其一次侧、二次侧线圈分装于主铁芯两侧。通过调整一次侧抽头可使焊接电流在较大范围内调节，以适应焊接规范的需要。

(二) 抽头式弧焊机常见故障分析与故障检修

1. 抽头式弧焊机常见故障分析与处理方法

抽头式弧焊机常见故障分析与处理方法见表 3-16。

表 3-16   抽头式弧焊机常见故障分析与处理方法

故障现象	故障分析	处理方法
电焊机在连续使用不久就打不着火了，过一会儿又好了，总是这样时好时坏的	该抽头式交流弧焊变压器在一次电路里串接了温度开关(温度继电器)ST，它放置在工作温度最高的地方(绕组处)，当电焊机工作一段时间之后，绕组发热，当温度达到预定值时，温度开关 ST 的触点打开，切断了输入电路，致使交流弧焊机停止工作，从而防止绕组由于温升过高而烧坏使电焊机得到保护。停一段时间，绕组热量散发之后，温度开关复位，又自行接通电焊机的一次电路，电焊机重新投入工作	此故障并非交流弧焊机真有故障，它是抽头式交流电焊机工作过程中的正常现象。根据抽头式交流弧焊机的标准规定，电焊机厂家在设计中必须装设该热保护装置。在使用时该电焊机稍冷降温之后便可正常使用了
抽头式交流弧焊变压器一次、二次绕组接线正确，就是焊接时打不着火，只是"嘶啦、嘶啦"有火花而不起弧，通过检测电焊机进线电源电压只有160～170V	在电焊机设计时考虑到电网电压的波动，即电网波动在＋5％～－10％电焊机才能正常使用。现在电网电压向下波动，波动幅度为：$$\frac{160-220}{220}\times100\%=-27\%$$ $$\frac{170-220}{220}\times100\%=-22.7\%$$ 13X6-20 型交流弧焊变压器的空载电压额定是 50V，在电网－22.7％～－27％的波动下才有 36.5～38.65V，这么低的空载电压显然是打不着电弧的，只能打火花。因此，上述交流电焊机本身无故障，打不着电弧是电网电压太低的缘故	①躲过电网用电高峰期再使用 ②如果工作任务紧需时，可用一个调压器(或稳压器)来保证其施工进度
抽头式交流弧焊变压器在使用中冒烟烧毁，但在开机检查后发现两个变压器芯柱中的一个绕组烧了，而另一个绕组仍完好(绝缘良好)，没有过热现象	由图 3-19 所示可知，电焊机的一次绕组 W1 是由基本绕组和抽头绕组所组成的，约占 W1 的三分之二(设置六个抽头)，绕在左侧铁芯柱上，另三分之一绕在右侧铁芯上，也设置六个抽头，以便和左侧相匹配 二次绕组 W2 绕在右侧芯柱上 W1 绕组外侧 电焊机烧毁的是右侧芯柱上的一次、二次组绕在一起的绕组，而左侧的一次绕组 W1 完好无损。所以，根据上述故障情况，对右侧绕组进行大修	①要做好原始记录(如绕向、匝数、导线的截面积、规格) ②计算铜导线的实际需要量，进行备料。仿照原绕组，做胎具(按绕组的制作方法进行)进行绕制并干燥处理 ③按接线图接线，按原结构恢复(安装)，并进行试验，要求符合绝缘标准

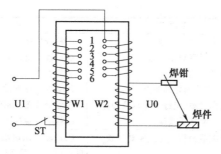

图 3-19 BX6-120 型弧焊变压器电路接线图

2. 抽头式弧焊机常见故障现象、可能原因与排除方法

抽头式弧焊机常见故障现象、可能原因与排除方法见表 3-17。

表 3-17 抽头式弧焊机常见故障现象、可能原因与排除方法

故障现象	可能原因	检修方法
焊机不起弧	①电源没有电压	①检查电源开关、熔断器及电源电压，修复故障
	②焊机接线错误	②检查变压器一次线圈和二次线圈接线是否错误，如有接错应按正确接法重新接线
	③电源电压太低	③可用大功率调压器调压或改变一次侧组成抽头接线，以提高二次电压
	④焊机线圈有断路或短路	④断路找到断路点用焊接方法焊接，短路撬开短路点加垫绝缘，如短路严重应重新更换线圈
	⑤电源线或焊接电线截面积太小	⑤正确选用截面积足够的导线
	⑥地线和工件接触不良	⑥使地线和工件接触良好
焊机线圈过热	①焊机长时间过载	①按负载持续率及焊接电流正确使用
	②焊机线圈短路或接地	②重绕线圈，更换绝缘
	③通风机工件不正常	③如反转应改变接线端使风机正转，不转检查风机供电及风机是否损坏，损坏更换
	④线圈通风道堵塞	④清理线圈通风道，以利散热
焊机铁芯过热	①电源电压超过额定电压	①检查电源电压，并与焊机铭牌电压相对照，给输入电压降低，选择合适挡位，进行调压，使之相符
	②铁芯硅钢片短路，铁损增加	②清洗硅钢片，并重刷绝缘漆
	③铁芯夹紧螺杆及夹件的绝缘损坏	③修复或更换绝缘
	④重绕一次线圈后，线圈匝数不足	④检查线圈匝数，并验算有关技术参数，添加线圈

故障现象	可能原因	检修方法
电源侧熔体经常熔断	①电源线有短路或接地 ②一次端子板有短路现象 ③一次线圈对地短路 ④一次、二次线圈之间短路 ⑤焊机长期过载,绝缘老化以致短路 ⑥大修后线圈接线错误	①检查更换 ②清理修复或更换 ③检查线圈接地处,修复并增加绝缘 ④查找短路点,撬开加好绝缘 ⑤涂绝缘漆或重绕线圈 ⑥检查线圈接线,并改正错误接线
焊接电流过小	①焊接电缆截面积不足或距离过长,使电压过大 ②二次接线端子过热烧焦 ③电源电压不符,例如应该接380V的焊机,错接在220V的电源上 ④地线与工件接触不良 ⑤焊接电缆盘成线圈状	①正确选用电缆截面积,重新确定长度,应在焊机要求的距离内工作 ②修复或更换端子板和接线螺栓等,并应紧固 ③检查电源电压,并与焊机铭牌上的规定相符 ④将地线与工件搭接好 ⑤尽量将焊接电缆放直
焊接电流不可调	电抗器线圈重绕后与原匝数不对(匝数少)	按原有匝数绕制
焊机外壳漏电	①线圈对地绝缘不良 ②电源线不慎碰机壳 ③焊接电缆线不慎碰机壳 ④一次、二次线圈碰地 ⑤焊机外壳无接地线,或有接地线,但接触不良	①测量各线圈对地绝缘电阻,加热绝缘 ②检查碰触点,并断开触点 ③检查碰触点,并断开触点 ④查找碰地点撬开,加热绝缘 ⑤安装牢固的接地线
焊接过程中电流不稳	①电源电压波动太大 ②可动铁芯松动 ③电路连接处螺栓松动,使焊接时接触电阻时大时小	①如测量结果确属电网电压波动太大,可避开用电高峰使用焊机;如果是输入线接不良,应重新接线 ②紧固松动处 ③检查焊机,拧紧松动螺栓
焊机振动及响声过大	①动铁芯上的螺杆或拉紧弹簧松动、脱落 ②铁芯摇动手柄等损坏 ③线圈有短路	①加固动铁芯、拉紧弹簧 ②修复摇动机构、更换损坏零件 ③查找短路点,并加热绝缘或重绕线圈

五、双向晶闸管电流调节式交流电焊机的结构与维修

1. 电路工作原理

工作原理如图 3-20 所示。

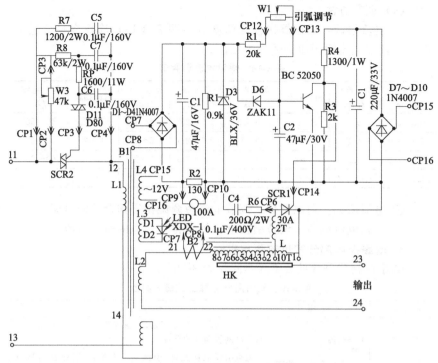

图 3-20 双向晶闸管控制交流电焊机电路工作原理示意图

焊机的输入电路由双向晶闸管 SCR2，及电子控制单元对主变压器 B1 的一次侧电压进行小范围的调节。调节变阻器 W3，可使输出电流在粗调挡位之间，精确平滑调节。

输出回路采用串联调感式电路，由 8 挡选择开关 HK，调节电抗器 L 的抽头，改变输出电路的电感量，实现输出电流粗调。

由电流互感器 B2、单向晶闸管 SCR1 及控制单元组成引弧电流调节电路，用来控制电抗器 L 在空载—引弧—焊接过程中电感量的大小和随时间的变化量。调节变阻器 W1，可以得到不同的引弧电流值。

2. 使用方法

（1）电源接线。本机电压为 380V、50Hz，单相交流电，输入电源接到机后接线板上，导线截面积不小于 $4mm^2$。

（2）输出接线。输出接线接到前面输出端上，其中一根接焊钳，另一根接工件，导线截面积不小于 $10mm^2$。

（3）机壳应可靠连接地线，以保证操作者的安全。

（4）调节方法。

① 电流粗调：根据焊接板的厚度（参照表 3-18）选择直径合适的焊条，调节电流粗调钮到适当的挡位。

表 3-18　焊机电流调整表

板厚度 /mm	焊条直径 /mm	粗调挡位	焊接电流 /A	板厚度 /mm	焊条直径 /mm	粗调挡位	焊接电流 /A
0.3～0.5	0.8	1～2	5～10	1.5～2.0	1.4～1.6	5～6	40～50
0.5～1.0	1.0	2～3	10～18	2.0～2.5	1.6～2.0	6～7	50～60
1.0～1.2	1.2	3～4	18～30	2.5～3.0	2.0～2.5	8	60～65
1.2～1.5	1.2～1.4	4～5	30～40	—	—	—	—

② 电流微调：通电试焊，调节电流微调旋钮得到合适的电流。

③ 引弧电流调节：调节引弧电流旋钮得到合适的引弧电流。

3. 电路控制部分常见故障与排除

电路控制部分常见故障与排除见表 3-19。

表 3-19　双向晶闸管焊机故障与排除

故障现象	故障原因	排除方法
电流微调 不能调节	双向晶闸管及触发 电路故障	检查双向晶闸管是否损坏，查找坏元件。更换损坏的 双向晶闸管和其他元件
电弧不 稳定	引弧控制电路故障	检查引弧取样元件、引弧调节电位器、引弧控制晶闸 管，更换损坏元器件
	引弧升压电路故障	检查引弧控制晶闸管、引弧整流电路，更换损坏元器件

六、单向晶闸管电流调节式交流电焊机的结构与维修

1. 电路工作原理

如图 3-21 所示，B2 是降压变压器，也是电焊机的核心部件。AB2 整流桥、单向晶闸管 SCR、单结晶体管 UJT、电阻 R2～R5、电容 C2 及电位器 RP 构成焊接电流无级调节器。直流电流表 A 用于间接指示焊接工作电流大小，与 LED 组成电源指示电路，小型变压器 B1、整流桥 AB1、电容 C1 及风扇 M 构成散热系统。

由图所示可以看出设备电路十分简洁，它利用单结晶体管的负阻特性组成张弛振荡器，作为单向晶闸管的触发电路。由于单结晶体管张弛振荡器的电源取自桥式整流电路输出的全波脉动直流电压，当晶闸管没有导通时，张弛振荡器的电容 C2 经 R2、R5 及 RP 充电，电容两端电压 VC2 按指数规律上升，到单结晶体管的峰点电压 VP 时，单结晶体

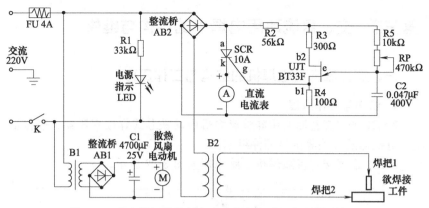

图 3-21　单向晶闸管控制交流电焊机电路工作原理示意图

管 UJT 突然导通，基区电阻 RB1 急剧减小。电容 C2 通过 PN 结向电阻 R4 迅速放电，使 R4 两端电压发生一个正跳变，形成陡峭的脉冲上升沿，随着电容 C2 放电，VC2 按指数规律下降，当低于谷点电压 V 时，单结晶体管截止。

在 R4 两端输出的是尖顶触发脉冲，使得晶闸管 SCR 导通。B2 一次侧线圈内有交流电流流过，同时晶闸管两端压降变得很小，迫使张弛振荡器停止工作，当交流电压过零瞬间，晶闸管被迫关断。张弛振荡器再次得电，电容 C2 又开始充电，这样不断重复上述过程。调节电位器 RP 可以改变电容 C2 的充电时间，即改变张弛振荡器振荡周期；自然也就改变了每次交流电压过零后张弛振荡器发出第一个触发脉冲的时刻；相应也改变了晶闸管 SCR 的导通控制角，使加在 B2 一次侧线圈两端的电压发生变化；最终达到调节控制二次侧输出电流的目的。

2. 常见故障维修

主电源 B2 故障与前面介绍焊机相同，电路控制方面故障见表 3-20。

表 3-20　单向晶闸管焊机控制电路常见故障及排除方法

故障现象	故障原因	排除方法
指示灯亮,焊机不工作	振荡电路故障	检查振荡电路更换元件
	晶闸管损坏	更换相同型号晶闸管
散热风机不转	风机电动机坏	更换风机
	B1 损坏	更换变压器
	整流电路故障	检查更换整流件

第三节│交、直流两用电焊机的结构与维修

一、交直流两用电焊机的结构与工作原理

1. 结构与工作原理

ZXE1 系列交直流两用硅整流焊机由动铁芯式焊接变压器、整流器组、电抗器及开关等主要部件组成。

ZXE1 系列交直流弧焊机电路原理如图 3-22 所示。

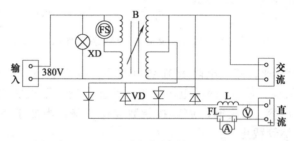

图 3-22 ZXE1 系列交直流弧焊机电路原理图

ZXE1 系列为单相动铁芯磁分路式。变压器 B 采用三个铁芯柱，一次侧、二次侧线圈分别置在动铁芯两侧，一次侧和二次侧分成上下两部分线圈，固定在主铁芯上，中间铁芯柱为可移动的，称动铁芯，构成磁分路，移动铁芯位置就能改变输出焊接电流的大小；硅整流器由四个硅整流器元件组成单相桥或全波整流电路；输出电抗器串接在焊接回路中，起滤波作用，使整流后的直流电更平直，以稳定电弧、减少金属飞溅。

2. 主要技术数据

ZXE1 系列焊机技术数据见表 3-21。

表 3-21 ZXE1 系列焊机技术数据

项目	ZXE1-250		ZXE1-315		ZXE1-400		ZXE1-500	
	AC-250	DC-230	AC-315	DC-270	AC-400	DC-350	AC-500	DC-420
额定输入电压/V	380							
额定频率/Hz	50							
相数	单相							
空载电压/V	68		70		72		70	
AC 额定焊接电流 /A	250		315		400		500	

项目	ZXE1-250		ZXE1-315		ZXE1-400		ZXE1-500	
	AC-250	DC-230	AC-315	DC-270	AC-400	DC-350	AC-500	DC-420
DC 额定焊接电流 /A	230		270		350		420	
AC 电流调节范围 /A	50~250		60~315		75~400		95~500	
DC 电流调节范围 /A	40~230		50~270		60~350		80~420	
额定负载持续率 /%	—		35				—	
额定输入容量 /kV·A	186		228		30		38	
绝缘等级	F							
冷却方式	强制风冷							

二、交直流两用电焊机的维修

交直流弧焊机常见故障现象、产生原因及排除方法见表 3-22。

表 3-22　交直流弧焊机常见故障现象、产生原因及排除方法

故障现象	产生故障原因	检修方法
焊机输出端不引弧，无电流输出	①输入端电源无电压输入 ②开关损坏或内部接线脱落	①检查输入电源断路器或熔丝是否完好 ②拆去外壳检查有否脱线或脱焊,并焊接或旋紧螺钉
焊机引弧困难或易断弧	①网络电压过低或输入电压低于额定输入电压 ②输出电缆线过长或截面积过小	①按要求输入额定电压 ②按输出电流大小配置足够截面积的电缆线,且一般电缆长度不宜超过 10m,并保护搭铁电缆线工件的接触良好
焊机工作后发烫、温升高或有不正常气味冒出	①未按额定负载持续率工作或焊机选型过小 ②新焊机初次工作有轻微的绝缘漆气味 ③线圈短路	①按铭牌上所标负载率掌握焊机工作时间,不宜大电流长时间连续焊接 ②属正常 ③二次侧线圈匝间短路处拨开后包扎,线圈短路损坏严重需返厂检查修复
冷却风扇不转	①风机电源插线脱落或接触不良	①重新插上或夹紧

故障现象	产生故障原因	检 修 方 法
冷却风扇不转	②风机损坏	②更换新风机
焊机噪声过大	①外壳或底架螺钉松	①重新紧固螺钉
	②动铁芯振动	②调整动铁芯螺钉,使弹簧片压力加大
	③线圈或铁芯紧固螺栓不紧	③压紧铁芯紧固螺栓或线圈紧固螺栓
机箱内发出很响的"嗡……"短路声	一般判定为 D1～D4 中的二极管损坏	脱开二极管的连接线,用万用表 Ω 挡测量正反向电阻,正向电阻几百欧姆,反向电阻几千欧姆。若正反向都为几百欧姆,则应更换二极管
焊机电流无法达到最大	①输入电源线截面积过小	①按铭牌一次侧电流选择足够大的电源线
	②输出电缆过小或过长	②加大焊接电缆线或减短过长的焊接电缆线
	③动铁芯无法摇出来	③检查机械运动部分排除机械故障
外壳带电	①电源接线处有碰壳	①检查接线是否安全
	②焊机内部有线碰壳	②拆除外壳检查是否有线与外壳相碰
	③线圈搭铁	③找到搭铁短路点,修复
	④过分潮湿	④将外壳良好接地
	⑤焊钳潮湿或地面潮湿	⑤输出为安全电压,有轻微麻感属正常,穿绝缘鞋、戴绝缘手套

第四章
点焊机、对焊机和缝焊机的结构与维修

第一节 | 点焊机的结构与维修

一、普通点焊机

（一）普通点焊机用途与电气原理

点焊机广泛用于金属箱柜制造、建筑机械修理制造、汽车零部件、自行车零部件、异形标准件、工艺品、电子元器件、仪器仪表、电气开关、电缆制造、过滤器、消声器、金属包装、化工容器、丝网及网筐等金属制品行业。

点焊机可对中低碳钢板、不同厚度的金属板材、钢板与工件及各种有色金属异形件进行高质量、高效率的焊接。

点焊机可根据客户需要配备可靠性高的 KD2-160A、KD3-160A 型点凸焊微机控制器。点凸焊微机控制器能准确控制焊接工艺过程中的"压紧""焊接""维持""休止"四个程序时间，焊接时间可在 $0.02\sim 4s$ 任意调整。工作稳定，不受人为因素的影响，从而保证了每个焊点的质量，使同批工件各焊点质量完全一致。

普通点焊机的电气原理如图 4-1 所示。

（二）普通点焊机主要技术参数与使用方法

1. 点焊机技术参数

常用点焊机技术参数见表 4-1。

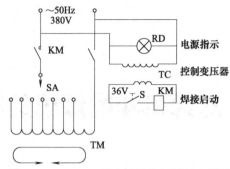

图 4-1　DN-10-25 型点焊机电气原理示意图

KM—接触器；RD—指示灯；SA—转换开关；TC—控制变压器；

TM—焊接变压器；S—脚踏开关

表 4-1　PN 系列点焊机技术数据

技术项目 \ 型号	网篑 DN-40	DN-25	鸡笼 DN-25	DN-16	DN-10	DN-10-2
额定容量/kV·A	40	25	25	16	10	10
电源电压/V			380			
一次侧电流/A	105	65	65	42	26	26
二次侧电压/V	4.3~6.5	2.4~4	1.81~3.8	2~3.4	1.80~3.2	1.52~2.62
调节级数	—	7	7	8	7	7
额定调节级数		6	6	7	6	6
每小时焊数/(点/h)	600~800	600	800	720	900	900
焊接时间调整/s	DN 系列点焊机根据客户需要均可配 KD3-160A 型、KD2-160 型点凸焊微控制器和 JS 型时间继电器精密控制焊接时间：①焊接时间 0.02~3.98s；②压紧时间 0.10~4.00s；③休止时间 0.10~4.00s，④能量调节 10%~95%					
低碳钢板焊接厚度 额定/mm	(1.5+1.5)~(4+4)	(1+1)~(3+3)	(1+1)~(2+2)	(0.5+0.5)~(2+2)	(0.3+0.3)~(1.5+1.5)	(0.3+0.3)~(1.5+1.5)
低碳钢板焊接厚度 降低暂载率 最大/mm	4.5+4.5	3.5+3.5	2.5+2.5	2.5+2.5	2+2	2+2
低碳钢圆棒十字焊焊接范围(直径)/mm	(3+3)~(10+10)	(3+3)~(8+8)	(1+1)~(3+3)	(1+1)~(6+6)	(2+2)~(5+5)	(1.5+1.5)~(4+4)
负载持续率/%	20	20	15	15	15	10
电极臂伸出长度/mm	510	400	450	400	400	350
电极臂间距/mm	120~360	150	150	150	150	150
上电极工作行程/mm	25	20	20	20	20	15
冷却水消耗量/kg	200	450	—	400	400	350
最大电极压力/kN	0.8	1.5	1.5	1.5	1.0	0.7

2. 使用方法

（1）焊接时应先调节电极杆的位置，使电极刚好压到焊件时，电极臂保持互相平行。

（2）电流调节开关的级数可按焊件厚度与材质而定。电极压力的大小可通过调整弹簧压力螺母，改变其压缩程度而获得。

（3）在完成上述调整后，可先接通冷却水后再接通电源准备焊接。焊接过程：焊件置于两电极之间，踩下脚踏板，并使上电极与焊件接触并加压，在继续压下脚踏板时，电源触头开关接通，变压器开始工作，二次侧回路通电使焊件加热。当焊接一定时间后松开脚踏板时电极上升，借弹簧的拉力先切断电源而后恢复原状，单点焊接过程结束。

（4）焊件准备及装配：钢焊件焊前须清除油污、氧化皮及铁锈等，对热轧钢，焊接处最好先经过酸洗、喷砂或用砂轮清除氧化皮。未经清理的焊件虽能进行点焊，但是严重降低了电极的使用寿命，同时降低点焊的生产效率和质量。对于有薄镀层的中低碳钢可以直接施焊。

（5）用户在使用时可参考表 4-2 给出的工艺数据。

表 4-2　工艺数据

类　别	说　明
焊接时间	在焊接中低碳钢时，本焊机可利用强规范焊接法（瞬时通电）或弱规范焊接法（长时通电）。在大量生产时应采用强规范焊接法，它能提高生产效率、减少电能消耗及减轻工件变形
焊接电流	焊接电流决定于焊件的大小、厚度及接触表面的情况。通常金属导电率越高，电极压力越大，焊接时间应越短，此时所需的电流密度也随之增大
电极压力	电极对焊件施加压力的目的是减小焊点处的接触电阻，并保证焊点形成时所需要的压力
电极的材料及直径	电极由铬锆铜加工而成，其接触面的直径大致如下： ① $\delta \leqslant 15mm$ 时，电极接触面直径 $2\delta \pm 3(mm)$ ② $\delta \geqslant 2mm$ 时，电极接触面直径 $15\delta \pm 5(mm)$ ③ δ 为两焊件中较薄焊件的厚度（mm） ④电极直径不宜过小，以免引起过度的发热及迅速的磨损
焊点的布置	焊点的距离越小，电流的分流现象越多，且使点焊处的压力减少，从而削弱焊点强度

二、气动点焊机

（一）气动点焊机的用途及特点

气动悬挂式点焊机是具有国际水平的双焊钳、双规范、气压水冷式点焊机，是中低碳钢薄板加工和金属线材垂直交叉焊接理想的设备，广泛适用于汽车、拖拉机、家用电器、金属橱柜及建筑钢筋焊接等生产制造行业。

与传统产品相比较，该机采用了先进的环氧树脂真空浇注工艺，具有体积小、重量轻、结构紧凑、安全耐用的特点；该点焊机采用双气路结构，其气路系统中装有水过滤器和油雾器，不仅能有效地除去高压空气中的水分及其他杂质，而且可使润滑油雾化，达到润滑气阀和焊钳气缸的目的。

气动悬挂式点焊机可根据需要选配，一般标准配置为 KD3-160A 点凸焊微机控制器，该控制器为一路单规范焊接控制器，适用于一把焊钳和一种焊接规范的焊接。当用户需要两把相同或不同规格的焊钳，并且分别使用各自独立的不同的焊接规范时，可选用 KD7312A 双工位微机点焊同步控制器，这样在保证焊接质量的前提下，能够大大提高生产效率。

(二) 气动点焊机的工作过程与电路分析

点焊机是一种电阻焊接设备，基本原理是低压大电流通过要焊接的两部分的接触点，使接触点发热融化结合为一体。

一般点焊机的控制器能准确控制焊接工艺过程中的"压紧""焊接""冷却""休止" 4 个程序时间，焊接时各段时间可在一定时间范围内任意调整，S0432 点焊机的控制电路，在"压紧"之前有"加压"动作，共 5 个程序时间，其中，"焊接"时间需要精密调节、精确控制。自动控制器工作稳定，不受人为因素的影响，保证每个焊点的质量，使同批工件各焊点质量完全一致。

下面以 S0432 点焊机为例，分析其电路：

S0432 点焊机的触点压紧与释放用气动方式，要求提供压强为 0.6MPa 的压缩空气。冷却部分采用循环水冷，冷却水要用电阻率较高的工业软水，防止冷却水导电，冷却水应保证 0.15～0.2MPa 的进水压力，水温 5～30℃，流量 8L/min。高压侧与机壳之间绝缘电阻不低于 25MΩ。水管的长度也不要随意缩短，以免增加漏电。焊机严禁无水工作，要先通水再工作。冬季焊机工作完毕后应用压缩空气将管路中的水吹净以免冻裂水管。

焊机必须妥善接地后方可使用，以保障人身安全，焊机操作时应戴手套、围裙和防护眼镜，以免火星飞出烫伤。滑动部分应保持良好润滑，使用完后应清除金属溅沫。使用时注意检查各部件紧固螺钉，尤其要注意铜软联和电极之间连接螺钉一定要紧固好，用完后应经常清除电

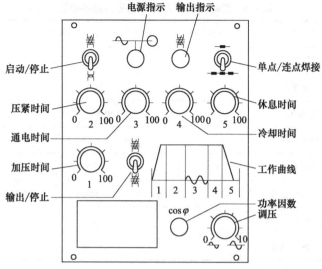

图 4-2　S0432 点焊机操作面板示意图

极杆和电极臂之间的氧化物，以保证良好接触。

　　S0432 点焊机操作面板如图 4-2 所示。旋钮 1～5 分别调节 5 个程序步骤的时间，其中 3 控制焊接通电时间，是多挡开关，其他 4 个是电位器。调压钮控制晶闸管的触发角，实现交流电压的调节，一般尽量调到最大值，以提高功率因数，调整电压尽量用分挡开关调节。功率因数 cosφ 调节器实际是和调压电位器并联的电位器，限制了触发角的调节范围。电源指示灯指示焊机的电源是否正常，输出指示灯指示焊机的输出电压的有无，焊点通电时亮。单次/多次转换开关拨到单次时，踏下脚踏开关启动一个程序序列，只通电一次，拨到多次时，启动多个程序序列，自动循环，通电焊接，放开脚踏开关后，完成整个循环才终止。输出开关可以断开晶闸管的触发脉冲，关断焊接变压器的供电，其他动作不受影响，用于调试系统。启动/停止开关在短暂停止时打在停止位置，不用断开总电源，即使误踏开关也不会动作。

（三）气动点焊机的主要技术参数

DN3 系列气动点焊机的主要技术参数见表 4-3。

三、点焊机的故障检修

（一）点焊机的维护方法

焊机必须妥善接地后方可使用，以保障人身安全。焊机使用前要用

表 4-3 DN3 系列气动点焊机主要技术参数

焊机型号	DN3-75	DN3-100	DN3-125	DN3-160
额定容量/kV·A	75	100	125	160
负载持续率/%	50			
电源电压	单相 50Hz 380V			
二次侧空载电压/V	18 19 20 22			
额定焊接厚度/mm	1+1	12+12	15+15	2+2
最大短路电流/A	9000	10000	12000	16000
冷却水流量/(L/min)	16			
压缩空气压力/MPa	<0.55			

500V MΩ 表测试焊机高压侧与机壳之间绝缘电阻不低于 25MΩ 方可通电。维修时先切断电源，再开箱检查。

焊机先通水后施焊，严禁无水工作。冷却水应保证在 0.15～0.2MPa 进水压力下供应 5～30℃ 的工业用水。冬季焊机工作完毕后应用压缩空气将管路中的水吹净以免冻裂水管。焊机引线不宜过细过长，焊接时的电压降不得大于初始电压的 5%，初始电压不能偏离电源电压的±10%。

焊机使用时如发现交流接触器吸合不实，说明电网电压过低，用户应该首先解决电源问题再使用。气动点焊机的易损件有上、下电极动触头及静触头，如图 4-3 所示。

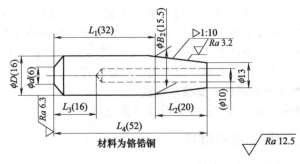

图 4-3 气动点触头形状

（二）点焊机常见故障现象、原因与排除方法

点焊机常见故障现象、原因与排除方法见表4-4。

表4-4　点焊机常见故障现象、原因与排除方法

故障现象	故障原因	排除方法
踏下脚踏板焊机不工作,电源指示灯不亮	①检查电源电压是否正常;检查控制系统是否正常	①查换控制系统损坏元件
	②检查脚踏开关触点、交流接触器触点、分头换挡开关是否接触良好或烧损	②查换脚踏开关触点、交流接触器触点、分头换挡开关
电源指示灯亮,工作压紧不焊接	①检查脚踏板行程是否到位,脚踏开关是否接触良好	①调整脚踏板行程到位,使其接触良好
	②检查压力杆弹簧螺钉是否调整适当	②调整压力杆弹簧螺钉适当
焊接时出现不应有的飞溅	①检查电极是否氧化严重	①电极氧化更换
	②检查焊接工件是否严重锈蚀接触不良	②使其接触良好
	③检查调节开关是否挡位过高	③调整调节开关到合适位置
	④检查电极压力是否太小,焊接程序是否正确	④调整电极压力
焊点压痕严重并有挤出物	①检查电流是否过大	①调整电流合适
	②检查焊接工件是否有凹凸不平	②处理焊接工件使其平整
	③检查电极压力是否过大,电极头形状、截面是否合适	③调整电极压力,修复或互换电极头形状、截面合适
焊接工件强度不足	①检查电极压力的大小,检查电极杆是否紧固好	①调整电极压力、紧固电极杆
	②检查焊接能量是否太小,焊接工件是否锈蚀严重,使焊点接触不良	②调整焊接能量,清洗焊接工件使焊点接触良好
	③检查电极头截面是否因为磨损而增大,造成焊接能量减小	③打磨电极头截面或更换
	④检查电极和铜软连接的结合面是否严重氧化	④重新连接电极和铜软连接
焊接时交流接触器响声异常	①检查交流接触器进线电压在焊接时是否低于自身释放电压300V	①检查交流输入电压
	②检查电源引线是否过细过长,造成线路压降太大	②查换电源引线
	③检查网络电压是否太低.不能正常工作	③网络电压正常后再工作
	④检查主变压器是否有短路,造成电流太大	④修换主变压器

故障现象	故障原因	排除方法
焊机出现过热现象	①检查电极座与机体之间绝缘电阻是否不良,造成局部短路	①查换电极座与机体之间的绝缘电阻
	②检查进水压力、水流量、供水温度是否合适,检查水路系统是否有污物堵塞,造成因为冷却不好使电极臂、电极杆、电极头过热	②调整进水压力、水流量、供水温度,清除水路系统堵塞污物
	③检查铜软连接和电极臂、电极杆和电极头接触面是否氧化严重,造成接触电阻增加发热严重	③重新连接铜软连接和电极臂、电极杆和电极头
	④检查电极头截面是否因磨损增加过多,使焊机过载而发热	④修复检查电极头
	⑤检查焊接厚度、负载持续率是否超标,使焊机过载而发热	⑤调整焊接厚度或更换焊机

第二节　对焊机的结构与维修

一、UN1 系列对焊机的结构与维修

UN1 对焊机为杠杆加压式对焊机,可用电阻焊和闪光焊法对低碳钢、中碳钢、部分合金钢和有色金属的各种棒、环、板条、管等型材进行焊接,用途广泛。

(一) 对焊机的结构与主要技术数据

1. 对焊机结构

UN1 系列焊机构造主要由焊接变压器、固定电极、移动电极、送料机构(加压机构)水冷却系统及控制系统等组成,如图 4-4 所示。

左右两电极分别通过多层铜皮与焊接变压器二次侧线圈的导体连接,焊接变压器的二次侧线圈采用循环水冷却。在焊接处的两侧及下方均有防护板,以免熔化金属溅入变压器及开关中。焊工须经常清理防护板上的金属溅末,以免造成短路等故障。

UN1 系列对焊机的结构说明见表 4-5。

变压器至电极由多层薄铜片连接。焊接过程通电时间的长短,可由焊工通过按钮开关及行程开关控制。

2. 对焊机的技术数据

UN1 系列对焊机的技术数据见表 4-7。

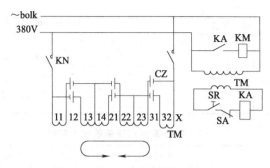

图 4-4 UN1 系列对焊机电路图
TM—焊接变压器；CZ—接触缸；KM—交流变频器；
KA—中间继电器；SA—行程开关

表 4-5 UN1 系列对焊机的结构说明

类 别	说 明
送料机构	送料机构能够完成焊接中所需要的熔化及挤压过程,它主要包括操纵杆、可动横架及调节螺钉等。当将操纵杆在两极位置中移动时,可获得电极的最大工作行程
开关控制	按下按钮,此时接通继电器,使交流接触器吸合,焊接变压器接通。移动操纵杆可实施电阻焊或闪光焊。当焊件因塑性变形而缩短,达到规定的顶锻留量时,行程螺钉触动行程开关使电源自动切断。控制电源由二次侧电压为 36V 的控制变压器供电,以保证操作者的人身安全
钳口(电极)	左右电极座上装有下钳口、杠杆式夹紧臂、夹紧螺钉,另有带手柄的套钩用以夹持夹紧臂。下钳口为铬锆铜,其下方为垫以通电的铜块,由两楔形铜块组成,用以调节所需的钳口高度
电气装置	焊接变压器为铁壳式,其一次侧电压为 380V,变压器一次侧线圈为盘式线圈,二次侧线圈为三块周围焊有铜水管的铜板并联而成。焊接时按焊件大小选择调节级数,以取得所需要的空载电压(表 4-6)

表 4-6 变压器各调节级的二次侧空载电压值

级数	插头位置			二次侧空载电压/V				
	I	II	III	UN1-25	UN1-40	UN1-75	UN1-100	UN-150
1	2	2	2	3.28	4.32	4.32	4.50	7.04
2	1			3.45	4.58	4.63	4.75	7.45
3	2	1		3.62	4.75	4.87	5.05	7.91
4	1			3.84	5.07	5.28	5.45	8.44

续表

级数	插头位置			二次侧空载电压/V				
	Ⅰ	Ⅱ	Ⅲ	UN1-25	UN1-40	UN1-75	UN1-100	UN-150
5	2	2	1	4.17	5.42	5.59	5.85	9.05
6	1			4.47	5.85	6.13	6.35	9.74
7	2	1		4.75	6.13	6.55	6.90	10.5
8	1			5.13	6.55	7.30	7.60	11.5

表 4-7 UN1 系列对焊机的技术数据

型 号	UN1-25	UN1-40	UN1-75	UN1-100	UN1-150
额定容量/kV·A	25	40	75	100	150
一次侧电压/V	380	380	380	380	380
负载持续率/%	20	20	20	20	20
二次侧电压调节范围/V	3.28～5.13	4.3～6.5	4.3～7.3	4.5～7.6	7.04～11.5
二次侧电压调节级数	8	8	8	8	8
额定调节级数	7	7	7	7	7
最大顶锻力/kN	10	25	30	40	50
钳口最大距离/mm	35	60	70	70	70
最大送料行程/mm	15～20	25	30	40～50	50
低碳钢额定焊接截面积/mm²	260	380	500	800	1000
低碳钢最大焊接截面积/mm²	300	460	600	1000	1200
焊接生产率/(次/h)	110	85	75	30	30
冷却水消耗量/(L/h)	400	450	400	400	400

(二) 对焊机的使用方法与维修

1. 对焊机使用方法

(1) UN1-25 型对焊机为手动偏心轮夹紧机构。其底座和下电极固定在焊机座板上,当转动手柄时,偏心轮通过夹具上板对焊件加压,上下电极间距离可通过螺钉来调节。

(2) UN1-40、UN1-75、UN1-100、UN1-150 型对焊机先按焊件的形状选择钳口,如焊件为棒材,可直接用焊机配置钳口;如焊件异形,应按焊件形状定做钳口。

(3) 调整钳口,使钳口两中心线对准,将两试棒放于下钳口定位槽内,观看两试棒是否对应整齐。如能对齐,焊机即可使用;如对不齐,应调整钳口。调整时先松开紧固螺钉,再调整调节螺杆,并适当移动下钳口，获得最佳位置后，拧紧紧固螺钉。

（4）按焊接工艺的要求，调整钳口的距离。当操纵杆在最左端时，钳口（电极）间距应等于焊件伸出长度与挤压量之差；当操纵杆在最右端时，电极间距相当于两焊件伸出长度，再加 $2\sim3mm$（即焊前之原始位置），该距离调整由调节螺钉获得。

（5）试焊：在试焊前为防止焊件的瞬间过热，应逐级增加调节级数。在闪光焊时须使用较高的二次侧空载电压。闪光焊过程中有大量熔化金属飞溅，焊工须戴深色防护眼镜。

低碳钢焊接时，最好采用闪光焊接法。在负载持续率为 20% 时，可焊最大的钢件截面积参见技术数据表 4-7。有色金属焊接时，应采用电阻焊接法。碳钢焊件的闪光焊接规范可参考表 4-8 给出的数据。

表 4-8　碳钢焊件的闪光焊接规范

项目	焊　接　规　范
电流密度	烧化过程中,电流密度通常为 $6\sim25A/mm^2$,较电阻焊时所需的电流密度低 $20\%\sim50\%$
焊接时间	在无预热的闪光焊时,焊接时间视焊件的截面积及选用的功率而定。当电流密度较小时,焊接时间即延长,通常为 $2\sim20s$
烧化速度	烧化速度决定于电流密度、预热程度及焊件大小。在焊接小截面焊件时,烧化速度最大可为 $4\sim5mm/s$;而焊接大截面积时,烧化速度则小于 $2mm/s$
顶锻压力	顶锻压力不足可能造成焊件的夹渣及缩孔。在无预热闪光焊时,顶锻压力应为 $5\sim7kgf/mm^2$;而预热闪光焊时,顶锻压力则为 $3\sim4kgf/mm^2$
顶锻速度	为减少接头处金属的氧化,顶锻速度应尽可能的高,通常等于 $15\sim30mm/s$

2. 对焊机的维护

焊机维护方法如下：

（1）本焊机有四个 $\phi18mm$ 安装孔，用螺钉固定于地面，不需要特殊地基。

（2）焊机必须妥善接地后方可使用，以保障人身安全。焊机使用前要用 500V 绝缘电阻表测试，焊机高压侧与外壳之间的绝缘电阻不低于 $25M\Omega$ 方可通电。工作时不允许调节插把开关。

(3) 焊机先通水后施焊，严禁无水工作。冷却水应保证在 0.15～0.2MPa 进水压力下供应 5～30℃ 的工业用水。冬季焊机工作完毕后必须用压缩空气将管路中的水吹净，以免冻裂水管。

(4) 焊机引线不宜过细、过长，焊接时的电压降不得大于初始电压的 10%，初始电压不能偏离电源电压的 ±10%。

(5) 焊机操作时应戴手套、围裙和防护眼镜，以免火星飞出烫伤。滑动部分应保持良好润滑，使用完后应清除金属溅末。

(6) 新焊机开始使用 24h 后应将各部件螺钉紧固一次。

(7) 焊机不能受潮，以防漏电。

(8) 焊机使用场地应无严重影响焊机绝缘性能的腐蚀性气体、化学性堆积物及腐蚀性、爆炸性、易燃性介质。

(9) 焊机工作时应按照负载持续率工作，不允许超载使用。

3. 对焊机的故障现象、原因与排除方法

对焊机的故障现象、原因与排除方法见表 4-9。

表 4-9 对焊机的故障现象、原因与排除方法

故障现象	故障原因	排除方法
按下控制按钮，焊机不工作	①检查电源电压是否正常	①调整电源电压至正常
	②检查控制线路接线是否正常	②检修控制线路接线至正常
	③检查交流接触器是否正常吸合	③修换交流接触器
	④检查主变压器线圈是否烧坏	④修换主变压器线圈
松开控制按钮或行程螺钉触动行程开关，变压器仍然工作	①检查控制按钮、行程开关是否正常	①修换控制按钮、行程开关
	②检查交流接触器、中间继电器衔铁是否被油污粘连不能断开，造成主变压器持续供电	②修换交流接触器、中间继电器衔铁
焊接不正常，出现不应有的飞溅	①检查工件是否不清洁、有油污或锈痕	①清洗工件油污、锈痕
	②检查丝杠压紧机构是否能压紧工件	②修换丝杠压紧机构
	③检查电极钳口是否光洁、有无铁迹	③修换电极钳口
下钳口（电极）调节困难	①检查电极、调整块间隙是否被飞溅物阻塞	①清理电极、调整块间隙飞溅物
	②检查调整块、下钳口调节螺杆是否烧损、烧结，变形严重	②清理矫正调整块、下钳口调节螺杆

故障现象	故障原因	排除方法
不能正常焊接 交流接触器出现 异常响声	①焊接时测量交流接触器进线电压是否低于自身释放电压300V	①调整电压为300V
	②检查引线是否细太长,压降太大	②更换引线
	③检查网络电压是否太低,不能正常工作	③正常后工作
	④检查主变压器是否有短路,造成电流太大	④修换主变压器

二、UN2系列快速开合式对焊机结构与维修

(一) 对焊机的结构与主要技术数据

1. 对焊机结构

UN2系列快速开合式对焊机为杠杆加压式对焊机,可用电阻焊和闪光焊法对低碳钢、中碳钢、部分合金钢和有色金属的各种棒、环、板条、管等型材进行焊接。

UN2系列快速开合式对焊机主要由焊接变压器、固定电极、移动电极、送料机构(加压机构)、水冷却系统及控制系统组成,其电气系统如图4-5所示。

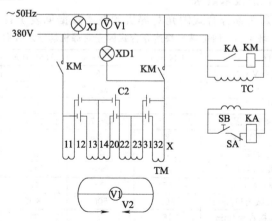

图4-5 UN2系列对焊机电气系统图

TM—焊机变压器;C2—接触组;KM—交流接触器;TC—控制变压器;

V—交流电压表;KA—中间继电器;SB—按钮;SA—行程开关;XD—指示灯

UN2 系列快速开合式对焊机的结构说明见表 4-10。

表 4-10　UN2 系列快速开合式对焊机的结构说明

类别	说　明
送料机构	送料机构能完成焊接中所需要的熔化及挤压过程,它主要包括操纵杆、移动支架、固定支架、调整螺钉等。当将操纵杆在两极限位置中移动时可获得电极的最大工作行程
电气控制	按下按钮,此时接通继电器,使交流接触器通电吸合,焊接变压器接通。移动操纵杆,可实施阻焊或闪光焊。当焊件因塑性变形而缩短达到规定的熔化量时,调整螺钉触动行程开关使电源自动切断。控制电源由二次侧电压为 36V 的控制变压器供电,以保证操作者的人身安全
钳口(电极)	左右电极座上装有下钳口、压紧手柄、压紧丝杆、快速开合挂钩,用以上下锁臂锁紧。钳口下方由两楔形块组成,用以调节所需的钳口高度。楔形块的两侧由护板盖住
电气装置	①焊接变压器为壳式,其一次侧电压为380V,变压器一次侧线圈为盘式线圈。焊接时按焊件大小选择调节级数,以取得所需要的空载电压。通过电压表 V1 可以观察焊接时电源电压,通过 V2 可以观察二次侧空载电压,以便选择适当的挡位,观察电源电压、工作电压高低 ②变压器至电极之间由多层铜箔连接 ③焊接过程中通电时间的长短,可由焊接工通过按钮开关及行程开关控制 ④上述开关控制中间继电器,由中间继电器使接触器接通或切断焊接电源

2. 对焊机的技术数据

UN2 系列快速开合式闪光对焊机的技术数据见表 4-11。

表 4-11　UN2 系列快速开合式闪光对焊机的技术数据

项目	UN2-25	UN2-75	UN2-100	UN2-150
额定容量/kV·A	25	75	100	150
一次侧电压/V	380	380	380	380
负载持续率/%	20	20	20	20
二次侧电压调节范围/V	3.28～5.13	4.30～7.30	4.50～7.60	5.13～10.26
二次侧电压调节级数	8	8	8	8
额定调节级数	7	7	7	7
最大顶锻力/kN	10	30	40	50
钳口最大距离/mm	35	90	90	90
低碳钢额定焊接截面积/mm²	260	500	800	950
低碳钢额定焊接直径/mm	18	25	32	34
低碳钢最大焊接截面积/mm²	300	600	950	950～1050
低碳钢最大焊接直径/mm	20	27	34	36
焊接生产率/(次/h)	150	100～140	90～140	80～120

续表

项目	UN2-25	UN2-75	UN2-100	UN2-150
冷却水消耗量/(L/h)	400	1600	1600	1600
毛重/kg	310	400	425	475

（二）对焊机的检修

UN2 故障检修过程与 UN1 相同。

三、UNJ-10、UNJ-25、UNJ-50 锯条闪光对焊机的结构与维修

（一）对焊机的结构与主要技术数据

1. 对焊机的结构

锯条闪光对焊机由机架、机械部分及电气部分等组成，其电气原理如图 4-6 所示，其结构说明见表 4-12。

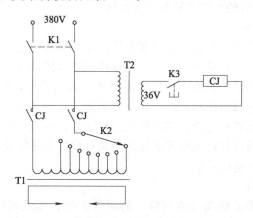

图 4-6　UNJ 锯条闪光对焊机的电气原理示意图

表 4-12　锯条闪光对焊机的结构说明

类别	说　明
机架	机架由角钢和钢板焊接而成，内装变压器、接触器等全部电气部分，外面有罩壳及可以开启的侧门，以利于维修
机械部分	机械部分由壳体、锯片夹紧机构、焊接顶锻手柄及滑动进给机构等组成
电气部分	电气部分由变压器、焊接开关、回火按钮及交流接触器等组成
注意事项	①焊机必须可靠接地后使用并避免潮湿 ②每次焊后必须清除所有杂物及金属溅末，左右两极及导电块必须保持光洁 ③焊机的检修或调接必须切断电源

锯条闪光对焊机为闪光对焊机，闪光对焊的优点是可焊的金属和合金范围非常广泛，某些焊件用其他焊接工艺很难焊接，甚至不能焊接的合金，用闪光对焊可以焊成。

2. 主要技术数据

UNJ-10、UNJ-25、UNJ-50 锯条闪光对焊机主要技术数据见表 4-13。

表 4-13　UNJ-10、UNJ-25、UNJ-50 锯条闪光对焊机技术数据

参数型号	额定容量 /kV·A	输入电压/V	输入电流/A	额定负载持续率/%	调节级数	焊接锯条宽度最大 /mm	焊接锯条厚度/mm
UNJ-10	10	380	263			50	
UNJ-25	25	380	395	20	8	125	0.4～12
UNJ-50	50	380	789			150	

(二) 对焊机的焊接方法与使用方法

1. 焊接方法

闪光对焊分为连续闪光对焊和预热闪光对焊两个过程，具体操作过程为：将焊件夹紧，移动夹具，在两焊件轻轻地接触时开始通电，加热并有接触点加热形成的液态金属过梁爆破的火花喷射，形成连续闪光。当闪光加热到适当温度时，动夹具突然加速，以很大的压力使焊件端面互相挤压，随即切断电流，接合面处互相结晶，形成牢固的接头，这一阶段为顶锻。闪光加热和顶锻加压是闪光对焊的主要阶段，预热闪光是对焊在连续闪光前的预热。

2. 使用方法

(1) 将被焊的锯条（或钢带）的两端剪齐，然后把锯条放入焊机的两电极压板中，将接头对齐顶在一起，旋紧手柄。先夹紧锯条，然后扳动焊接手柄，按下焊接按钮即变压器通电，这时锯条开始闪光熔化，当闪光加热到适当温度时，扳动的手柄突然加速，以很大的压力使锯条互相挤压，随即切断电流，这时焊接区接合面处交互结晶，焊接完毕。

(2) 在焊接完成后，松开压紧装置，把两极板移开大约 25cm，使焊口处在两电极中间位置，然后压紧，按下回火按钮（按回火按钮时必须注意本焊机应该使用脉冲间断式回火方法，即按下按钮后立即松开，然后连续间断按下按钮），同时观察锯条焊口处，呈暗褐色（温度为 580～630℃）停止回火。回火时不要使锯条呈现亮红色，如出现亮红色

说明回火温度过高，必须使锯条冷却后再进行第二次回火，否则不能使用（UNJ-16-30 型，焊接时可以在 1～7 挡，回火时必须拨至 8 挡）。

(三) 对焊机常见故障及维修方法

锯条闪光对焊机常见故障及维修参见前面章节。

四、MH-36/40 型竖向钢筋电渣压力焊机结构与维修

(一) 用途与工作原理

1. 用途

随着建筑业的迅速发展，钢筋混凝土框架结构、箱型结构日益增多，大量钢筋需要现场对焊。MH-36/40 型竖向钢筋电渣压力焊机是完成建筑工程中竖向钢筋焊接的理想设备，替代了旧工艺帮条焊、搭接焊、坡口焊等。

2. 工作原理

本装置对焊钢筋可分为引弧、电弧、电渣及顶压四个过程。其连续工作过程，在近 80V 空载电压的作用下，钢筋端头起弧熔化。电弧热熔化周围的 431 焊剂，熔态焊剂导电率增大，产生更高的电阻热，导致更多的焊剂熔化，逐渐形成渣池，使上下钢筋端部在电渣熔池中加大熔化量。当上下钢筋熔化量达到一定数值（约 20mm）时，施加大于 3000N 的顶锻压力，压到底时同时断电，焊接过程完毕。冷却后敲去渣壳，现出有光泽的焊包。电气工作原理（以齿轮式为例）如图 4-7 所示。

当焊接准备完毕后，按下该机具的启动按钮使焊机或控制箱内的中间继电器动作，接触器吸合，电焊机通电，同时定时装置开始计时。夹在上下钢筋的焊把接通电源，立即反时针转动手柄引弧，保持电压表指示为 35～45V。电压偏高上提钢筋，电压偏低下送钢筋，保持电压稳定，蜂鸣器响，电弧达到电渣时，开始送上钢筋，进入电渣过程，保持电压表指示为 22～27V。当指示灯灭，蜂鸣器不响时顺时针转动摇柄，进行焊件的加压。当手柄往下摇不动时，按下停止按钮，断电，从而使中间继电器失电，接触器断电，这样电焊机一次侧断电，焊接过程结束。

(二) 技术参数

该设备功效高，节省能源，节约钢筋，改善了工人的劳动环境，焊接质量高，而且可降低工程成本。竖向钢筋电渣压力焊机技术参数见表 4-14。

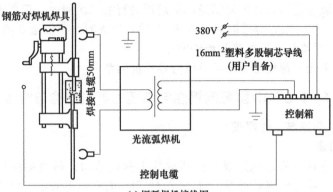

(a) 埋弧焊机接线图

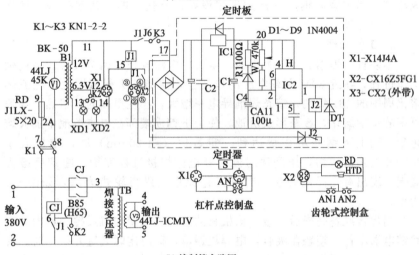

(b) 控制箱电路图

图 4-7　MH-36/40 型钢筋电渣压力焊机接线及电路图

表 4-14　MH 系列埋弧对焊机技术参数

型号及参数	MH-36 同体式	MH-36 分体式	MH-40 同体式	MH-40 分体式
电源电压/V	单相 380 50Hz		380	
额定输入电流/A	102		123	
可焊钢筋直径/mm	14～36		14～40	
空载电压/V	70～80		67～70	
焊接电流种类	交流		交流	
焊接时间/s	12～40		12～45	
焊接电流/A	200～610		200～750	
熔化量/mm	20±5		20±5	

型号及参数	MH-36 同体式	MH-36 分体式	MH-40 同体式	MH-40 分体式
全套重量/kg	302		314	
对接压力/N	>3000		>3000	
机头重量/kg	齿轮式 86		杠杆式 10	

(三) 维护与故障排除

1. 维护

(1) 操作人员要爱护、保管好设备，工作完毕后应把本装置置于安全处，防止雨淋及灰尘，并经常清理擦拭设备，尤其是主机内部及交流接触器的触点，转动部位应注油保养。

(2) 保护好仪表、开关等易损零件。

(3) 维修要由专业人员进行，发现有异常现象时，应立即停电进行维修。先检查外观，然后根据电气原理图找出故障原因。

对接头常见缺陷及防止措施见表 4-15。

表 4-15 对接头常见缺陷及防止措施

常见缺陷	防止措施
轴线偏移或弯折大	①校直钢筋 ②夹装时夹正钢筋,太长的钢筋要有人扶正 ③对接力不要过大
焊包不均匀	①提高焊接电压 ②上下钢筋端面不能倾斜太大 ③焊剂密度不均或有杂质
焊包不满	适当加大焊接电流和时间,增大熔化量
焊包成形不好	石棉布堵严焊剂筒下部的间隙,防止铁水流失
焊包有气孔	焊剂要烘干去除杂质,钢筋严重腐蚀要除锈
过热(退火)	①减少焊接电流 ②缩短焊接时间
焊包有裂纹	延长保温时间,减少焊接电流
拉力不够	①调整焊接电流(加大) ②按规程重新操作(操作失误) ③使用干燥焊剂(焊剂太潮);化验钢筋是否符合Ⅰ-Ⅲ级钢材的要求(钢筋质量不好)

2. 常见故障现象、原因及排除方法

MH-36/40 型竖向钢筋电渣压力焊机常见故障现象、原因及排除方法见表 4-16。

表 4-16 常见故障现象、原因及排除方法

故障	故障现象	故障原因	排除方法
不起弧	监视器仪表指示为零,监视器仪表指示超过正常值	①焊接没有输出电流或两钢筋短路 ②机头内发生短路 ③钢筋严重锈蚀或焊口处被水泥焊剂等物垫住	①维修电源、熔断器、控制电缆、插头座、控制开关、交流接触器及通用继电器的吸合电路 ②操作失误,重新操作 ③清理脏物或更换绝缘套件,清理后重新操作
控制失灵	监视器数字显示不正常或不显示	控制开关,控制电缆及插头座发生故障或监视器坏	维修相应部件更换监视器
	控制开关释放后不断电	交流接触器或通用继电器触点烧蚀	停电后清理或更换
	控制开关不起作用	①保险管烧坏 ②控制电缆断线 ③控制电缆插头座损坏 ④控制变压器损坏 ⑤通用继电器或交流接触器线圈烧毁 ⑥开关本身坏	①更换保险管 ②检查、焊接 ③更换电缆插头座 ④更换控制变压器 ⑤更换或修理 ⑥更换控制按钮或开关

第三节 缝焊机的结构与维修

一、龙门式自动缝焊机

缝焊机种类较多,下面以 FNZ-40 型龙门式自动缝焊机为例进行介绍。

(一) 缝焊机工作过程

1. FNZ-40 型龙门式自动缝焊机接线图

FNZ-40 型龙门式自动缝焊机接线如图 4-8 所示。

2. 点焊工作过程

(1) 通过调节控制器面板上的焊接能量可以改变焊接输出电压。顺时针调节能够提高电压;逆时针调节可以降低输出电压。

(2) 通过调节控制器面板上休止时间旋钮可以改变焊接时间长短,顺时针调节能够增加焊接时间,逆时针调节缩短点焊时间。

(3) 把点焊焊接电极压紧在要焊接的工件上,轻轻按动焊接开关,就可以按预先设定的焊接时间和焊接能量进行焊接了。

(4) 焊接完毕要把点焊电极拿开远离焊接工件,避免缝焊时打火,造成点焊电极烧坏，无法正常使用。

3. 缝焊工作过程

缝焊工作的调整步骤如下：

（1）通过调节面板上焊接时间编码开关数据，可以修改相应的焊接时间参数。第一位是从电动机转动到给电时间，"0"为0.5s，"1"为10s，其余数字不可使用。第二位是全自动焊接过程的从开始压紧到电动机转动时间，8、9数字不可使用，其余数字延时时间如下：

0——0.6s；1——0.8s；2——10s；3——12s；4——14s；5——16s；6——18s；7——20s。第三位是缝焊工作时间，一般选择为4～9s。第四位是有无脉冲时间，0为有脉冲，1～3为无脉冲连续焊接。第五位是缝焊休息时间，一般选择为3～9s。

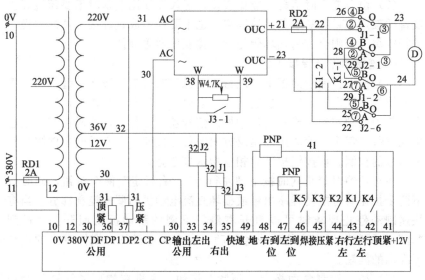

图 4-8　FNZ-40 型龙门式自动缝焊机接线图

（2）通过调节控制器面板上焊接能量，可以调节焊接变压器输出电压，顺时针调节输出电压增高，逆时针调节输出电压降低。使用时应配合变压器挡位和工件厚薄、速度快慢仔细调整，以确保焊接强度达到工件要求。

（3）正常焊接速度的调节。打开右侧门，在下侧有一个调节行走速度的旋钮，顺时针调节速度加快，逆时针调节速度减慢。如果速度调到最快位置，控制功能的最快速度就不能体现出来了，此点应引起注意。

（4）焊接压力的调整。通过调整压紧气缸的进气压力，就可以改变焊接时的压力大小，压力表的调节范围为 0.15～0.5MPa，对应电极压力为 4.5～15.5MPa。

（5）行走行程到位的确定和调整。要根据焊接工件长度对左右两个方向的到位接近开关进行调整，右侧为焊接到位自动停止和回位定位点，左侧为自动回位的停止定位点，如果定位不准确有可能影响到焊接长度的自动控制。

（6）如果修改了焊接时间的编码开关位置，一定要按一下控制器前面板上的复位钮，或者关闭控制器电源开关 20s 以上，然后再重新打开电源开关，否则修改的数据不能被微处理器采集到，计算机仍然会按照原来的数据进行工作，这一点在使用时一定要引起足够的重视。

（7）由于缝焊时消耗电能比较多，建议在使用设备时不要超过焊接设备的额定容量和额定负载持续率，也不要在不放置焊接工件的前提下进行空焊，否则会容易损坏焊轮和焊接变压器等部件。

4. 缝焊动作及焊接工作

（1）按下控制盒面板上"左行走"或"右行走"按钮，缝焊焊轮将按最快的速度向左或向右快速运动，以便快速找到要焊接的位置，在行走过程中遇到左到位或右到位的检测信号就停止行走，此时再按行走钮也就不起作用了，除非按的是反方向的行走按钮，则不受同方向限位开关信号的控制。该按钮按下时相应指示灯会亮。

注意：绝对禁止同时按下"左行走""右行走"两个按钮，同时按下两个按钮有可能使程序出错或损坏直流电动机的调速控制部分。当有快速制动停止要求时可以打开右侧门下侧的制动扳动钮开关，扳到"有"位置就可以实现能耗快速制动，减少因电机行走惯性带来的定位不准确的问题。

（2）按下控制盒面板上"顶紧"按钮，主机右侧顶紧气缸开始动作，把下电极工装的心轴顶紧，当需要松开时只要再按一下"顶紧"按钮就可以了。在任何状态下都可以使用"顶紧"按钮顶紧或松开下电极工装心轴。该按钮为机械自锁，工作时指示灯不亮。

（3）按下控制盒面板上"压紧"按钮，上电极轮执行压紧工作，当需要松开抬起的时候再按一下"压紧"按钮。该按钮为程序自锁方式，按下的时间不要超过 1s，否则程序会压紧本应松开的循环动作，影响设备的正常使用，该按钮按下瞬间按钮上指示灯会亮。

（4）在焊轮压紧工件状态下，按下"左行走"或"右行走"按钮，焊轮会按设定的正常焊接速度向左或向右行走，以便观察焊缝是否已经对齐焊轮的位置，也可以利用正常焊接的行走速度确定左右两个到位控制是否准确。当行走到限位位置时会停止行走，在限位状态下，再按下该方向的行走按钮也是不起作用的。抬起"左行走"或"右行走"按钮焊轮随即停止行走。

(5) 在焊轮压紧工件左行走或右行走状态下，踏下焊接开关，就可以对工件进行焊缝焊接，抬起开关延时 0.2s 停止焊接。如果在踏下焊接开关的时候左行走或右行走到位，程序会自动停止焊接和行走。这种焊接方式可以两个方向进行焊接，尤其是焊接比较短的工件或进行补焊时非常实用。

(6) 在焊轮压紧工件状态下，踏下焊接的脚踏开关，程序会自动控制电动机转动向右行走，延时 0.5s 或 1s 开始送电进行焊接，此时抬起脚踏开关仍然保持焊接，当焊接到右限位开关位置时停止焊接和行走。延时 0.2s 抬起焊轮，延时 1s 自动控制焊轮快速向左运动，走到左限位开关位置时自动停止，完成整个焊接过程。

如果在焊接过程中需要中途停止，脚踏一下焊接的脚踏开关即可，需继续焊接时再踏一下脚踏开关即可。

这种方法非常适合比较长的工件进行焊接，焊接过程中不用一直踏着开关，也避免了焊接过程中不小心抬起脚造成焊接突然中断对工件的影响。

(7) 在未压紧状态下进行焊接。在未压紧状态下踏下脚踏开关，程序会按传统的缝焊程序进行工作，先是控制上焊轮向下运动压紧工作，从开始压紧到电动机转动的延时时间由控制器面板上焊接时间第二位确定，范围为 0.6～20s。从电动机转动到焊接给电的延时由焊接时间的第一位确定，为 0.5s 或 1s。进入焊接过程中可以选择连续焊接或脉冲焊接，与传统控制方式完全一样。当焊接到右侧限位位置时无论是否踏下开关，程序都会控制焊轮抬起延时自动快速回到左端起始位置停止。

在这种焊接模式下，任何时候抬起脚踏开关都会立即停止焊接、行走及压紧，在正常焊接中不能抬起脚踏开关，否则将会造成焊接的中断。这种方式适合于比较短的焊接工件或者已经习惯了压紧焊接维持休止的老焊接模式。这种焊接方法的缺点是压紧到焊接时间控制不好，就会造成提前给电工件打火烧坏工件，或者是起始位置留边太长的距离不进行焊接，因此控制好起始位置和调整合适的压紧时间是焊好工件的关键所在。

　　关于上述几种缝焊焊接方法，每一种方法都有它有优点和缺点，用户应根据实际情况进行选用。

(二) 缝焊机主要技术数据

　　FNZ-40 型龙门式自动缝焊机主要技术数据见表 4-17。

表 4-17　FNZ-40 型龙门式自动缝焊机主要技术数据

项目	参数	项目	参数
额定输入容量/kV·A	40	正常焊接速度/(m/min)	0.4~1.6
额定负载持续率/%	20	快速行走速度/(m/min)	≥2.4
电源输入	单相380V±10%50Hz	焊接工件最大长度/mm	≥1000
额定输入电流/A	≤55.5	使用压缩空气压力/MPa	≥0.2
短路时最大输入电流/A	≥105	使用压缩空气流量/(m³/min)	≤0.2
次级输出电压/V	200~760(控制器能量最大时)	外形尺寸(长×宽×高)/mm	1728×600×1350
次级电压调节级数	6	焊接主机质量/kg	约430

(三) 设备的维护及检修

　　在焊接过程中不能调整设备的电流分挡开关、能量调节旋钮、脉冲选择开关，否则有可能影响焊接或损坏焊接设备。

　　焊机各活动部分及电动机减速箱传动机构应经常保持润滑。焊接工件应在清理干净后进行施焊，以免因为工件或者焊接电极上有尘土、氧化、锈斑等损坏焊接电极及滚轮。焊机使用一段时间后应该对焊接电极进行清理，保证焊接面的干净。

　　当焊机在 0℃ 以下的温度工作时，应采取必要的防寒防冻措施。

　　当焊机长时间不用时，应该将整个焊接设备用防尘的设施套起来，尤其是焊接电极和焊轮更应该注意防尘和防潮。电源的闸刀开关也要拉下来，防止触电的危险和延长设备的使用寿命。当再次重新使用设备时，一定要认真检查一下，看看设置的参数是否正确，机械润滑部分是否需要加注润滑油，用绝缘摇表测量设备的绝缘情况，确认无误后才能开机试验。

　　缝焊机属于点焊机，有关检修事项参见相关章节。

二、钢筋多点自动焊网机

　　GWC-1550C/GWC-2650C 系列钢筋多点自动焊网机是生产各种电

焊网网片的专用自动焊接设备。它可以用于生产建筑用网、公路铁路护栏网、装饰用网以及其他用途的各种金属网片的制造，能够焊接直径为2～6mm的低碳钢、低合金钢及镀锌丝的焊接。配上先进的焊接控制器及专用焊接电极，也可以用于不锈钢等有色金属的高质量焊接。产品具有设计合理、造型美观大方、自动化程度高、焊接性能稳定可靠等特点，由于本机采用板框式机架结构和大功率焊接变压器及专用焊接控制装置，所以能够高质量地完成不同丝径和不同目数的各种焊接网的焊接要求，与同类产品相比可焊接范围更宽、焊接质量一致性更高、节约更多电能、工作稳定性更优异。

（一）特点及电路接线图

1. 钢筋多点自动焊网机的特点

GWC-1550C/GWC-2650C系列钢筋多点自动焊网机具有如下特点：

（1）主机采用高精度滚珠丝杠和直线导轨实现纬丝间距的滑动行走，加上使用高精度步进电动机控制纬丝间距的工作行程，可以实现任意范围的纬丝间距尺寸调整，控制精度高、定位准确。

（2）使用分级控制单片微型计算机控制结构，核心控制和焊接控制分别采用各自的控制系统和芯片，提高了系统控制性能，减少了互相干扰的可能。

（3）使用傻瓜式智能控制技术，不需要用户掌握任何的计算机编程知识，仅需简单的面板操作就能够实现设备的正常使用。

（4）纬丝行程采用长行程控制方式，不是焊接行走一个纬丝间距就回位一次，可以提高生产效率，减少直线导轨的磨损。

（5）采用三相供电技术模式，根据用户现场供电需要，可以随时设置一次压紧一次焊接或者分次焊接，保证工件焊接性能，降低对电网的功率要求。

2. 钢筋多点自动焊网机的接线图

钢筋多点自动焊网机电路接线如图4-9所示。PCB板电压反馈比较电路如图4-10所示。PSR系列主电路元件清单见表4-18。

（二）调试与运行

焊接设备的调试分机械部分调试和电控部分调试两部分。

一般情况下应先对机械部分进行调试，由于设备出厂时已经提前按用户要求的焊接工件类型进行过调试，当焊接工件未发生变化时一般不需较大的调整。

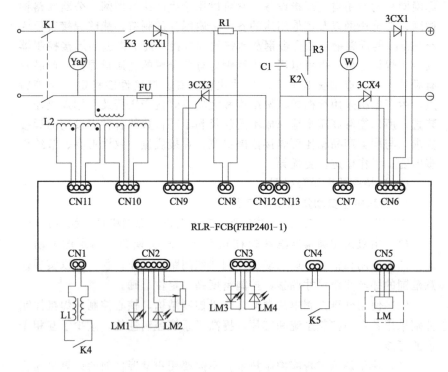

图 4-9　钢筋多点自动焊网机电路接线图

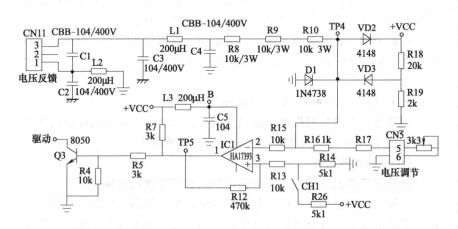

图 4 10　PCB板电压反馈比较电路

表 4-18 PSR 系列主电路元件清单

R1	7R5(用直径 ϕ1.2mm 的电热丝绕制)			R2	50Ω/100W
C1	10000μF$\times$9(RSR−1600)10000μF$\times$12(RSR−2500)				
R3	电位器 3K3/2W	LED1	ϕ5LED	LED2	ϕ5LED
LED3	ϕ5LED	LED4	ϕ5LED	T1	FHT2401
SW1	DZ47-60	SW2	KCD4/2$\times$2	SW3	80℃常开型
FAN	ϕ120/220V	SCR1	50A/1000V	SCR2	50A/1000V
SCR3	1500A/500V	SCR4	1500A/500V	VB	KLY-670
FUS	15A/220V	L1	环形电感	—	—

1. 机械部分的调试

(1) 在调试前应将焊接控制柜内的焊接控制器 KD2-160A 的电源关闭，此时焊机的焊接主变压器不工作。

(2) 将欲焊接的经丝经过调直装置或缓冲装置穿过定位导板孔后穿过焊接电极放置在工作平台上。

(3) 将纬丝放入纬丝储料槽中。

(4) 按下焊接按钮，焊机会自动进行送丝操作，观察纬丝送料情况，如送丝不畅则需要对纬丝的送丝装置进行调节。

(5) 连续几次观察送丝情况如无问题则可进行焊接，并观察焊接后的经丝沿径向移动情况，同时测量纬丝间距距离是否在允许范围内，如超过偏差就须对经丝送料机构进行调节。

(6) 检查焊接工件的成形及焊后强度，如无问题则可进行批量焊接。

(7) 对于带自动定长切断装置的焊接设备，在设定长度焊接时应把控制柜面板的计数器开关打开，并对计数器清零和设置数值，如定长 4m 的 10cm 网孔只要设为 0040 即可，当焊接长度达到尺寸后焊机自动进行裁片操作，完成整个焊接过程。

2. 电控部分的调试

电控部分调试由焊接变压器的接触组插把调节。控制器焊接时间及焊接能量的调节，焊机主机回程控制接近开关位置的调整，焊接电极压力调整等，具体调试调节方法如下：

(1) 焊接主机焊接变压器容量在 40kV·A 以上时，一般都随变压器安装相应的接触组插把装置，用于调节变压器的输出电压，插把共有三套，每个插把有两个位置，共八种电压。调挡的位置应根据焊接工件的粗细进行适当选择。当焊接 ϕ20mm 的钢丝时，可选择较低的挡位，当焊接 ϕ50mm 的钢丝时，则应选择较高的挡位。

（2）焊接控制柜中控制器焊接能量及焊接时间的设定和调试，此部分可参考随机配备控制器相应型号的焊接控制器说明书进行调节。对于网片类焊接工件，一般希望采用强规范焊接，这样工件焊后变形小，外形美观。在没把握的前提下应先选择较低的焊接电压和较短焊接时间，经试焊后如焊接强度不足再逐渐加大焊接电压和延长焊接时间，直到达到工件的焊接强度和外观要求。

（3）焊机主机上回位控制用接近开关的位置调节，主要是实现在焊接回位过程小控制定位。掌握的原则是拉钩回位的尺寸应该超过焊接电极中心 12mm，这样才能保证焊接工件的第一个网格尺寸的准确。压紧时间、拉钩的抬起时间、纬丝送料延迟时间和送料时间长短，都需要根据需要进行调整（具体内容参见使用说明书）。

（4）焊接电极压力的调整是靠改变气源的输出压力来实现的。为了保证焊接压力的调节和上电极伸出长度的调节而设定。为了保证要焊接的几根至几十根经丝的压力都一致，必须对每一个上电极的压力速度大小进行适当的调整。当焊接压力调整过大或过小时，都会影响工件的焊接性能，尤其是在串联电极焊接方式中更为重要，当调整不合适时根本就不能焊接形成焊点。

因焊机主机设备采用步进电动机和气动执行元件实现焊接需要的全机械控制过程，因此焊机设备的润滑也就成了设备运行过程中不可缺少的一部分工作。用户在使用设备时应经常对有机械摩擦、机械传动的部分进行润滑，在主机中设了一些注油孔或油杯，应及时对设备进行润滑，一般情况下每班加注润滑油的次数不应少于三次，以减少设备的正常磨损，延长设备及其配件的使用寿命。

（三）主要技术参数

GWC-1550C/GWC-2650C 型系列钢筋多点自动焊机主要技术参数见表 4-19。

表 4-19　GWC-1550C/GWC-2650C 型系列钢筋多点自动焊机主要技术参数

焊幅宽度/mm	1250、1550、1850、2450、2650 可选
网目规格/mm	50.8～203.2(2～8in)
焊网丝径/mm	20～60
焊网速度/(目/min)	10～30
电源类型	三相 380V±10%50Hz
焊网变压器容量/kV·A	150～600(根据需要确定,参见主机铭牌)
加压方式	气动或电动偏心轮方式
电动机调速方式	电磁调速或变频调速

续表

纬丝送丝方式	储料槽料斗摆动送丝
经丝送丝方式	步进电动机或者气缸控制

(四) 常见故障现象及处理

钢筋自动焊网机常见故障现象及处理方法见表 4-20 和表 4-21。

表 4-20　钢筋自动焊网机常见故障现象及处理方法

故障现象	故障产生原因及排除
焊接设备空载调试正常,只要一焊接就停止工作	出现此类故障现象,一般是因为电源供电不足所致,空载调试时电网电压基本正常,当正常焊接时因耗电电流迅速加大导致电压过低,从而不能保证焊接控制器等组件的正常工作。处理方法是从根本上解决电源供电问题,在焊接过程中电压最低极限不能低于 340V
电源三相电正常,冷却风扇、步进电动机均不工作(电源指示灯不亮)	故障的原因是在三相电源供电正常的前提下,如果供电的零线没有接好或接触不良,那么会使得冷却风扇、步进电动机控制器、调速电动机的电磁调速器不能正常工作,只要把零线接好即可解决问题
焊接设备空载调试正常,焊接时无焊接输出,工件不焊接	出现上述故障,一般有以下几种情况,请参照电原理图进行维修。负责控制焊接输出的控制器电源开关没有打开;焊接时间调节的太短;焊接能量调节的太小;焊接变压器接触组接触不良或者调节挡位太低;焊接控制器输入、输出线接触不良
焊接工件的焊点强度大小不均匀或有个别焊点不焊接	产生此类问题的关键是上下电极高低不齐或接触平面不平整及电极压力不均匀所造成的。一般情况下是因为上下电极的接触面使用时间长,导致平面不平整(有凹槽)或粘有氧化皮等杂物对工件的焊接造成影响的,只要修磨电极即可解决
焊接设备的拖板控制步进电动机不动作	负责控制步进电动机驱动器电源开关没有打开(控制柜最右侧运行调试开关);步进电动机驱动控制器输入、输出线接触不良;程序选择错误或者进入保护状态;设备使用时间过长,驱动控制过热保护。出现上述故障,应参考随机附带的使用说明书进行调整和检查
焊接工件的焊点强度过小或过大	出现上述情况,一般是由于焊接时间,焊接能量的调整不合适所致,用户应参考随机附带的 KD2-1601 或 KD3-1601 焊接控制器的使用说明书,对焊接能量和焊接时间进行调整,具体焊接参数应根据焊接工件的焊接性能进行调整,掌握的原则是大电流短时间则焊接效果较好,反之则效果较差。需特别注意的是个别焊点的差异,最好检查相应上下电极方面的问题,不要随意地调节焊接时间和焊接能量
定长焊接时焊够焊点数机器不自停	出现上述问题原因是定长焊接开关未打开,焊接计数器 JDM-12 未正常工作,一般只要计数器能正常计数,打开定长控制开关即可。如果计数器不能正常计数,则应检查其外围接线是否有接触不良或者计数器本身是否产生质量问题,需对计数器进行修理或调换
焊接工件的网孔径向成形不好	出现上述问题的原因是经丝张力不够或张力不匀,个别经丝张力过大或过小。应重点检查经丝盘的送料情况,尽可能把所有经丝的张力调整的差不多就行了

表 4-21　　钢筋自动焊网机常见故障现象及解决方法

故障现象	解 决 方 法
"电源"指示灯不亮	电源未接好,重新接好电源线
种焊不牢	①电压太低 ②焊枪与表面不垂直,压力不够 ③焊枪的夹嘴未夹紧螺柱 ④焊枪的夹嘴与螺柱的型号不配
飞溅很大	①待种表面不干净 ②接触不良 ③电压调节过高
电压调不小	①PCB 板损坏,换 PCB 板 ②SCR1、SCR2 损坏,更换
电压调不大	①电位器损坏,换电位器 ②PCB 板损坏,换 PCB 板 ③电容损坏,换电容

(五) 使用注意事项

(1) 焊接电压的调节。焊接电压的调节通过焊机前面板上的焊接电压旋钮进行调节。在电压偏低时,可顺时针调节焊接电压旋钮;在电压偏高时,须先将"充电/放电"切换开关切换至"放电",然后调节焊接电压旋钮至适当位置,再将"充电/放电"切换开关切换至"充电"即可。

(2) "充电/放电"切换开关的使用。使用时,将"充电/放电"切换开关切换至"充电"才可使用;停止使用后,应将"充电/放电"切换开关切换至"放电",以免储能电容因长时间充电而影响使用寿命。

(3) 严禁将没装螺柱的焊枪置于待焊工件上。

(4) 本系列焊机使用 AC 220V,严禁使用 AC 380V。

第五章
氩弧焊机和埋弧焊机的结构与维修

第一节 钨极氩弧焊机的结构与维修

钨极氩弧是一种以钨棒作电极，以氩气作保护气体的电弧焊方法，若以氦气作保护气体，则称为氦钨极氩弧焊。这两种方法称为钨极惰性气体保护焊，也称"TIG"焊。

钨极氩弧焊就是以氩气作为保护气体，钨极作为不熔化极，借助钨电极与焊件之间产生的电弧，加热熔化母材（同时添加焊丝也被熔化）实现焊接的方法。氩气用于保护焊缝金属和钨电极熔池，在电弧加热区域不被空气氧化。

一、手工钨极氩弧机的结构组成与氩弧焊的应用范围

1. 手工钨极氩弧机基本结构组成

手工钨极氩弧机由焊接电源、控制系统、焊枪、供气系统及冷却系统等部分组成，如图 5-1 所示。

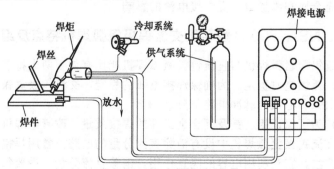

图 5-1　手工钨极氩弧机基本结构组成

2. 氩弧焊的应用范围和优点

氩弧焊几乎可用于所有钢材、有色金属及合金的焊接。通常，多用于焊接铝、镁、钛及其合金以及低合金钢、耐热钢等。对于熔点低和易蒸发的金属（如铅、锡、锌等）焊接较困难。熔化极氩弧焊常用于中、厚板的焊接，焊接速度快，生产效率要比钨极氩弧焊高几倍。氩弧焊也可用于定位点焊、补焊，反面不加衬垫的打底焊等。氩弧焊的应用范围见表 5-1。

表 5-1　氩弧焊的应用范围

焊件材料	适用厚度 /mm	焊接方法	氩气纯度 /%	电源种类
铝及铝合金	0.5~4	钨极手工及自动	99.9	交流或直流反接
	>6	熔化极自动及半自动	99.9	直流反接
镁及镁合金	0.5~5	钨极手工及自动	99.9	交流或直流反接
	>6	熔化极自动及半自动	99.9	直流反接
钛及钛合金	0.5~3	钨极手工及自动	99.98	直流正接
	>6	熔化极自动及半自动	99.98	直流反接
铜及铜合金	0.5~5	钨极手工及自动	99.97	直流正接或交流
	>6	熔化极自动及半自动	99.97	直流反接
不锈钢及耐热钢	0.5~3	钨极手工及自动	99.97	直流正接或交流
	>6	熔化极自动及半自动	99.97	直流反接

注：钨极氩弧焊用陡降外特性的电源；熔化极氩弧焊用平或上升外特性电源。

氩弧焊的优点有如下几点：（1）能焊接除熔点非常低的铝锡外的绝大多数的金属和合金；（2）交流氩弧焊能焊接化学性质比较活泼和易形成氧化膜的铝及铝镁合金；（3）焊接时无焊渣、无飞溅；（4）能进行全方位焊接，用脉冲氩弧焊可减小热输入，适宜焊 0.1mm 不锈钢；（5）电弧温度高、热输入小、速度快、热影响面小、焊接变形小；（6）填充金属和添加量不受焊接电流的影响。

二、NSA-500-1型手工交流钨极氩弧焊机特点及组成

交流钨极氩弧焊机与直流钨极氩弧焊机相比有如下两大特点。

（1）弧燃烧时稳定。为确保焊接电弧的稳定，交流钨极氩弧焊机中设置了引弧和稳弧的脉冲电路部分。

（2）为了保证铝、镁及其合金工件的焊接质量，改善电焊机工作条件，在交流钨极氩弧焊机中设有消除直流分量的电路。常用焊接回路中串联电容法，它是利用电容的隔直作用，消除直流分量，一般每安培焊接电流应串联 $300\sim450\mu F$ 的电容量。

NSA-500-1 型手工交流钨极氩弧焊机是由交流弧焊变压器（BX3-1-500）、控制箱、手工交流钨极氩弧焊枪及氩气供气系统组成。

NSA-500-1 型电焊机是用电容充放电延时电路来控制提前送气和滞后停气的时间。其他程序控制是由继电器来实现的。NSA-500-1 型电焊机没有电流衰减装置。

三、钨极氩弧焊机主要技术数据及适用范围

（1）手工钨极氩弧焊机主要技术数据及适用范围见表 5-2。

表 5-2 手工钨极氩弧焊机主要技术数据及适用范围

型号	WSM-63	NSA-120-1	WSE-160	NSA-300	NSA1-300	WSM-300
电源电压/V	220	380	380	220/380	220	380
空载电压/V	—	80	—	—	—	80
工作电压/V	—	—	16	20	12～20	16～22
额定焊接电流/A	63	120	160	300	300	300
电流调节范围/A	3～63	10～120	5～160	50～300	30～300	5～300
钨极直径/mm	—	—	0.8～3	2～6	2～6	2～6
氩气流量/(L/min)	—	—	—	20	25	—
冷却水流量/(L/min)	—	—	—	1	1	—
负载持续率/%	—	60	—	60	60	60
电流种类	直流脉冲	交流	交、直流脉冲	交流	直流	交、直流脉冲
适用范围	焊接不锈钢、合金钢薄板	焊接厚度为 0.3～3mm 的铝镁及其合金	焊接铝、镁及其合金,不锈钢、钛等金属	焊接铝及铝合金	焊接 1～10mm 厚度的不锈钢、高合金钢及有色金属铜等	焊接铝及铝合金、铜及铜合金、钛合金,不锈钢等金属
型号	NSA2-300-1	NSA4-300	WSM-315	WSM-400	NSA-500	NSA-500-1
电源电压/V	380	380	380	380	220/380	220/380
空载电压/V	—	72	80	—	—	—
工作电压/V	12～20	25～30	—	—	20	20
额定焊接电流/A	300	300	315	400	500	500
电流调节范围/A	50～300	20～300	5～315	峰值 25～400 基值 25～100	50～500	50～500
钨极直径/mm	1～6	1～5	—	—	2～10	1～7
氩气流量/(L/min)	25	25	—	—	20	25
冷却水流量/(L/min)	1	71	—	—	1	1

型号	NSA2-300-1	NSA4-300	WSM-315	WSM-400	NSA-500	NSA-500-1
负载持续率/%	60	60	60	60	60	60
电流种类	交、直流	直流	交流、直流、脉冲	直流脉冲	交流	交流
适用范围	焊接合金钢、不锈钢、铝及铝合金、铜等	焊接不锈钢、铜及其他有色金属	焊接各种碳钢、不锈钢、合金钢及各种有色金属	焊接碳钢、不锈钢、钛和钛合金、铜和铜合金等金属	焊接铝及铝合金	焊接铝及铝合金

（2）自动钨极氩弧焊机主要技术数据及适用范围见表 5-3。

表 5-3　自动钨极氩弧焊机主要技术数据及适用范围

型号	NZA6-30	NZA2-300	NZA3-300	NZA-500
电源电压/V	380	380	380	380
额定焊接电源/A	30	300	300	500
电流调节范围/A	—	35～300	—	50～500
钨极直径/mm	—	2～6	2～6	1.5～4
焊丝直径/mm	0.5～1	1～2	0.8～2	1.5～3
送丝速度/(m/min)	—	0.4～3.6	0.11～2	0.17～9.3
焊接速度/(m/min)	0.17～1.7	0.2～1.8	0.22～4	0.17～1.7
冷却水流量/(L/min)	—	3～16	—	—
负载持续率/%	60	60	60	60
电流种类	脉冲	交、直流两用	交、直流两用	交、直流两用
适用范围	不锈钢、合金钢薄板(0.1～0.55mm)	铝、镁及其合金；不锈钢、耐热钢、钛、铜及其合金	焊接宽度小于 340mm、厚度 1～4mm 的不锈钢带，也可焊不锈钢、镁、钛、铑等	焊接不锈钢、耐热钢、钛、铝、镁及其合金

四、钨极氩弧焊机的使用与维护

（一）钨极氩弧焊机的组成

1. 钨极氩弧焊焊机的组成

（1）按各厂家的氩弧焊机的型号、编制方法、文字说明。

（2）电焊机的部件（电焊机、焊枪、气、水、电）、地线及地线钳、钨极。

（3）电焊机的连接方法（以 WSM 系列为例）。

① 根据电焊机的额定输入容量配制配电箱、空气开关的大小、一

次线的截面。

② 电焊机的输出电压计算方法：$U=10+0.04I$

③ 电焊机极性一般接法：工件接正为正极性接法；工件接负为负极性接法。钨极氩弧焊一定要直流正极性接法，焊枪接负，工件接正。

2. 焊枪的组成（水冷式、气冷式）

焊枪由手把、连接件、电极夹头、喷嘴、气管、水管、电缆线、导线组成。

3. 氩气的作用、流量大小与焊接关系、调节方法

（1）氩气属于惰性气体，不易和其他金属材料、气体发生反应，而且由于气流有冷却作用，焊缝热影响区小，焊件变形小，是钨极氩弧焊最理想的保护气体。

（2）氩气主要是对熔池进行有效的保护，在焊接过程中防止空气对熔池侵蚀而引起氧化，同时对焊缝区域进行有效隔离空气，使焊缝区域得到保护，提高焊接性能。

（3）调节方法是根据被焊金属材料及电流大小，焊接方法来决定的。电流越大，保护气越大。活泼元素材料，保护气要加强、加大流量。各种材料对应的保护气流量见表 5-4。

表 5-4 各种材料对应的保护气流量

板厚/mm	电流大小/A	气体流量/(m³/h)			
		不锈钢	铝	铜	钛
0.3~0.5	10~40	4	6	6	6
0.5~1.0	20~40	4	6	6	6
1.0~2.0	40~70	4~6	8~10	8~10	6~8
2.0~3.0	80~130	8~10	10~12	10~12	8~10
3.0~4.0	120~170	10~12	10~15	10~15	10~12
>4.0	160~200	10~14	12~18	12~18	12~14

氩气太小，保护效果差，被焊金属有严重氧化现象。氩气太大，由于气流量大而产生紊流，使空气被紊流气卷入熔池，产生熔池保护效果差，焊缝金属被氧化现象。所以流量一定要根据板厚、电流大小、焊缝位置、接头形式来定。具体以焊缝保护效果来决定，以被焊金属不出现氧化为标准。

4. 钨极的要求

（1）钨极是高熔点材料，熔点为 3400℃，在高温时有强烈的电子发射能力，并且钨极有很大的电流载流能力。钨极载流能力见表 5-5。

表 5-5 钨极载流能力

电极直径/mm	直流正接法时 （钨极载流能力）/A	电极直径/mm	直流正接法时 （钨极载流能力）/A
1.0	20～80	4.0	300～400
1.6	50～160	5.0	420～520
2.0	100～200	6.0	450～550
3.0	200～300		

（2）钨极表面要光滑，端部要有一定磨尖，同心度要好，这样焊接时高频引弧好、电弧稳定性好，熔深深，熔池能保持一定，焊缝成形好，焊接质量好。

（3）如果钨极表面烧坏或表面有污染物、裂纹、缩孔等缺陷时，这样焊接时高频引弧困难，电弧不稳定，电弧有漂移现象，熔池分散，表面扩大，熔深浅，焊缝成形差，焊接质量差。

（4）钨极直径大小是根据材料厚度、材料性质、电流大小、接头形式来决定，见表 5-6。

表 5-6 钨极直径选择

板厚/mm	钨极直径/mm	焊接电流/A	板厚/mm	钨极直径/mm	焊接电流/A
0.5	1.0	35～40	1.5	1.6	50～85
0.8	1.0	35～50	2.0	2.0～2.5	50～130
1.0	1.6	40～70	3.0	2.5～3.0	120～150

（二）直流氩弧焊与脉冲氩弧焊的区别

直流氩弧焊是在直流正极性接法下以氩气为保护气，借助电极与焊件之间的电弧在一定的要求下（焊接电流），加热熔化母材，添加焊丝时焊丝也一同熔入熔池，冷却形成的焊缝。而脉冲氩弧焊除直流钨极氩弧焊的规范外，还可独立地调节峰值电流、基值电流、脉冲宽度、脉冲周期或频率等规范参数，它与直流氩弧焊相比优点如下。

（1）增大焊缝的深宽比。在不锈钢焊接时可将熔深宽增大到 2∶1。

（2）防止烧穿。在薄板焊接或厚板打底焊时，借助峰值电流通过时间，将焊件焊透，在熔池明显下陷之前即转到基值电流，使金属凝固，而且有小电流维持电弧直至下一次峰值电流循环。

（3）减小热影响区。焊接热敏感材料时，减小脉冲电流通过时间和基值电流值，能把热影响区范围降低到最小值，这样焊接变形小。

（4）增加熔池的搅拌作用。在相同的平均电流值时，脉冲电流的峰流值比恒定电流大，因此电弧力大，搅拌作用强烈，这样有助于减少接头底部可能产生气孔和不熔合的现象。在小电流焊接时，较大的脉冲电流、峰值电流增强了电弧挺度，消除了电弧漂移现象。

（三）焊前准备和焊前清洗

（1）检查电焊机的接线是否符合要求。

（2）水、电、气是否接通，并按要求全部连接好，不能松动。

（3）对母材进行焊前检查并清洗表面。

（4）用工具清洗，即用刷子或砂纸彻底清除母材表面水、油、氧化物等。

（5）重要结构用化学清洗法，清洗表面的水、油、高熔点氧化膜、氧化物污染。简单结构用丙酮清洗，或用烧碱硫酸等方法清洗。

（6）工作场所的清理，不能有易燃、易爆物，要采取避风措施。

（四）焊接规范参数与焊接操作

1. 焊接规范参数

钨极氩弧焊参数主要是电流、氩气流量、钨极直径、板的厚度、接头形式等。不锈钢氩弧焊规范参数见表 5-7；交流铝合金氩弧焊规范参数见表 5-8。

表 5-7　不锈钢氩弧焊规范参数

板材厚度/mm	钨极直径/mm	焊丝直径/mm	接头形式	焊接电流/A	气体流量/(m³/h)
0.5	1.0	1.0	平对接	35～40	4～6
0.8	1.0	1.0	添加丝	35～45	4～6
1.0	1.6	1.6	—	40～70	5～8
1.5	1.6	1.6	—	50～85	6～8
2.0	2～2.5	2.0	—	80～130	8～10
3.0	2.5～3	2.25	—	120～150	10～12

表 5-8　交流铝合金氩弧焊规范参数

板材厚度/mm	钨极直径/mm	焊丝直径/mm	接头形式	焊接电流/A	气体流量/(m³/h)
<1.0	1.0～1.5	1.0～2.0	平对接	60～90	1～6
1.5	2.0～2.5	2.0	添加丝	70～100	6～8
2.0	2.0～3.0	2.0～2.5	—	90～120	8～10
3.0	3.0～1.0	2.5～3.0	—	120～180	10～12
4.0	3.0～4.0	2.5～3.0	—	140～200	12～14
6.0	4.0～5.0	3.0～4.0	—	160～220	14～16

2. 焊接操作

焊接操作见表 5-9。

表 5-9   焊接操作

类别	说 明
焊前	检查设备、水、气、电路是否正常,焊件和焊枪接法是否符合要求,规范参数是否调试妥当,全部正常后,接通电源、水源、气源
焊接	把焊枪的钨极端部对准焊缝起焊点,钨极与工件之间距离为为 1～3mm,按下焊接开关,提前送气,高频放电引弧,焊枪保持 70°～80°倾角,焊丝倾角为 11°～20°,焊枪做直线匀速移动,并在移动过程中观察熔池,焊丝的送进速度与焊接速度要匹配,焊丝不能与钨极接触,以免烧坏钨极、焊枪。同时根据焊缝金属颜色,来判定氩气保护效果的好坏
收弧的方法	①焊接结束时,焊缝终端要多添加些焊丝金属来填满弧坑。熄灭电弧后,在熄弧处多停留一段时间,使焊缝终端得到充分氩气保护,防止氧化 ②利用电焊机的电流衰减装置,在焊缝终端结束前关闭控制按钮,此时电弧继续燃烧,焊接继续,直至电弧熄灭,保证了焊缝端部不至于烧穿,保证了焊缝质量 ③重要结构的焊件,焊缝的两端要加装引弧板和熄弧板。焊接引弧在引弧板上进行,熄弧在熄弧板上进行,保证了焊缝前点和终端的质量

(五) 手工钨极氩弧焊机维护保养

1. 高频振荡器的正确使用和维护

(1) 高频振荡器使用时,其输入端接交流电源 (380V 或 220V),输出端与焊接电路有两种接法:串联和并联,其中串联接法引弧较为可靠,应用较多。

(2) 由于高频电频电流的集肤效应,高频电路的连接导线不应使用单股细线,应使用截面积稍大一些的多股铜绞线,以减少线路电阻压降。

对于购置的氩弧焊机或氩弧焊控制箱,高频振荡器的输入、输出端均已接好,所以,(1)、(2) 两项就不用单独改动接线,只需按其说明书要求使用整机就行了,对于自己组装氩弧焊控制箱的,(1)、(2) 两项确需注意。

(3) 使用高频振荡器引弧的弧焊电源输出端应接保护电容,而且在电焊机运行过程中应经常检查电容,严防接线断头,否则会使电焊机内部元件被高频电压所击穿。

(4) 经常维护火花放电器,一方面需保持尖端放电间隙,应在 0.5～1.0mm 之间。距离过大,间隙不易被击穿,没有火花产生,则产生不了振荡,便没有高频;电压输出距离太小,间隙击穿过早,电容充电电压太低,输出高频电压不高,引弧效果不好;另一方面,要经常清理被电火花烧毛了的放电器表面,要用细砂纸打磨光亮,保持清洁,否则不易产生火化放电。

（5）要经常检查电焊机外的高频电路绝缘状况，特别是电焊机的输出接线端子处、焊把的连接处和焊接电缆经常受摩擦处，这些地方极易产生高频电的窜漏，造成电源和控制箱电路元件的击穿，引起电焊机的故障。

（6）高频振荡器在控制箱内，其表面积灰与电焊机内部灰尘应一起清除。特别注意电容器两极间，若积尘过多，会因绝缘下降而造成火花放电。

2. 手工钨极氩弧焊枪的正确使用和保养

（1）手工钨极氩弧焊的焊枪，和电焊机一样有功率大小之分，焊枪的功率与电焊机的容量应相匹配，额定电流要一致。常用手工钨极氩弧焊枪有气冷却（QQ 型）和水冷却（QS 型）两种形式，要与电焊机相配套。一般在相同容量条件下，水冷式焊枪体积小，重量轻，应用较多。

（2）使用焊枪时，钨极的直径要按焊接时实际电流和钨极的许用电流来选取。不同的钨极种类和直径的许用电流，见表 5-10。

表 5-10　钨极的许用电流范围

钨极直径 /mm	直流/A			交流/A	
	正接		反接	纯钨	钍钨、铈钨
	纯钨	钍钨、铈钨	纯钨、钍钨、铈钨		
0.5	2～20	2～20	—	2～15	2～15
1.0	10～75	10～75	—	15～55	15～70
1.6	40～130	60～150	10～20	45～90	60～125
2.0	75～180	100～200	15～25	65～125	85～160
2.5	130～230	170～250	17～30	80～140	120～210
3.2	1 60～310	225～330	20～35	150～190	150～250
4.0	275～450	350～480	35～50	180～260	240～350
5.0	400～625	500～670	50～70	240～350	330～460
6.3	550～675	650～950	65～100	300～450	430～575
8.0	—	—	—	—	650～830

（3）焊枪的喷嘴口径和氩气流量应与焊接电流相适应。

（4）焊枪使用过程中，严禁用钨极直接与工件短路引弧，因这样做既烧损钨极，又污染焊缝，而且还易使焊枪和电源过载。

（5）注意调节好水冷焊枪出水口的水流量和水温。水温应在 40～45℃为宜，水温过高时应加大水流量。

（6）使用中要注意钨极尖端的形状，发生改变时应停止焊接，重新打磨钨极尖端，并调整好钨极长度，夹紧钨极夹子，重新投入焊接。

（7）焊枪在使用过程中应轻拿轻放，防止电焊机或喷嘴撞裂、碰碎。

五、钨极氩弧焊机故障维修实例

实例1：NSA4-300型手工直流钨极氩弧整流电路故障分析及处理

NSA4-300型手工直流钨极氩弧整流电路故障现象、分析及处理方法见表5-11。

表5-11　NSA4-300型手工直流钨极氩弧整流电路故障现象、分析及处理方法

故障现象	故障分析	排除方法
合上电源QK开关，电源指示灯HL1不亮，按下焊把上SM按钮，电焊机无任何动作	①无电源电压供应 ②水系统开关SS失灵 ③冷却水量不足，如压力太小、水管中有水垢或堵塞、水管受挤压等	①检查电源电压及熔断器FU ②修理水流开关，必要时换新的 ③加大冷却水流量，清除水管中有水垢或堵塞地方
合上电源QK开关，电源指示灯HL1亮，按下焊把上按钮SM，电焊机不动作	①焊把上按钮SM接触不良或已损坏 ②焊把上控制电缆断线 ③检测VD1～VD4无整流电压	①检修或更换新的按钮 ②修复断线处，要仔细检查接好并接牢 ③用万用电表测量整流电压，更换损坏元件（要同型号、同规格）
电焊机在工作中发现无氩气保护，钨极烧坏	①氩气钢瓶中存气不多，压力低 ②电磁气阀损坏或其连线断线 ③继电器KM1、KM2、KM4的触头接触不良或其连线有断路 ④晶体管VT1或VT2损坏或管脚有虚焊	①检查气压，必要时换一瓶氩气 ②检修电磁气阀及其连线或更换新的电磁阀 ③检查各继电器的动作状态及其触头的接触情况，检查各连接线，修理或更换 ④测量各晶体管各极的电压，如果该元器件损坏就要更换损坏元件（要同型号、同规格），必要时重新锡焊或换新的
在工作中发现无高频，不能引弧	①高频振荡器没有工作 ②有可能是继电器KM1、KM2、KM4、KM5的触头接触不良或其连线有断路 ③微动开关未接通或已损坏 ④在工作时整流弧焊机上的选择开关未切换到"氩弧焊"的位置	①检查变压器TB及T2是否正常；检查电容器C9～C12有无击穿；调节火花间隙 ②检查各继电器的动作状态及其触头的接触情况；检查各连接线并接好 ③检查微动开关或更换新的开关 ④检查该开关的情况

续表

故障现象	故障分析	排除方法
在工作中有高频，但不能引弧	①整流弧焊机无输出电压 ②高频变压器 T2 的输出线有断路	①检查电枢电压 ②检查焊丝输送机构
引弧后，但高频振荡不终止	①电弧继电器 KM3 未释放 ②高频控制继电器 KM5 未释放	①测量其线圈电压是否较高 ②检查高频控制继电器 KM5 的工作情况，如果损坏更换新的同规格的继电器
在焊接时氩气不延时关断，而是与弧焊同时中断	①放电电容器 C8 已损坏 ②C8 的电路中有断路 ③继电器 KM4 故障	①检查 C8，必要时换新的 ②检查 C8 与 KM4 电路有无断路，如果损坏更换新的 ③检查 KM4 的工作情况，如果发现损坏更换新的
在弧焊结束后，氩气不能自动延时关闭	①晶体管 VT1 已击穿 ②继电器 KM4 故障	①更换新的（要同型号、同规格） ②检查 KM4 的工作情况，发现损坏更换新的
在焊接时短焊正常，但长焊失灵	①继电器 KM1、KM2 有故障 ②整流器 VD1～VD4 有故障 ③选择开关 SA2 的触头损坏	①检查 KM1 和 KM2 的工作情况 ②用直流电压表检查其输出电压 ③换新的 SA2 开关
弧焊接近结束时，电流不自动衰减	①NSA4-300 弧焊机的控制电路中电容器 C8 断路或脱焊 ②NSA4-300 弧焊机的控制电路中晶体管 VT1、VT2 已损坏	①检查该控制电路中电容器 C8 的情况，必要时更换 ②检查该控制电路 VT1、VT2 的工作情况，必要时更换
在施工中发现焊把严重发热	①焊接电流大，工作时间长 ②冷却水管内有水垢或杂物，或供水量不足 ③电极夹头未将钨极夹紧	①换一个较大的焊把 ②清理水管内孔，增大冷却水的压力及流量 ③换电极夹头或电极压帽

实例 2：NSA-500-1 型手工交流钨极氩弧焊机故障分析及处理

NSA-500-1 型手工交流钨极氩弧焊机故障现象、分析及处理方法见表 5-12。

表 5-12　NSA-500-1 型手工交流钨极氩弧焊机故障现象、分析及处理方法

故障现象	故障分析及排除方法
NSA-500-1 型手工交流钨极氩弧焊机,启动焊接时听不到引弧脉冲变压器工作的"吱、吱"声,引弧困难	该电焊机工作时,为了引弧和稳弧,需要引弧脉冲电路连续工作,那么引弧脉冲变压器 TB1 工作时产生的"吱、吱"声就是成为判断其是否工作的一个很好标志,一听声音便可知。上述故障电焊机脉冲变压器 TB1 无"吱、吱"声,证明引弧脉冲主电路没有工作,应分别检查引弧脉冲主电路和引弧脉冲触发电路 首先检查引弧脉冲触发电路,若电容 C8 两端的电压为3V 左右,证明引弧脉冲触发电路已工作。然后,用示波器测触发脉冲变压器 T2 的输出信号,若输出电压信号正常,则说明脉冲出发电路无故障 其次检查引弧脉冲主电路,测量 R2 的两端电压,若其值为零,说明 V1 或 V2 损坏,再分别检测 V1 或 V2 将损坏者找出更换即可。更换 V1 或 V2,其规格为 3CT20A/800V,更换后故障排除
NSA-500-1 型手工交流钨极氩弧焊机,启动后在钨极与工件间有微弱的引弧脉冲电火花产生,但引不起电弧,不能正常工作	故障分析及处理:该电焊机的上述故障出在引弧和稳弧脉冲主电路里。当控制变压器 T1 电压过低(如二次匝间短路);单相整流桥 VD1～VD4 的硅整流二极管坏了半臂;或电阻 R1、电容 C1 元件参数严重变化(R1 的阻值变大,C1 的容量变小),都会使电容 C1 的充电电压严重不足。那么,在 V1 和 V2 正常导通后,C1 上不足的电量向脉冲变压器 TB1 释放,而产生的引弧脉冲很微弱,不足以引燃电弧。处理方法如下: ①整流桥有管子烧坏应更换新的元件,VD1～VD4 的规格是 2CZ-5A/200V ②T1 变压器的二次有短路,应更换(重绕)二次绕组 ③对损坏的电阻 R1(250Ω/50W)以及电容器 C1(纸介电容 CZJ-L1-4μF/1000V)进行更换
NSA-500-1 型手工交流钨极氩弧焊机,电焊机启动后没有听到脉冲变压器的"吱、吱"声,此时将钨极与工件接触引燃电弧之后,却又能听到了"吱、吱"声,但电弧燃烧稳定	该电焊机的这种故障,是引弧脉冲触发电路出现的故障。首先检测电阻 R12 两端的电压,此时有 0.6～0.75V的电压,并短接 48、28 两点时,该电压升高,证明 R20 前面的电路正常,故障出现在晶闸管 V4 的回路中,再检测电容 C6 两端电压,其值为 7V 左右电压,说明了 V4 没有触发导通;若电容 C6 上的电压值为零,说明 V4 短路(烧坏) 处理方法:将引弧触发电路中的晶闸管 V4 按原规格型号(型号规格为 3CT-5A/100V)更换,即可排除此故障

故障现象	故障分析及排除方法
NSA-500-1 型手工交流钨极氩弧焊机,启动后该电源的空载电压正常,启动电焊机时脉冲变压器产生了连续的"吱、吱"声,在引燃时钨极与工件之间有微弱的脉冲,但电弧引燃非常困难	电焊机的这种情况是由于引弧脉冲产生的相位与极性变换不同步而引起的。在空载电压极性变换时,电弧需要引燃,这时应产生高压脉冲,如果错过了这个时间,电弧引燃就会非常困难。首先调换弧焊变压器 28、32 号结点连线的位置,使引弧脉冲加在空载电压钨极为正的半波上,然后调节阻容移相电路中的可调电阻 R17 的阻值,使引弧高压脉冲加在空载电压钨极为正的半波 $\pi/2$ 相位上,这样引弧就容易了
NSA-500-1 型手工交流钨极氩弧焊机,自使用以来,都是在加工焊接铝制工件,一直都很正常,最近在工作中发现电流已调到最大,但工件表面仍难以熔化,无法工作,从镜子中观察到熔池表面发乌,甚至出现熔池外溢现象,焊接难以进行	根据上述的现象,其原因为消除直流分量的电容器 C11 损坏一部分或电容器短路,使焊接电路内消除直流分量作用减小或全无,导致了焊接时钨极的阴极破碎作用减弱或不存在了,因而铝表面的氧化膜得不到破碎,致使焊接难以进行,影响焊接质量和速度。因此,把并联的电容器 C11 拆下进行检查,发现 C11 被击穿,严重漏电。按原电容器的规格、型号、参数进行更换(一般 C11 的电容量为每安培电流取 $300 \sim 400 \mu F$),并接好电路,清除电容器两端金属物,防止被短路的可能,接好后一切正常
NSA-500-1 型手工交流钨极氩弧焊机,当合上焊枪的开关 S1 后,电焊机不能自动起弧。根据原理图对电容 C1 进行检测没有损坏	故障分析及处理:此类故障是在电焊机启动后;不能自动引燃电弧,可用短路方式引燃电弧,电弧燃烧正常。仔细观察电弧间隙,并没有发现引弧的脉冲火花。这说明,该电焊机的电源工作正常,故障是在引弧脉冲触发电路。此时该电路可能出现故障的元件是:稳压管 VS7、电容器 C6、晶闸管 V4 经对以上三个元件逐一进行检查,发现该电焊机 C6、VS7 完好,而晶闸管 V4 损坏。更换后(按原规格、型号、参数)故障消除
NSA-500-1 型手工交流钨极氩弧焊机,在焊接过程中电弧燃烧不稳定,直接影响施工	首先将引弧脉冲触发电路中的晶闸管 V4 控制极断开,然后,采用短路引燃电弧,电弧燃烧后脉冲变压器 TB1 无"吱、吱"声,证明稳弧脉冲触发电路有故障。处理方法是:首先在电焊机空载电压下,测得 R11 上两端电压为 1.75V 左右,R9 上的电压为 2.2V 左右,表明 VT1、VT2、VT3 极输出正常,故障可能出在晶闸管 V3 上,更换 V3 即可解决。若 R11 两端无电压,表明 VT3 截止,再测 R9 两端电压,其值正常,表明 VT3 损坏;若 R9 两端无电压,继续检查 VT2、VT1 的基极电压。正常时 VT1 的基极,即稳压管 VS4 两端应有 2.25V 左右的电压;若此电压为零,表明 VS4 短路或电阻 R8 烧断;若 VT1 的基极电压正常,表明 VT2 已损坏。在以上各种检测部位,要根据具体的情况进行判定,并排除其故障

续表

故障现象	故障分析及排除方法
NSA-500-1 型手工交流钨极氩弧焊机在启动电焊机时发现引弧特别困难,但经过检查,该焊机触发电路、高压脉冲产生电路以及焊枪的接头均无故障	对上述故障现象,首先确定在引弧脉冲的方向、相位都正确的情况下,去除直流分量电容 C11 并联的二极管 VD10 如果损坏了,就非常容易发生引弧困难的故障。因为引弧脉冲只在焊件为负、钨极为正的半波内产生,因此,电弧引燃的瞬间只能在半波内出现。若 VD10 断路,当引弧脉冲来时,由于 C11 充电的电压与焊接变压器输出的空载电压的方向相反,这样实际加到电极与工件间的电压将减小,故焊接时引弧困难 处理方法:更换二极管 VD10(2CZ200A/100V),故障排除
NSA-500-1 型手工交流钨极氩弧焊机启动焊接时电弧不能自动引弧,即使接触引弧成功,电弧燃烧也不稳定。经检查发现,触发电路均正常,在检测电阻 R1、R2 时发现该电阻的温升很高	此种故障是由于引弧的稳弧脉冲主电路出现故障造成的。检查晶闸管 V1 和 V2,发现两只晶闸管已全部短路损坏(这种现象也有可能是其中一只晶闸管先被击穿后,另一只晶闸管在高压作用下也被击穿,造成短路) 此时,流过电阻 R1 和 R2 上的电流就很大,从而使 R1、R2 的温升很高,这是由于能量绝大部分消耗在电阻上所致。因此,使高压脉冲产生电路失去引弧和稳弧作用 处理方法:要更换已损坏的晶闸管 V1 和 V2(3CT20A/800V),就可以消除此故障了

实例 3：NSA-300 型手工直流钨极氩弧整流电路故障分析及处理

NSA-300 型手工直流钨极氩弧整流电路故障现象、分析及处理方法见表 5-13。

表 5-13　NSA-300 型手工直流钨极氩弧整流电路故障现象、分析及处理方法

故障现象	故障分析及排除方法
在电源送电后,按动焊枪按钮,电焊机不工作	电焊机工作前,应根据焊枪的冷却方法,将控制器电路中的水冷、气冷转换开关置于需要的位置。当气冷的流量超过 1L/min 时,水流开关 SP 接通,水流指示灯 HL1 亮,电焊机才可以工作;当置于气冷位置时,指示灯 HL1 在没有冷却水时也会亮,说明电焊机也可以工作。 按动焊枪按钮,电焊机不工作,首先应观察 HL1 灯是否亮。若不亮,则应检查冷却水源或气源;若亮,则说明 SP 已闭合,110V 电压已加至变压器 T1 一次侧,故障点在启动电路或供电电路,可从以下几方面逐一检查: ①短接控制器箱上 SB 两插孔,如箱内仍无任何反应,则故障在箱内;如箱内元件动作正常,则故障为 SB 损坏或其连线松脱 ②若 C2 电压正常,在 50V 左右,则故障在 K1 启动电路。测 VT3 的基极电压 U_b 及 K1 两端电压,并据此作出判断,$U_b < 0.7V$,则 R5 开路或 C5 短路;$U_b = 0.8V$ 且 K1 两端电压为 50V 时,则为 K1 线圈断线,$U_b = 1.4V$ 且 K1 两端电压较低时,则 VT3 或 R6 损坏

故障现象	故障分析及排除方法
在电源送电后,按动焊枪按钮,电焊机不工作	③若 C2 电压较低,断开 10 号线,测量 T1 二次侧电压,如为 0V,则故障为 T1 一次侧或二次侧绕组断线,否则故障在整流滤波电路 此外,焊钳按钮连线松动,触头接触不良,或控制电缆插头插座未旋紧接触不良,也会造成故障的发生。前者,紧固好松动的连线,修磨打光动静触头,必要时更换新按钮;后者,则应检查控制器上的电缆插头、插座连接情况
在工作中焊枪有引弧脉冲但无氩气	电焊机工作前,应闭合控制器电路中电源开关 K1,使整流滤波电路工作,并调整好气体滞后时间,即调节电位器 RP 的位置;此外,按通氩气开关 S3,电磁阀 YV 通电动作,调节需要的氩气流量,调节完毕后断开 S3。电焊机处于准备工作状态 电焊机工作后,焊枪有引弧脉冲无氩气,则说明供电、启动和高频电路正常,而电焊机工作前应有的调整及调节未认真进行(或调整不良),未能发现气体控制电路的故障 当发生焊枪有引弧脉冲无氩气故障时,可从以下方面逐一检查,并根据检查结果做相应的处理 ①合上 S3,110V 电压直接加至电磁气阀 YV 两端,若气阀仍未打开,则必定是 YV 线圈断线;若气阀打开,则故障在气体控制电路 ②测 C4 两端电压,若为零,则有两种可能:一是 K1 触点接触不良,电压没有加至气体控制电路;二是 C4 短路,C4 两端电压若为 24V,说明电压已加至 VS1 和 VS2(24V 是两稳压管的串联稳压值),故障只能是复合管 VT1、VT2 或继电器 KS;若为 30V,则是稳压管开路,C4 电压由 R1、R2 的并联值与继电器 KS 的直流电阻分压获得;若为 50V,则 V6 开路,C4 由 R1、R2 的并联值分压获得 ③测 V7 反向电压,若为 0V,则是 R3 开路或 V7 短路;若为 1.4V,则复合管输入回路正常,再测 VT1 的集电极电压,电压值为 24V,则复合管 c、e 极间开路;若为 0V,则有 KS 线圈断线
电焊机焊接正常,也能熄弧,但是氩气关不断	电焊机焊接正常,能熄弧,说明启动及高频单元是完好的;其氩气关不断,说明故障点在气体控制电路,可以从两方面着手进行检查 ①首先检测 C4 两端电压,如果为 24V 电压,则是 KZ 接点粘连(能熄弧,则 K1 触点不可能粘连)或 V6 短路,电源经 KS 和 V6 向复合管提供偏值;若为 2~20V,则是 R4 或 RP 回路断线,C4 少一条放电回路,放电时间大为加长 ②若 C4 两端电压为 0V,复合管无偏置电压,应截止,此时测 V5 反压,若为 24V,则是复合管 c、e 极间击穿;若为 0V,则是 KS 触点粘连

故障现象	故障分析及排除方法
弧焊整流器无空载电压	弧焊整流器无空载电压,说明三相变压器无电源输入,也就是接触器 KM 未吸合或其主触头接触不良。KM 未吸合的原因既可能在整流器的电源控制电路,也可能在控制器启动电路。可从以下两方面着手检查,并排出故障点 ①将整流器上开关 S1 置"手工"位置,整流器输出端如有空载电压,则故障在控制器内,此时按下 SB 焊枪按钮。如听到控制器箱内有继电器动作声及高频放电声,则说明 K1 动作正常,仅仅是 K1 触头接触不良或连线断线;若箱内无任何声响,则说明故障不在控制器内 ②若 S1 置"手工"位置,仍无空载电压,则故障在整流器电源控制电路。测 KM1 线圈电压,若为 0V,则可能是 S1 触头接触不良或 36V 电源线断;若 KM 电压为 36V 而没有吸合,则是 KM 线圈断线;若 KM 吸合而 K 没有吸合,则是 KM 触头接触不良或 K 线圈断线;如 K 也已吸合,则是 K 主触头接触不良
电焊机无高频引弧脉冲	按下焊枪按钮 SB,整流器有空载电压,说明整流器及控制启动电路均正常,故障在高频电路,可打开控制器箱盖观察。检查放电间隙 FD 有无毛刺而形成短路,或放电电极氧化或烧毛 若放电间隙 FD 有毛刺,则应清除。用砂纸(细)研磨电极,调整间隙;放电间隙 FD 有放电火花,则可能是整流器与控制器间的 30 号线没有连接或焊枪电缆受潮、过长或绝缘损坏接地等原因使高频被旁路 若放电间隙 FD 无放电火花,测 T2 一次电压。若为 110V,则是 T2 匝间短路。因为 C13～C16 同时坏两只以上的可能性较小,而无论坏哪一只,不论是开路还是短路,总有好电容与 T3 一次侧形成放电回路而使 FD 产生火花;若为 0V,再测继电器 KG 线圈电压,此电压为 110V 且 KG 已吸合,则是 KG 动合触点接触不良;若为 110V 且 KG 没有吸合,则是 KG 线圈断线;若 KG 线圈电压为 0V,继续测 KY 线圈电压,若为 48V 且 KY 已吸合,则是其动合触点接触不良;若 KY 没吸合,则是 KY 线圈断线;若为 0V,则是 VS3 或 V13 开路、控制箱 30 号线或 40 号线开断等
电焊机焊接时电流大,调节旋钮 RP1 失灵	电焊机能引弧焊接,说明控制器正常,故障点在电流调节电路 ①将电容 C16 短路,则 VT5 的发射极对第一基极电压为 0V,没有脉冲加至变压器 T4,V1、V2 不能导通,焊接电流应最小。若焊接电流仍很大,只能是晶闸管失控,只要更换 V1、V2,故障就可排除 ②若短接 C16 后焊接电流已降至最小,再测 VT3 的基极电压(C15 两端)。此电压是焊接电流的给定值与电流反馈量的差值,取决于 RP1 及 RP2(反馈电压)调节端的位置。当 RP1 调至最大时,电压应从 0.12V 升至 0.8V。若始终大于 0.7V,必是 RP1 的下端电阻或 R24 开路 ③若 C15 电压正常再测 VT3 的集电极电压。此电压受控于 VT3 的基极电压,当 RP1 从最小调到最大时,它应从 19V 降至 17V。若此电压不变且在 17V 以下,可能是 VT3 的 c 极与 e 极间已击穿或严重漏电,否则必是 VT4 的 c 极与 e 极击穿

续表

故障现象	故障分析及排除方法
电焊机焊接电流小，调节旋钮失灵	本故障与上述故障相反，故障点却同在电流调节电路 ①测 C16 两端电压，若电压波形为锯齿波，万用表直流挡测得的是锯齿波的平均值。当 RP1 从最小调至最大时，应从 0.12V 升至 6.5V，否则故障可能为：T4 二次侧线圈开路；二极管 V22、V23、电阻 R15、R16 开路，晶闸管 V1、V2 控制极开路。若 C16 电压值大于 6.5V 且变化范围很小，则故障为 VT5 的 e 极与 b 极间开路或 T4 一次侧开路 ②若 C16 电压很低且变化范围又很小，可短接 VT4 的 c 极与 e 极，即减少 C16 的充电时间常数，看焊接电流是否增至最大。如仍很小，则故障是 C16 短路或 R11 开路；若电流能增至最大，说明后级电路正常，往前查找 ③测 C15 两端电压，当 RP1 从最小调至最大时，应从 0.12V 升至 0.8V。否则故障为 VT3 的 c、e 极开路或 VT4 的 c、e 极间开路；若 C15 两端电压为零点几伏且不变化，则为 R23 开路或 C15 短路。更换相应的元件，故障即可排除
电焊机工作时，电弧切不断	能正常焊接，说明故障范围不大，其故障点可能在控制器的启动电路，也可能在整流器的电源控制电路，可从以下方面着手检查测试 ①检查启动电路中 S4 是否在"长焊"位置。若在，则焊接结束松开 SB 时，K1、K2 将同时吸合，电弧持续不断，此时只要再揿按一次 SB，K1 由于被 K2 两动合触点短路而释放，电弧将熄灭。松开 SB，K2 断电释放 ②若 S4 在"短焊"位置，可再揿按一次 SB，若箱内无继电器动作声，则为 SB 短路。因为松开 SB，K1 如已释放，再揿按 SB 时，K1 应再吸合，箱内应有继电器动作声，无动作声，说明松开 SB 时，控制器中 K1 并未释放，因此只能是 SB 短路 ③再按 SB 时，若箱内有继电器动作声，说明 K1 动作正确。可拧下控制器与整流器间的连接电缆，此时若已停弧，故障为控制器中 K1 触点短路 ④若电弧仍未断，说明故障在整流器。将 S2 置于"无"电流衰减位置。如电弧已断，则 KD 未释放，只能是 VT6 的 c 极与 e 极短路。此种情况下 KD 始终吸合，维持 K 一直吸合，因此断不了弧 ⑤电弧仍未断，再关掉整流器上电源开关，如弧断且无空载电压，则故障为 S1 短路或 K1 触点短路；若电弧仍未断，但仍有空载电压，则为 K1 主触点粘连

实例 4：KW 型手工钨极氩弧机控制箱常见故障与处理

KW 型手工钨极氩弧机控制箱常见故障现象、分析及处理方法见表 5-14。

表 5-14　KW 型手工钨极氩弧机控制箱常见故障现象、分析及处理方法

故障现象	故障分析	排除方法
电焊机启动后,高频放电器 FD 不打火,不能引弧	在电焊机启动后,高频放电器 FD 不打火,不能引弧。检查高频振荡变压器 T2 的一次侧、二次侧有没有电压。有则说明时间继电器 ST1 和控制继电器 KM3 已动作,且 ST1 的动合触点 1-2 和 KM3 的动合触点 1-2 闭合,故障可能是 FD 有毛刺短路,也可能是 T2 二次线圈匝间短路造成高压不足使 FD 不打火,故不能引弧。如果 T2 一次线圈没有加上电压,则应检查 ST1、KM3 是否因损坏而没有动作。也可能是三极管 VT1 损坏直接使 ST2 得电动作,其动断触点 1-2 断开切断高频电源回路,使之不能引弧	①更换损坏的时间继电器及继电器 ②更换损坏的三极管 VT1(同型号、规格) ③对高频振荡变压器 T2 二次线圈匝间短路的则应重新绕制大修
在开机启动时高频能引弧一次,之后不能再引弧	高频引弧在启动时能引弧一次,以后再不能引弧。此故障能引弧说明振荡回路上的元器件正常无问题,但不能继续引弧,该故障可能是 KT2 的动断触点 1-2 断开所致。从电路图中可看出,KM1 的触点 7-8、RP、R7 任何部分损坏断路都会切断电容 C10 的放电回路。导致在开机时电容两端电压为零,电源向电容 C10 充电(充电时间就是引弧时间),当电容 C10 两端电压上升到 0.45V 时,三极管 VT1 导通,ST2 得电动作(高频引弧切断)。由于电容 C10 没有放电回路,那么电容 C10 两端的电压就把三极管 VT1 的基极电位钳在大于 0.4V 的电位上,使 VT1 工作在放大区,ST2 工作在得电状态,使 ST2 的动断触点 1-2 断开,切断 T2 电源,故只能在启动时引弧一次,不能继续再引弧	①更换损坏的时间继电器 ②更换电位器 RP 及电阻 R7 或对虚焊点进行补焊
在工作时高频引弧切不断	正常焊接时,当按下焊枪按钮 SB,约 0.8s 后 ST2 应得电动作,ST2 动断触点 1-2 断开及时切断 T2 电源,使焊接进入正式工作。ST2 不得电动作或 ST2 损坏高频就切不断。R5、R6、R8、ST1 的触点 5-6、KM1 的触点 5-6 回路任何一部分损坏和稳压管 VD3 击穿,都会使 VT1 的基极得不到正电位而不能导通,使 ST2 不能得电动作。另外,反向二极管 V2 击穿旁路、整流桥 D1~D4 损坏也会使 ST2 不能得电动作,造成高频引弧切不断	①更换损坏的时间继电器 ②更换损坏的电阻或对虚焊点进行补焊 ③更换损坏的二极管和稳压管(同型号、同规格)

故障现象	故 障 分 析	排除方法
焊接时飞溅较大,焊件焊缝发黑,达不到质量要求	焊接时飞溅较大,焊缝发黑的故障主要原因是氩气保护不良。一是氩气气量不足、压力低或氩气用完;二是电磁阀 YV 有故障或供电回路有故障(机械部分或油污大)而不能打开,也可能是电磁阀 YV 密封不好漏气比较严重,氩气流量不足等,都会造成焊枪没有氩气保护	①检查气源情况或更换新的氩气瓶 　　②检查电磁阀 YV 密封;处理油污大的机械部分;更换新的密封垫或新的电磁阀。故障就可以排除

第二节 | 埋弧焊机的结构与维修

一、埋弧焊机的分类、特点及应用范围

1. 埋弧焊机的分类

埋弧焊机分为自动焊机和半自动焊机两大类。按送丝方式可分为等速送丝式和变速送丝式；按用途可分为通用式和专用式；按焊丝数目可分为单丝、双丝及多丝两类；按焊机行车方式可分为小车式、门架式、机床式和悬臂式。

2. 埋弧焊特点

（1）焊缝的化学成分较稳定，焊接规范参数变化小，单位时间内熔化的金属量和焊剂的数量很少发生变化。

（2）焊接接头具有良好的综合力学性能。由于熔渣和焊剂的覆盖层使焊缝缓冷，熔池结晶时间较长，冶金反应充分，缺陷较少，并且焊接速度大。

（3）适于厚度较大构件的焊接。它的焊丝伸出长度小，可采用较大的焊接电流（埋弧焊的电流密度达 $100\sim150A/mm^2$）。

（4）质量好。焊接规范稳定，熔池保护效果好，冶金反应充分，性能稳定，焊缝成形光洁、美观。

（5）减少电能和金属的消耗。埋弧焊时电弧热量集中，减少了向空气中散热及金属蒸发和飞溅造成的热量损失。

（6）熔深大，焊件坡口尺寸可减小或不开坡口。

（7）容易实现自动化、机械化操作，劳动强度低，操作简单，生产效率高。

3. 应用范围

埋弧焊是工业生产中高效焊接方法之一。可以焊接各种钢板结构。焊接碳素结构钢、低合金结构钢、不锈钢、耐热钢、复合钢材等。在造船、锅炉、桥梁、起重机械及冶金机械制造业中应用最广泛。埋弧焊的应用范围见表 5-15。

表 5-15　埋弧焊的应用范围

焊件材料	适用厚度/mm	主要接头形式
低碳钢、低合金钢	≥3	对接、T 形接、搭接、环缝、电铆焊、堆焊
不锈钢	≥3	对接
铜	≥4	对接

二、埋弧焊机的焊接电源

1. 焊接电源的选用

（1）外特性。埋弧自动焊的电源，当选用等速送丝的自动焊机时，宜选用缓降外特性；如果采用电弧自动调节系统的自动焊机时，选用陡降外特性。对于细丝焊接薄板时，则用直流平特性的电源。

（2）极性。通常选用直流反接，也可采用交流电源。

2. 焊接电流与相应的电弧电压

焊接电流与相应的电弧电压见表 5-16。

表 5-16　焊接电流与相应的电弧电压

焊接电流/A	600～700	700～850	850～1000	1000～1200
电弧电压/V	36～38	38～40	40～42	42～44

3. 不同直径焊丝适用的焊接电流范围

不同直径焊丝适用的焊接电流范围见表 5-17。

表 5-17　不同直径焊丝适用的焊接电流范围

焊丝直径/mm	2	3	4	5	6
电流密度/(A/mm^2)	63～126	50～85	40～63	35～50	28～42
焊接电流/A	200～400	350～600	500～800	700～1000	800～1200

三、自动埋弧焊机的工作原理

埋弧自动焊机分为等速送丝和变速送丝两种，由弧焊电源、控制箱、送丝机构、行车机构和焊剂回收装置等组成。埋弧自动焊机工作时，为了获得较高的焊接质量，这就不仅需要正确地选择焊接规范，而且还要保证焊接规范在整个焊接过程中保持稳定。为了消除弧长变化的干扰，埋弧自动焊机采用两种能自动调节弧长的方式，即等速送丝式和变速送丝式。两种埋弧自动焊机分别采用电弧自身调节和电弧电压自动（强制）调节。

1. 等速送丝式埋弧焊机的工作原理

等速送丝式自动埋弧焊机，其送丝速度在焊接过程中是保持不变的。等速送丝式自动埋弧焊机的调节，主要是利用电弧长度改变时会引起焊接电流的变化，而焊接电流的变化又引起了焊丝熔化速度的改变，因送丝速度在焊接过程中保持不变，所以在电弧长度发生变化时，电弧能自动回到原来的稳定点燃烧。当电流的变化量为一定时，对焊丝熔化速度的影响，细焊丝（如 $\phi3mm$）要比粗焊丝（如 $\phi6mm$）更明显，所以等速送丝式自动埋弧焊机，最好采用细焊丝。

由于埋弧焊机属于大功率设备，其焊接的启动和停止，都会造成网络电压的显著变化。当网络电压发生变化时，焊接电源的外特性也会随之产生相应的变化。为了减少网络电压变化对电弧电压的影响，等速送丝埋弧焊机最好使用具有缓降外特性的焊接电源。

2. 变速送丝式埋弧焊机的工作原理

变速送丝式自动埋弧焊机弧长的调节，是通过自动调节机构改变送丝速度来实现的。

由于变速送丝式自动埋弧焊机的弧长，是依靠外加调节机构来调节的，所以只要外界条件一改变，电弧电压的变化就会立即反映到调节机构上，从而迅速改变送丝速度，使电弧恢复到原来的稳定点燃烧。变速送丝式自动埋弧焊机在采用粗焊丝（5～6mm）时比用细焊丝调节性能更好。

为了防止网络电压变化时引起焊接电流的过大变化，变速送丝式埋弧焊机最好使用具有陡降外特性的焊接电源。

埋弧自动焊机可根据工作需要，做成不同形式，例如焊车式、悬挂式、门架式和机床式等多种。

四、MZ-1000 型自动埋弧焊机的构造与辅助装置

1. MZ-1000 型自动埋弧焊机的构造

MZ-1000 型是属于变速送丝式埋弧自动焊机。它适合焊接水平位置或与水平面倾斜不大于 15° 的各种有、无坡口的对接焊缝及搭接焊缝和角接焊缝等，并可借助转胎进行圆形焊件内、外环缝的焊接。焊机主要由 MZ-1000 型自动焊车、MZP-1000 型控制箱和 BX2-1000 型弧焊变压器三部分组成。焊机的外形如图 5-2 所示。

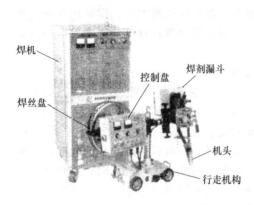

图 5-2　MZ-1000 型自动埋弧焊机外形图

（1）MZ-1000 型自动焊车是由机头、焊剂漏斗、控制盘、焊丝盘和行走机构等部分组成。MZ-1000 型自动焊车的结构如图 5-3 所示。

机头由送丝机构和焊丝矫直机构组成。它的作用是将送丝机构送出的焊丝，经矫直滚轮矫直，再经导电嘴，最后送到电弧区。机头上部装有与弧焊电源相连接的接线板，焊接电流经接线板和导电嘴送至焊丝。机头可以上下、前后、左右移动或转动。

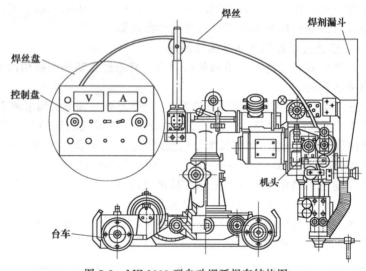

图 5-3　MZ-1000 型自动埋弧焊车结构图

焊剂漏斗装在机头的侧面，通过金属蛇形软管，将焊剂堆敷在焊件的预焊部位。

控制盘装有测量焊接电流和电弧电压的电流表、电压表及电弧电压调整器、焊接速度调整器、焊丝向上按钮、焊丝向下按钮、电流增大按钮、电流减小按钮、启动按钮、停止按钮等。

焊丝盘是圆形的，紧靠控制盘，里面装有焊丝供焊接之用。行走机构主要是由四只绝缘橡皮车轮、减速箱、离合器和一台直流电动机组成。

（2）MZP-1000 型控制箱内装有电动机-发电机组、中间继电器、交流接触器、变压器、整流器、镇定电阻和开关等。

（3）采用交流弧焊电源时，一般配用 BX2-1000 型弧焊变压器。采用直流弧焊电源时，可配用具有相当功率，并具有下降特性的直流弧焊发电机或弧焊整流器。生产中一般多配用 AX1-500 型直流弧焊发电机（单台或两台并联使用）或配用改装后具有下降特性的 AP-1000 型直流弧焊发电机。

2. MZ-1000 型自动埋弧焊机的辅助装置

埋弧焊的全部焊接动作由焊接小车完成，但焊接小车本身不能单独工作，一定要依靠其他的辅助装置相配合才能进行。根据所焊焊缝的形式不同（直缝、环缝），所用的辅助装置也不一样。

（1）焊车导轨　焊接直缝时，需将焊车放在导轨上行走。常用焊车导轨的形状如图 5-4 所示。导轨由两根角钢组成，一根角钢直边向上，使焊车橡胶滚轮的凹槽嵌在其中，起导向作用；另一根角钢平面向上，使焊车便于行走。导轨的长度应超过所焊直缝的长度。

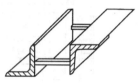

图 5-4　焊车导轨

（2）立柱式自动焊接操作机　操作机由滑架、横梁、立柱、地车、十字滑板、电控系统及锁紧机构组成，横梁可作垂直等速运动和水平无级调速运动，地车做匀速运动，立柱可±180°回转，可以完成纵、环缝多工位焊接。操作机的外形如图 5-5 所示。操作机的技术数据见表 5-18。

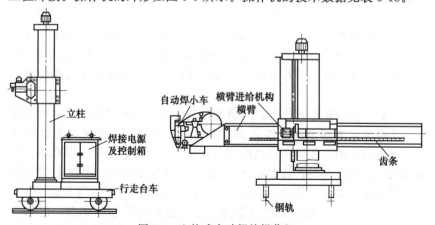

图 5-5　立柱式自动焊接操作机

表 5-18　立柱式自动焊接操作机技术数据　　　　　　mm

型号	名称	水平伸缩	垂直升降	可焊筒体直径
DWHJ	大外环	1.8～5.5	2.1～6.0	2000～4500
ZRHJ	中环纵	1.0～4.2	1.4～4.9	2000～3500
Z34	小环纵	≤3.4	≤3.0	800～3000

（3）龙门式自动焊接操作机　通常为四柱门式结构，内跨一座可升降的操作平台，操作机可在轨道上行走。焊机固定在操作平台上，焊件（圆柱形）在滚轮架上旋转时，即可焊接外环缝。操作平台可沿龙门架机动升降，以焊接不同直径的筒体。自动焊机在操作平台上横向行走时，可以焊接外直缝。龙门式自动焊接操作机的构造如图 5-6 所示。

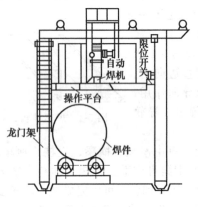

图 5-6　龙门式自动焊接操作机结构

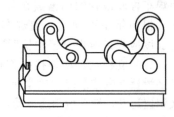

图 5-7　焊接滚轮架

（4）焊接滚轮架　这是一种专门用作环缝自动焊的，由电动机带动，中心距可调节。它是利用滚轮与焊件之间的摩擦力带动焊件旋转，用于筒体、管道及球形焊件的内、外环缝焊接。焊接滚轮架的构造如图 5-7 所示。

一台焊接滚轮架至少有两对滚轮，其中一对主动滚轮、一对从动滚轮。主动滚轮大都采用无级调速，主动滚轮外缘的线速度即为焊接速度，其电动机的开关接在焊机的控制盘上，使焊机启动时可以联动，保证焊接。滚轮有钢轮、橡胶轮及钢-橡胶轮等多种结构。钢轮承载能力大，但摩擦因数小，传动不平稳；橡胶轮摩擦因数大，传动平稳，但重载时易压损橡胶；钢-橡胶组合轮兼备了上述两种滚轮的优点，但结构较为复杂。使用时，可根据产品特点正确选择。

五、MZ-1000 型自动埋弧焊机的电路原理分析与使用方法

1. MZ-1000 型自动埋弧焊机的电路原理分析

如图 5-8 所示为 MZ-1000 型交流埋弧焊机电路原理图。整机电路由 T（BX2-1000）交流弧焊变压器、焊接控制回路、焊丝拖动电路、焊接小车拖动电路等部分组成，其说明见表 5-19。

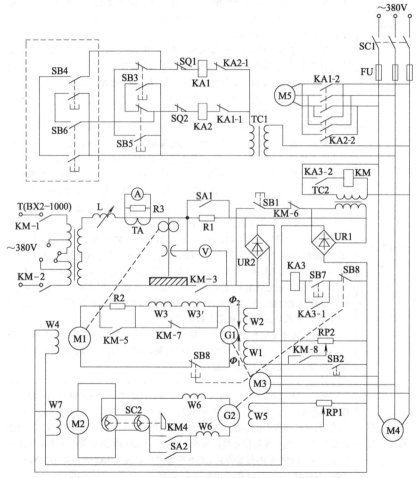

图 5-8 MZ-1000 型交流埋弧自动焊机电路工作原理图

M1，M2—直流电动机；G1，G2—直流发电机；M3~M5—三相异步电动机；KM—交流接触器；
KA1，KA2—交流继电器；KA—直流继电器；T—焊接变压器；TC1，TC2—控制变压器；
UR1，UR2—单相整流桥；SB1~SB8—按钮开关；SQ1，SQ2—线位开关；SC1，SC2—转换开关；
SA1，SA2—钮子开关；RP1，RP2—电位器；TA—电流互感器

表 5-19　MZ-1000 型交流埋弧焊机电路原理分析

类别	说　明
焊接控制回路	埋弧电源由交流弧焊变压(BX2-1000 型)提供,调节(BX2-1000)弧焊变压器的外特性即调节焊接电流,是通过电动机 M5 减速后带动电抗器铁芯移动来实现的。继电器 KA1 和 KA2 控制电动机 M5 的正反转,使焊接电流增大或减小。继电器 KA1 和 KA2 由安装在电源箱上的按钮 SB3 和 SB5 或者是安装在小车控制盒上的 SB4 和 SB6 来控制。SQ1 和 SQ2 为电抗器活动铁芯的限位开关。降压变压器 TC1 为控制线路的电源。弧焊变压器 BX2-1000 的一次绕组有两个抽头,故可得到 69V 和 78V 两种空载电压,根据电源电压大小可以调换。M4 为冷却风扇电动机 当按下按钮 SB5 或 SB6 时,继电器 KA1 动作,电动机 M5 反转,带动电抗器活动铁芯内移,焊接电流减小。当铁芯移至最里位置时,撞开限位开关 SQ1,使 KA1 回路断电,电动机 M2 便停止转动。当按下按钮 SB3 或 SB4 时,继电器 KA2 动作,电动机 M5 正转,电抗器活动铁芯外移,焊接电流增大,SQ2 为最大电流的限位开关,作用与 SQ1 相似
送丝拖动电路	电路焊丝由发电机 G1-电动机 M1 系统拖动,G1 有两个他励绕组 W1 和 W2,两个串励绕组 W3 和 W3'。W2 由电弧电压或控制变压器 TC2 供给励磁电压,产生磁通。按下 SB1,W2 从整流桥 UR2 获得励磁电压,产生磁通,G1 输出电压供给 M1 使其反转,焊丝回抽。当 W1 和 W2 同时工作时,M1 的转速和转向由它们产生的合成磁通决定。当电弧电压变化时,导致 M1 的转速发生变化,因而改变了焊丝的送进速度,也就改变了电弧长度(电弧电压) 调节 RP2 便可改变 W1 的励磁电压,以达到调节电弧电压的目的。当增加 W1 的励磁电压时,电弧电压增大,反之则减小。为扩大电弧电压的调节范围,在 W2 的励磁电压回路中,接入电阻 R1,开关 SA1 与它并联。SA1 闭合,R1 被短接,W2 的励磁电压增大,焊丝送进速度加快,电弧长度缩短,电弧电压降低,适用于细焊丝焊接。SA1 断开,R1 串入回路,W2 的励磁电压降低,焊丝送进速度减慢,电弧电压升高,适用于粗焊丝焊接 M1 的空载速度是不能调节的。M1 电枢电路串联了电阻 R2,G1 的串励绕组 W3、W3' 又被 KM 的常开触头 KM-7 短路,因串励方向相同,故空载送丝速度比较慢,便于调整焊丝的位置
焊接小车拖动电路	该电路由发电机 G2 与电动机 M2 系统拖动,G2 有一个他励绕组 W5 和一个串励绕组 W6,M2 有一个他励绕组 W7。W5 由控制变压器 TC2 经整流桥 UR1 整流后,再经调节焊接小车速度的电位器 RP1 供电。调节 RP1 使 W5 的励磁电压增大,焊接小车的行走速度加快。焊接小车拖动回路中装有一个换向开关 SC2,用以改变小车的行走方向,使小车前进或后退。SA2 为小车的空载行走开关,焊接时,应把 SA2 拨到焊接位置(断开)

2. MZ-1000 型自动埋弧焊机的操作方法

MZ-1000 型自动埋弧焊机的操作方法见表 5-20。

表 5-20　MZ-1000 型自动埋弧焊机操作方法

类别	说　明
准备	首先闭合控制线路的电源开关 SC1,冷却风扇电动机 M4 启动;三相异步电动机 M3 启动,G1 和 G2 电枢开始旋转;控制变压器 TC1 和 TC2 获得输入电压,整流桥 UR1 有直流输出。通过调节电位器 RP1 来调节焊接速度;调节 RP2 来调节电弧电压;按钮 SB3、SB5 或 SB4、SB6 来调节焊接电流,使它们达到预定规范。将焊接小车置于预定位置,通过按钮 SB1(焊丝向下)和按钮 SB2(焊丝向上)使焊丝末端和焊件表面轻轻接触,闭合焊车离合器,换向开关 SC2 拨到焊接方向,开关 SA2 拨到"焊接"位置,开关 SA1 拨到需要的位置,开启焊剂漏斗阀门,使焊剂堆敷在预焊部位,准备工作即告完成
焊接	按下启动按钮 SB7,中间继电器 KA3 接通并动作,其常开触头 KA3-1、KA3-2 闭合。KA3-1 闭合使 SB7 自锁;KA3-2 闭合使接触器 KM 回路接通。KM 的各触头完成以下动作:主触头 KM-1、KM2 闭合,接通交流弧焊变压器 BX2-1000 的一次绕组;辅助触头 KM-8 闭合,将 G1 的他励绕组 W1 接通;KM-3 闭合,将 G1 的另一个他励绕组 W2 与电弧电压接通;KM-4 闭合,使 M2 的电枢回路接通;KM-5 闭合,将 M1 的电枢回路中电阻 R2 短路;KM-6 断开,使焊丝向下按钮 SB1 失去作用,避免 SB1 的误动作;KM-7 断开;使 G1 的串励绕组 W3、W3′接入电枢回路 　在电焊机启动后的瞬间,由于焊丝先与工件接触而短路,故电弧电压为零,W2 两端电压为零,W2 不起作用。在 W1 的作用下,使焊丝回抽,由于这时焊接主回路已被接通,在焊丝与工件之间便产生电弧。随着电弧的产生与拉长,电弧电压由零逐渐升高,使 W2 产生的磁通也由零逐渐增加,W2 与 W1 合成结果使焊丝回抽速度逐渐减慢,但这时仍由 W1 起主导作用。当电弧电压增长到使 W2 的励磁强度等于 W1 的励磁强度时,合成磁通为零,G1 的输出电压为零,M1 停止转动,焊丝便停止回抽。但这时电弧仍继续燃烧,电弧电压在增加,也就是说 W2 的磁通在继续加强,并已超过 W1 的励磁强度,合成磁通的结果变为 W2 起主导作用,M1 反向转动,焊丝开始送进。当送丝速度与焊丝熔化速度相等后,焊接过程进入稳定状态,与此同时,焊接小车也开始沿轨道移动,焊接便正常运行
停止	按下 SB8 双层按钮。先按下第一层,M1 的电枢供电回路先被切断,焊丝只靠 M1 的转动惯性继续下送,但电弧还在燃烧并且拉长,使弧坑逐渐填满。电弧自然熄灭后,再按下第二层,也就是将 SB8 按到底,这时 KA3 回路才能切断,KM 回路也被切断,焊接电源切断,各继电器和接触器的触头恢复至原始状态,焊接过程全部停止,应注意 SB8 不能一次按到底,否则,焊丝送进与焊接电源同时停止并断开,但 M1 的机械惯性会使焊丝继续下送,插入尚未凝固的焊接熔池,使焊丝与工件发生"粘住"现象 　在焊接停止的同时,关闭焊剂漏斗阀门

MZ-1000 型直流埋弧自动焊机动作程序如图 5-9 所示。

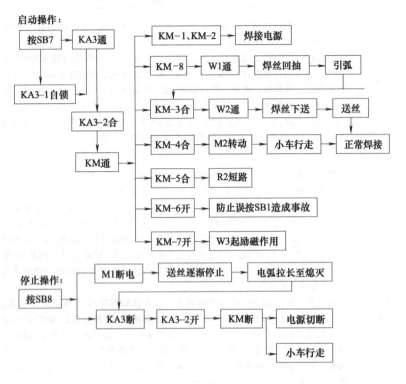

图 5-9 MZ-1000 型直流埋弧自动焊机动作程序

将图 5-8 做如下改动将原交流埋弧焊机只需进行以下几部分改动就成了图 5-10 的直流埋弧焊机。

（1）去掉交流埋弧焊变压器（BX2-1000），改用直流弧焊发电机（M1-G1）机组，直流弧焊发电机的三相输入线单独直接接入电网。

（2）把交流电流表、电压表换成直流电流表和直流电压表。

（3）把电流互感器 TA 换成分流器 RS。

（4）把直流弧焊发电机的一个电极连接交流接触器 KM 的主触头（应将两个触头并联使用）。

六、MZ-1000 型自动埋弧焊机的技术数据

表 5-21 列出部分国产自动埋弧焊机的主要技术数据。

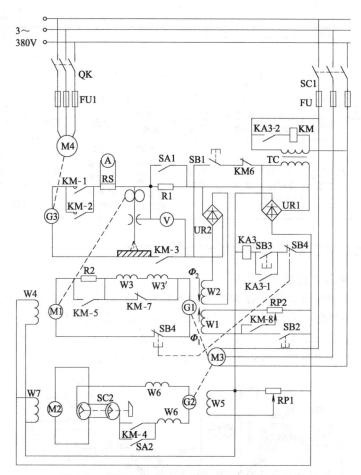

图 5-10　MZ-1000 型直流埋弧自动焊机动作程序

表 5-21　国产自动埋弧焊机的主要技术数据

项目	NZA-1000	MZ-1000	MZ-1000	MZ2-1500	MX3-500	MZ6-2-500	MU-2×300	MU1-1000
送丝方式	变速	变速	等速	等速	等速	等速	等速	变速
焊机结构特点	埋弧、明弧两用焊车	焊车	焊车	悬挂式自动机头	电磁爬行小车	焊车	堆焊专用焊机	堆焊专用焊机
焊接电流/A	200～1200	400～1200	200～1000	400～4500	180～600	200～600	160～300	400～1000
焊丝直径/mm	3～5	3～6	1.6～6	3～6	1.6～2	1.6～2	1.6～2	焊带宽30～80mm,厚 0.5～1mm

续表

项目	NZA-1000	MZ-1000	MZ-1000	MZ2-1500	MX3-500	MZ6-2-500	MU-2×300	MU1-1000
送丝速度/(cm/min)	50～600	50～200	87～672	47.5～375	180～700	250～1000	160～540	25～100
焊接速度/(cm/min)	3.5～130	25～117	26.7～210	22.5～187	16.7～108	13.3～100	32.5～58.3	12.5～58.3
焊接电流种类	直流	直流或交流	直流或交流	直流或交流	直流或交流	交流	直流	直流
送丝速度调整方法	用电位器调速	用电位器调整直流电动机转速	调换齿轮	调换齿轮	用自耦变压器调节直流电动机转速	用自耦变压器调节直流电动机转速	调换齿轮	用电位器调整直流电动机转速

七、半自动埋弧焊机组成与辅助设备

1. 半自动埋弧焊机组成

半自动埋弧焊机又称为手工操作埋弧焊机,它用来焊接不规则焊缝、短小焊缝,旋焊空间受阻的焊缝。焊机的功能是将焊丝通过软管连续不断地送入施焊区,传输焊接电源,控制焊接启动和停止,向焊接区铺撒焊剂。半自动埋弧焊机典型组成如图 5-11 所示。

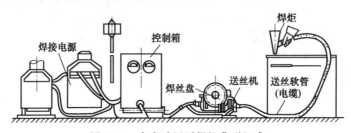

图 5-11　半自动埋弧焊机典型组成

MB-400 型半自动埋弧焊机的技术参数见表 5-22。

表 5-22　MB-400 型半自动埋弧焊机的主要技术数据

项目	参数	项目	参数
电源电压/V	220	焊丝盘容量/kg	18
工作电压/V	25～40	焊剂漏斗容量/L	0.4
额定焊接电流/A	400	焊丝送进速度调节方法	晶闸管高速
额定负载持续率/%	100	焊丝送进方法	等速
焊丝直径/mm	1.6～2	配用电源	ZX-400

2. 埋弧焊辅助设备

在焊接生产过程中，为了保证焊接质量和实施焊接工艺，提高生产率及减轻工人的劳动强度，必须采用各种焊接辅助设备。

（1）焊接操作架。其基本形式有平台式、悬臂式、龙门式、伸缩式等。其功能为将焊接机头准确地送到待焊位置，焊接时以一定的速度沿规定的轨迹移动焊接机头进行焊接。

典型伸缩臂式焊接操作架的主要技术参数见表 5-23。

表 5-23 SHJ 型焊接操作架的主要技术参数

项目	SHJ-1	SHJ-2	SHJ-3	SHJ-4	SHJ-5	SHJ-6
选用筒体直径/mm	1000～4500	1000～3500	600～3500	600～3000	600～3000	500～1200
水平伸缩行程/mm	8000（二节）	7000（二节）	7000（二节）	6000（二节）	4000	3500
垂直升降速度/mm	4500	3500	3500	3000	3000	3000
横梁升降速度/(cm/min)	100	100	100	100	100	30
横梁送进速度/(cm/min)	12～120	12～120	12～120	12～120	12～120	12～120
机座回转角度/(°)	±180	±180	±180	±180	固定	手动±360
台车进退速度/(cm/min)	300	300	300	300	300	手动
台车轨距/mm	2000	2000	1700	1600	1500	1000

（2）焊件变位机。常用的焊件变位机由滚轮架、翻转机组成，主要用于容器、梁柱和框架等焊件的焊接。表 5-24 为典型滚轮架的主要技术参数。

表 5-24 典型滚轮架的主要技术参数

项目	CJ-5	CJ-10	CJ-20	CJ-50	CJ-100
额定载荷/t	5	10	20	50	100
筒体直径/mm	600～2500	800～3900	800～4000	800～3500	800～4000
滚轮线速度/(cm/min)	16.7～167	16～160	10～100	16～160	13.3～133
滚轮规格/mm	$\phi406\times120$	$\phi406\times180$	$\phi406\times230$	$\phi500\times300$	$\phi560\times320$
摆轮中心距/mm	1350	1450	1700	1600	1700
电动机功率/kW	0.75	1.1	2.2	4.0	7.5
质量/t	2.6	2.8	4.1	7.9	12.5
外形尺寸(长×宽×高)/mm	2160×800×933	2450×930×1111	2700×990×1010	2780×2210×1160	2350×1500×1160

（3）焊缝成形装置。钢板对接时，为防止烧穿和熔化金属的流失，

促使焊缝反面的成形，则在焊缝反面加衬垫。焊剂铜槽垫板也是一种衬垫，但应用更广泛的是焊剂衬垫，如图 5-12 所示。生产中还常采用热固化焊剂垫，如图 5-13 所示。

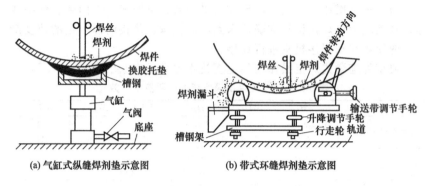

图 5-12　气缸式纵缝焊剂垫和带式环缝焊剂垫示意图

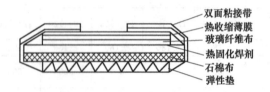

图 5-13　热固化焊剂衬垫示意图

热固化焊剂垫长约 600mm，利用磁铁夹具固定于焊件底部。这种衬垫柔性大，贴合性好，安全方便宜于保管。其组成部分的作用如下：

① 双面粘接带。保持衬垫形状，防止衬垫内部组成物移动和受潮。

② 热收缩薄膜。保持衬垫形状，防止衬垫内部组成物移动和受潮。

③ 玻璃纤维布。使衬垫表面柔软，以保证衬垫与钢板的贴合。

④ 热固化焊剂。热固化后起铜垫作用，一般不熔化，能控制焊缝背面高度。

⑤ 石棉布。作为耐火材料，保护衬垫材料和防止熔化金属及熔渣滴落。

⑥ 弹性垫。作固定衬时，使压力均匀。

（4）焊剂回收装置。它用来在焊接过程中自动回收焊剂。XF-50 焊剂回收机利用真空负压原理自动回收焊剂，在回收过程中微粒粉尘能自动与焊剂分离，其主要技术参数见表 5-25。

表 5-25　XF-50 焊剂回收机的主要技术参数

项目	参数	项目	参数
输入电源/V	380(三相)	回收管长度/m	7
额定容量/kW	1.5	质量/kg	110
回收容量/kg	50	外形尺寸/mm	900×400×1250

八、埋弧焊机的维护保养与故障维修实例

1. 埋弧焊机的维护保养

埋弧焊机的维护保养见表 5-26。

表 5-26　埋弧焊机的维护保养

保养部位	保养内容	保养周期
焊接小车	清理焊车上的焊剂、焊渣的碎末,保持机头及各活动部件的清洁和转动自如	每日一次
焊接小车和焊丝送进机构、变速箱	检查是否漏油,经常更换润滑油	每年一次
送丝滚轮	检查磨损程度,及时更换磨损严重的滚轮	每年一次
控制电缆	外部绝缘层是否损坏,内部电缆线是否断线或短路	半年一次
接触器、继电器	触头是否接触不良或熔化	半年一次
控制电缆插接件	插接件是否松动,电缆线与插接件连接处是否虚焊或断线	三个月一次
电源、控制箱	内外除尘,检查各接头处的螺钉是否松动	每周一次
导电块	检查磨损程度及烧损程度	随时更换

2. MZ-1000 型交流自动埋弧焊机的故障维修实例 (图 5-8)

MZ-1000 型交流自动埋弧焊机的故障现象、分析及故障处理方法见表 5-27。

表 5-27　MZ-1000 型交流自动埋弧焊机的故障现象、分析及故障处理方法

故障现象	故障分析	处理方法
电焊机启动后焊丝末端周期地与工件"粘住"或常常断弧	①"粘住"是因为电压太低,焊接电流太小或网络电压太低 ②常常断弧是因电弧电压太高,焊接电流太大或网络电压太高	①检查电源电压,减少电弧电压或焊接电流 ②检查电源电压,增加电弧电压或焊接电流
导电嘴末端随焊丝一起熔化	①电弧太长或焊丝伸出长度太短 ②焊丝送进和焊接小车皆已停止,电弧仍在燃烧 ③焊接电流太大	①增加焊丝供给速度或焊丝伸出长度 ②检查焊丝和焊车停止原因 ③减小焊接电流

故障现象	故障分析	处理方法
开始焊接时,按下焊丝向上或向下的按钮,而输送焊丝的电动机不转	①控制线路没有电压,例如熔体熔断,降压变压器损坏或整流器损坏 ②电动机电枢回路中有断路。例如停止按钮的常闭触头接触不良,电动机电刷脱落 ③控制电缆的芯线有断路或插头、插座接触不良 ④焊丝输送机构中机械部分有故障	①认真逐级检查控制回路的各点参数(电压、电流) ②检查电枢回路中可能发生断路的各点,并用直流电压表逐级检查直流电压。修复或更换新的电刷 ③检查电缆芯线及插头插座之间的接触情况 ④检查焊丝输送机构
在加工设备时,自动焊机一个小车轮的胶皮外缘被热的焊件烫坏,直接影响了工作	自动焊机小车的车轮有如下三个功能: ①支承焊接小车,滚动时拖动小车在轨道上匀速地移动 ②使小车与轨道相互绝缘,因为小车上连着导电嘴和焊丝,轨道放在工件上,这正是电弧的两极,就靠小车车轮外缘的胶皮绝缘 ③小车车轮外缘有导向槽,保证小车沿导轨走直线 现在,该电焊机小车的一个车轮外缘的胶皮被热件(焊件)烫坏,车轮的绝缘就被破坏,这会造成焊机电源通过小车而与工件短路,使焊接难以进行。虽然小车车轮外缘尚有部分胶皮可起到绝缘作用,但小车行走时也不会平衡,将会影响电弧的稳定和焊接质量。由此可见,小车车轮外面的橡胶是很重要的	因更换热件(焊件)烫坏的车轮,如没有备用车轮,可以用粗的电木棒加工一个尺寸相同的车轮换上,解决临时加工工作。一般情况下应需要多备几个小车的车轮(因在实际工作中小车轮的损坏比较常见)
电焊小车不能向前或向后移动	①位于电焊小车控制盘中央的开关的触头损坏 ②交流接触器与电焊机小车的接线有错误 ③小车进退换向开关损坏 ④控制电缆的芯线有断路或插头与插头接触不良	①可临时用一根导线将它短路,必要时换一个新的开关 ②检查辅助触头的接触情况 ③更换新的开关 ④检查电缆的芯线或插头与插头接触情况
在工作时电焊小车行走速度不能调节	①调节速度的电位器 RP1 的滑动触头接触不良 ②多芯控制电缆芯线有断路,或插头与插座接触不良	①检查滑动触头,必要时换一个新的电位器(同规格、型号) ②检查多芯控制电缆芯线和插头与插座之间接触情况

故障现象	故障分析	处理方法
一台 1000A 硅整流电源的埋弧自动焊机，在焊接电流用到 800A 时电源就过热且有焦煳味	电焊机的铭牌规定上标为 1000A，其最大电流可以供到 1000A，但这是在电焊机每工作 3min 之后就停止 2min，即负载持续率为 60%条件下电焊机电源可允许的输出电流。60%的负载持续率是手工电弧焊接的条件，埋弧焊的负载持续率为 100%，所以，该电焊机作为埋弧焊使用时，电源最大工作电流应控制在 774A（1000A×$\sqrt{60\%}$=774A）以内，电焊机才可连续工作。现在该电焊机施焊电流达到 800A，已经大于 774A，显然属于超载运行。电焊机超载运行短时间还可以，时间稍长电焊机绕组就要发热，温升增高，并有焦煳味产生，这是很危险的，不及时停机会使电源烧毁	①因为电焊机使用 800A 电流是过载运行，所以就停机重新来调整焊接参数，将电流调在 774A 以下，使电焊机不超载 ②如果焊接工艺要求必须保证在 800A 电流的条件下施焊，可以采取以下措施来解决： a. 为电源增大冷却风机的风量，可以打开机壳，外加风机，对电焊机的变压器、电抗器和硅元件提供冷却风，使之快速冷却 b. 更换大电源，将 1000A 的整流电源换成 1500A 的，这样就可以在正常连续负载下运行 c. 并联电源，再找一台同类型的 1000A 硅整流电源并联使用，或用三台 500A 的硅整流电源并联供电 d. 用两台 500A 的旋转式直流弧焊发电机并联使用。虽然两台 500A 直流弧焊发电机的负载持续率仍为 60%，提供 800A 电流仍属于超载，但因为旋转式电焊机承受过载能力较强，负担 800A 电流时仅超载 3%，是可以承受的，不会出现烧毁电源问题
在焊接过程中焊丝输送停止，甚至抽回	①整流器 UR2 损坏，整流电压降低 ②交流接触器 KM 的辅助触头接触不良 ③多芯控制电缆芯线有断路，或插头与插座间接触不良	①用直流电压表检查整流器的输出电压。如果损坏，按同规格、型号的进行更换 ②检查触头的接触情况 ③查电缆芯线及插头与插座间的接触情况

故障现象	故障分析	处理方法
大修后进行空载调节焊丝,当按动焊丝的"向上"或"向下"按钮时送丝动作恰好相反	正常情况应该是按动按钮 SB1 时,送丝发电机 G1 的他励绕组 W2 从整流器 UR2 获得励磁电压,则 G1 发电机输出电压供给送丝电动机 M1 的转子使其正向转动,焊丝向下送。按动 SB2 时,送丝发电机 G1 的另一个他励绕组 W1 从整流器 UR1 获得励磁电压,G1 发电机输出电压供给送丝电动机 M1 的电枢,使其反转,焊丝上抽。送丝发电机 G1 是由异步电动机 M1 带动旋转的。当异步电动机 M3 转向相反时,必然使 G1 极性变了,M1 也反向了,则使得送丝方向也相反 现在,该电焊机空载调整时,出现按下焊丝"向上"或"向下"按钮而送丝颠倒的现象,是由于异步电动机 M3 的控制箱三相电源进线相序不恰当,导致异步电动机 M3 按设计反转所致	调换异步电动机 M3 的电源进线相序,即将三相电源进线的任意两根线换接一下,M3 电动机的转向变更,使送丝发电机 G1 极性变更,于是带动焊丝的直流电动机 M1 方向就变了
在焊接过程中,焊丝输送不均匀,甚至使电弧中断,但电动机工作正常	①输送焊丝的压紧滚轮对焊丝的压力不足,或滚轮已严重磨损 ②焊丝在焊嘴或焊丝盘内被卡住 ③焊丝输送机构未调整好	①调整滚轮对焊丝的压力或换新的滚轮 ②清理焊嘴或将焊丝整理好 ③细调整焊丝输送机构

故障现象	故障分析及处理方法	
电焊机电源接通后,当按下启动按钮 SB7,中间继电器 KA3、接触器 KM 不动作	闭合电源 SC1,风扇电动机 M4 或三相异步电动机 M3 运转正常,证明熔断器是良好的。否则,要检查熔断器 按下 SB7,观察中间继电器 KA3 是否动作,有以下三种情况: ①按下 SB7,KA3 动作,触头合上,并且不掉下来。故障就在接触器线圈本身或控制回路上。原因可能是 KA3-2 触头烧毛、不洁或有氧化层不导电,还可能是 KM 线圈松动,接触不良 ②按下 SB7,KA3 动作,触头合上,但一松开 SB7,KA3 就复原。说明自锁回路有故障,原因很可能是 KA3 触头不洁或有氧化层 ③按下 SB7,KA3 不动作,该故障原因比较复杂,要仔细对照电焊机电路原理图逐一排查。按下 SB1 送丝,再按下 SB2 抽丝。这说明控制变压器 TC2 以上的线路都是正常的,整流桥 UR1 和 UR2 的工作也是正常的,则故障就出在 KA3 线圈、SB7 以及 SB8 的回路上。这时可多按几下 SB8 之后再按 SB7,如果 KA3 动作了,则说明故障就是 SB8 接触不良,应拆开检修。如果还无反应,可用绝缘棒压下 KA3 的活动部分,使 KA3 的两个常开触头闭合,此时可能出现下面两种情况: a. KM 动作,这表明接触器是好的。但绝缘棒一拿走,中间继电器的活动部分又复原了,这表明故障仍可在 KA3 线圈上、SB7 和 SB8 回路中,需停机或带电分段检查这一段线路,找出故障	

续表

故障现象	故障分析及处理方法
电焊机电源接通后，当按下启动按钮 SB7，中间继电器 KA3、接触器 KM 不动作	b. KM 动作，而且绝缘棒拿走以后，KA3 的活动部分不再复原，则说明 KA3 线圈已通电，触头 KA3-1 起自锁作用。故障出在 SB7 本身接触不良或 SB7 回路断开。故障的原因主要是小车上的插座、插头处接触不良，导致从控制箱中的 KA3 线圈中引到控制盘中按钮 SB7 的导线在插头处断路 ④按 SB1 送丝，按 SB2 焊丝不动。说明 TC2 以上的线路工作是正常的，故障出在 TC2 以下的线路部分。此时应停机或带电分段检查这一段线路和电气元件，直到找出故障为止 ⑤按 SB1 和 SB2，焊丝均不动。这时故障很可能就出在包括 TC2 在内的以上线路部分。此时，同样可以将中间继电器活动部分强行合上，来检查故障所在部位。如果此时接触器 KM 能合上，表明 KM 线圈通电，则故障很可能就在 TC2 线路中或 TC2 本身 在确定了故障范围，需进一步检查时，首先检查外部接线，仔细检查是否有断线、接头松动和烧坏的地方。还要注意到小车控制电缆插头接触是否可靠，控制箱中的导线接头是否松动等
在空载调整时，按焊丝"向上"按钮时焊丝机构不转动	在一般情况下按焊丝"向上"按钮 SB2 时，送丝发电机 G1 的他励绕组 W1 得到直流电压，发电机 G1 发电，给送丝电动机 M1 供电，则 M1 旋转带动送丝机构传动系统工作，这时使焊丝向上反抽 现在，该电焊机出现故障，其原因可能是送丝机构系统出了问题，也可能是电气系统出了问题 首先按焊丝"向下"按钮 SB1 试验一下，若焊丝能正常下送，说明送丝发电机、电动机及送丝机械传动系统均无问题，应该检查送丝发电机 G1 的焊丝"向上"的他励绕组 W1 系统 用直流电压挡检查整流器 UR2 是否有正常的直流电压输出，如果没有正常的直流电压输出，则认为是整流器损坏了或者是其接线掉头，若有正常的直流电压，应再进行下一步检查和排除 按动按钮 SB2，用万用表检查他励绕组 W1 是否有电压。如果没有电压，就要先检查 SB2 是否有故障，如果有故障应更换新的；如检查按钮 SB2 无问题，再用万用表检查他励绕组 W1 是否断路，或与其连线接触不良，应予以修复 如果在按焊丝"向下"按钮 SB1 时，焊丝还不动作，还要进行下面的检查 首先检查带动送丝发电机的异步电动机 M3 是否转动。如果不转动，应检修 M3，若 M3 转动，送丝发电机 G1 不转动，应检查联轴器是否损坏，连接键是否损坏，如果损坏就要进行处理 下一步再用万用表检查发电机 G1 是否有直流输出，若有直流输出，说明 G1 没有问题，若无正常直流输出，应调整电刷，使其与换向器良好接触 检查送丝电动机 M1 是否正常运转，若运转正常，就是送丝的机械系统出了故障，若 M1 不转时，应用万用表检查送丝电动机 M1 的他励绕组 W4 是否有直流电压，若 W4 没有直流电压，就是绕组 W4 有断路，找到断头处，接好线并包扎绝缘 送丝系统的机械故障可用下列方法处理： ①检查机头上部的焊丝给送减速机构，检查齿轮和蜗轮、蜗杆是否严重磨损与啮合不良，如有应该予以更换 ②如果焊丝给送滚轮调节不当，压紧力不够，应该予以调整。送丝滚轮若磨损严重，应更换新的滚轮

故障现象	故障分析及处理方法
当空载时正常,在按"焊接"按钮时却不能引弧,影响焊接工作	正常情况下,按下"焊接"按钮 SB7 后,中间继电器 KA3 立即动作,交流接触器 KM 也动作,则焊接电源接通,此时小车发电机 G2 对电动机 M3 供电,小车开始行走,送丝发电机 G1 的他励绕组 W1 有电,焊丝反抽引弧 由此可见,电焊机启动后不起弧的主要原因是,焊接回路未接通,电源电压太低或程控电路出故障等原因 ①使电焊机断电后,用万用表电阻挡检查:"启动"开关 SB7,即按下"启动"开关后测量是否接触不良或有断路,如有故障,应检修或更换新按钮 ②检查中间断电器 KA3 是否有故障,若有故障应检修或更换新件 ③检查交流接触器 KM 是否有故障,若有故障应检修更换新件 ④检查焊丝与工件是否预先"短路"接触不良,例如,工件锈蚀层太厚、焊丝与工件间有焊剂或脏物等,应该清除污物,使焊丝与工件间保持轻微的良好接触 ⑤检查地线焊接电缆与工件是否接触不良,应该使之接触牢靠 ⑥用万用表交流电压挡测量焊接变压器的一次绕组是否有电压输入,如果没有电压输入,就是供电线路有问题,或交流接触器 KM 接触不良,应该予以检修。如果一次绕组有电压输入,再测量二次绕组是否有电压输出,若无电压输出,说明焊接变压器已损坏,应检修焊接变压器
合上设备电源的开关,此时电源风扇电动机旋转,再送上小车行走开关后,此时小车电动机不转	该设备在正常情况下,当合上设备电源开关时,异步电动机 M3 开始旋转,带动小车发电机 G2 的转子旋转。控制变压器 TC2 获得输入电压,对整流器 UR1 供电,整流器对小车直流电动机 M2 的励磁绕组 W7 供电,并且通过电位器 RP1 给予小车发电机 G2 的他励绕组 W5 供电,发电机 G2 得到励磁则发电。这时把单刀开关 SA2 投到空载位置,并合上小车离合器,拨转控制盒上的转换开关 SA1 向左或向右位置,小车便开始移动 若是异步电动机 M3 旋转,小车发电机 G2 不发电,应该进行下列检查: ①检查异步电动机 M3 的输出轴与小车发电机 G2 连接的联轴器、轴及键是否损坏,有故障应进行修理 ②检查小车发电机 G2 他绕组 W5 是否有电压,可用万用表的直流电压挡,检查 W5 是否有电压输入,若有输入,证明绕组 W5 正常。若无电压,检查电位器 RP1 是否断线或接触不良 ③检查整流器 UR1 是否有交流输入及直流输出,若有输入,而没有正常的直流输出,证明整流器坏了。若没有输入,再向前检查线路,如整流器元件损坏,应更换同规格型号的新元件 ④检查控制变压器 T2 是否正常工作,用电压表检查 T2 是否有电压输入,若没有电压输入,证明 T2 的进线接触不良或断线,若有输入而没有电压输出,证明变压器 T2 已坏,应修理或更换 ⑤若是小车发电机 G2 正常,应进行下列检查: 检查小车控制盒上的单刀开关 SA2 合上后是否接触良好,如有故障就更换;检查转换开关 SA1 是否损坏,如损坏应换新件;检查小车电动机 M3 绕组是否断线,电刷与换向器是否接触不良,他励绕组 W7 是否断线或接触不良,若有故障,应及时检修
在电焊机送电后,发现焊接小车速度不能调节	焊接小车拖动电路是由发电机 G2 与电动机 M2 组成的。发电机 G2 的电枢由异步电动机 M3 带动旋转,有一个串励绕组 W6 和他励绕组 W5,通过调节电位器 RP1 改变 W5 的励磁电压,从而改变了发电机 G2 的电压,调节了小车电动机 M2 的速度 电焊机出现了小车速度不能调节的故障,原因就是电位器 RP1 坏了。RP1 是线绕式电位器,出故障有两种情况:一是电阻丝断了,二是触点与绕线接触不良。如果是电阻丝断了,应换新的电阻丝,如果是接触不良,是触点与绕线接触太松或不接触,应紧固螺钉,如果仍接触不良,应把活动滑块的压板弹簧内钳了弯一下,使其接触良好或者更换新的电位器

续表

故障现象	故障分析及处理方法
在使用过程中,按"焊接"按钮后小车不动作	在正常情况下,把控制盒上的单刀开关 SA2 打到焊接位置,把转换开关 SA1 指向小车前进方向,挂上离合器,按"焊接"按钮 SB7,中间继电器 KA3 的绕组得电,触点动作,此时,电动机 M2 得电后转动,小车开始运行。此时,按"焊接"按钮后小车不动作,则说明故障在按动"焊接"按钮后的继电器 KA3 和接触器 KM 电路里,应逐步进行仔细检查确定故障位置 在检修(试验)时按着"焊接"按钮 SB7 不放,看一下中间继电器 KA3 是否动作。若不动作,首先检查按钮 SB7 和 SB8 是否接触不良或接线断路,再检查多芯控制电缆及接插件是否断线或接触不良,此处有故障应先排除,若无故障应继续检查 若中间继电器 KA3 动作,则先检查交流接触器 KM 是否动作。若 KM 动作,但小车仍不走,则是因为 KM 的常开触点 KM-4 闭合不良所致,应该断电打磨该触点,使之良好接触。若 KM 不动作,先检查中间继电器 KA3 的常开头 KA3-1 和 KA3-2 是否接触不良或接线断开,应予以修复,修复不好的应更换新的

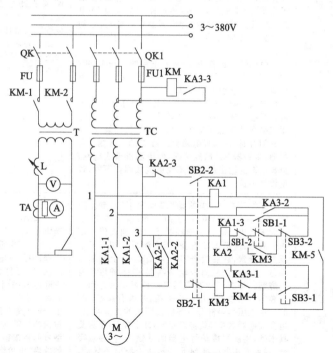

图 5-14　MZ1-1000 型交流自动埋弧焊机电路原理图

3. MZ1-1000 型交流自动埋弧焊机常见故障维修实例（图 5-14）

MZ1-1000 型交流自动埋弧焊机常见故障现象、分析及故障处理方法见表 5-28。

表 5-28　MZ1-1000 型交流自动埋弧焊机常见故障现象、分析及故障处理方法

故障现象	产生分析	处理方法
电焊机在接入电源后,此时空载电压和空调焊丝上下均正常,欲焊接时,按下"焊接"按钮后听到了控制箱内的接触器吸合响声,小车电动机也转动了,焊丝也向上抽,就是不起弧,无法工作	电焊机正常情况下,焊接电弧引弧过程是:在手按下按钮 SB3 没松开时,SB3 第一层钮(SB3-1)接通继电器 KA3,它的第一个触点 KA3-1 自锁;第二个触点 KA3-2 为焊丝的正常送丝电路做准备;第三个触点 KA3-3 闭合,使接触器 KM 电路接通。KM 的主触点接通弧焊电源变压器 T,它的辅助触点 KM5 闭合,使继电器 KA1 经过按钮 SB3 第一层而接入电路,这时 KA1-1、KA1-2 接通三相电动机 M 反抽电路,于是引起电弧。所以,电弧是在操作者手按着启动按钮 SB3 过程中产生的,这个过程很短,大约 1s,操作者听到起弧声后,手一松开,按钮 SB3 复位,其第一层钮(SB3-1)断开,而使继电器 KA1 断开,电动机 M 停止反抽,SB3 的第二层钮(SB3-2)闭合后,使继电器 KA2 接通供电,KA2-1、KA2-2 接通 M 电路,使 M 正转送丝,维持电弧燃烧。此时,电动机的另一输出轴带动小车行走,进入正常的焊接过程 此时电焊机的控制系统是正常的。按下 SB3 钮而不起电弧,是焊接电路预先没有接通。有下列原因之一就引不起电弧 焊接前,焊丝与焊件间没有形成真正的短路接触。焊接地线电缆端头没有与工件接好。接触器 KM 的主触点 KM-1、KM-2 因打弧而烧短路,在其闭合时,使弧焊电源变压器 T 的一次侧没有接通,熔断器 FU 已经熔断,使电源没接入电网;弧焊电源的输出端有电缆线掉线或螺钉不紧,致使接触不良	焊前工件表面要除去污垢,将焊丝与焊件调整到轻微接触并可靠短路;焊接地线与焊件要使用地线夹子,夹紧夹实,形成可靠接触;电焊机电源输出端,要保证可靠紧密连接,不准使用铁螺栓,以确保接触良好;检查熔断器的熔丝,使容量合适;检查接触器的主触点,发现触点烧坏时,应更换主触点或更换整个接触器
在电焊机空载时按动"焊丝向下"按钮时,电动机不转,焊丝没有动作	在正常情况下,当按动"焊丝向下"按钮 SB1 时,它将三相电动机 M 正向转动,电路接通,焊丝向下送出。电焊机出现按下 SB1 钮而焊丝不送的故障,应沿电路查找:用表测量三相电网电压是否异常,然后检查刀开关 QK1 合上时输出端是否有电压,最后查验熔断器 FU1 的熔丝有否烧断。检查三相变压器 TC 是否正常。用电压表测三相输出电压是否平衡,是否有缺相,TC 的二次电压是否符合电焊机说明书的性能要求,用手握旋具木柄,用前端按动继电器的动铁芯,使触点吸合,观看三相电动机 M 是否转动。若 M 不转动,说明故障在 KA2 的一对常开触点 KA2-1、KA2-2 上,触点虽动作但并未将电路接通;若电动机 M 转动,说明 KA2 不吸合。使该继电器绕组不吸合的原因很多,应逐一检查.	若电动机接线掉头,接牢便可;若电机烧了,应拆下来重新绕制修理;中间继电器的触点故障,可打磨触点,去除污垢;继电器绕组断线,可购新绕组换上,或更换新继电器;按钮的故障,应更换同型号的新按钮;变压器的故障,可检修或更换新的变压器;熔断器的熔丝烧断,应更换合适容量的新熔丝

续表

故障现象	产生分析	处理方法
在电焊机空载时按动"焊丝向下"按钮时，电动机不转，焊丝没有动作	①KA2 的绕组内部断线，用万用表电阻挡可测出 ②按钮 SB1 的第一层触点按动时是否未接通电路，用万用表电阻挡可测出 ③按钮 SB3 的第一层触点、KM3 的常闭触点和继电器 KA1 的常闭触点 KA1-3，是否在常闭状态时都可靠地接通电路，用万用表的电阻挡可测出 ④该电路的连接导线和各连接点是否有断头或掉头故障，也可用万用表的电阻挡测量出 检查三相电动机 M，也有可能是控制电路无故障，而是三相电动机绕组烧毁或接线处断线、掉头所致	若电动机接线掉头，接牢便可；若电机烧了，应拆下来重新绕制修理；中间继电器的触点故障，可打磨触点，去除污垢；继电器绕组断线，可购新绕组换上，或更换新继电器；按钮的故障，应更换同型号的新按钮；变压器的故障，可检修或更换新的变压器；熔断器的熔丝烧断，应更换合适容量的新熔丝
电焊机按动"焊丝向下"按钮，焊丝能向下送进，但是按"焊丝向上"按钮时，电动机不转，焊丝不能向上抽	电焊机在按 SB1 钮时，焊丝能正常向下输送，说明焊丝的拖动三相电动机 M 无故障，电动机的减速箱正常 由图 5-14 所示可知，在正常情况下，当按动 SB2 钮时，继电器 KA1 的绕组电路被接通，其一对常开触点 KA1-1、KA1-2 闭合，三相电动机 M 反转，使焊丝向上抽。现在，按 SB2 焊丝不上抽，应做以下检查： ①检查按钮 SB2 第二层钮(SB2-2)按动时触点接通的可靠性，用万用表电阻挡可检测 ②测继电器 KA2 常闭触点 KA2-3 接通的可靠性，用万用表电阻挡测定 ③检测继电器 KA1 的动作可靠性，继电器 KA1 的绕组是否有断线处，检测继电器 KA1 的常开触点 KA1-1、KA1-2 闭合时的可靠性，可用万用表的电阻挡检测 ④检查该电路的连接导线及接头是否有断头处	发现双层按钮有故障时，应按原规格型号换新件。对于继电器触点的接触不良，可用砂纸打磨触点，或校正一下触点的变形。对于绕组断线故障，则应按原规格更换新绕组。如果检修后仍不好用，应更换新继电器；电路导线的故障，应更换新线并可靠地接牢
MZ1-1000 型埋弧自动焊机使用时按下"焊接"按钮后电焊机内接触器没有动作，不能起弧焊接	从图 5-14 可以看出，在正常情况下，合上电焊机刀开关 QK、QK1 以后，按动 SB3 时，中间继电器 KA3 吸合，其常开触点 KA3-3 闭合，而使交流接触器 KM 吸合，电焊机发出"咔"的吸合响声，同时继电器 KA1 吸合，焊丝反抽而起弧，当松开 SB3 时，第一层 SB3-1 断开，其第二层 SB3-2 合上，使得继电器 KA1 断电，KA1-1 和 KA1-2 复位使电动机 M 停止反抽焊丝；与此同时，SB3 钮的第二层 SB3-2 的复位使继电器 KA2 得电，KA2-1 和 KA2-2 闭合，使电动机 M 正向旋转变为送丝，于是开始正常焊接	故障①时应更换熔断器的熔丝，故障便可排除 故障②或⑦时，应更换接触器 KM，或只换损坏的绕组或辅助触点即可 故障③或④时，应更换新的继电器 KA3 便可

续表

故障现象	产生分析	处理方法
MZ1-1000型埋弧自动焊机使用时按下"焊接"按钮后电焊机内接触器没有动作,不能起弧焊接	现在该电焊机故障是由于接触器 KM 未吸合,所以不能焊接。查找故障应从接触器 KM 着手,导致 KM 未吸合的原因可能有: ①接 KM 两相电源的熔断器的熔丝烧断 ②接触器 KM 的绕组烧毁,接线掉头或螺钉松脱 ③继电器 KA3 的触点 KA3-3 失灵 ④继电器 KA3 的绕组烧毁,所以致使 KM 未动作 ⑤按钮 SB3 的动合触点接触不良,造成假闭合,致使 KA3 不动作,而 KM 也无法动作了 ⑥按钮 SB2 的动断触点失灵,常闭状态并未真正地接通电路所致 ⑦接触器 KM 的常闭辅助触点 KM-4 失灵,并未真正闭合电路,使 KA3 未接通,致使 KM 不能动作 ⑧KM 绕组电路和 KA3 绕组电路的导线接头松脱、断线、掉头等都能使电路断路,电路不能导通 ⑨控制变压器 TC 故障可使 1、2 两点无电压,也会使继电器 KA3 不动作,致使 KM 不能动作	故障⑤、⑥时,应更换新的按钮 故障⑧时,应更换断头的导线,或将掉头、松脱的接头接好焊牢 故障⑨时,即控制变压器 TC 绕组烧断,应重新绕制绕组并浸漆,故障便可排除

4. 半自动埋弧焊机常见故障维修实例

半自动埋弧焊机常见故障现象、分析及故障处理方法见表 5-29。

表 5-29　半自动埋弧焊机常见故障现象、分析及故障处理方法

故障现象	产生原因	排除方法
按下启动开关,电源接触器不接通	①熔断器有故障 ②断电器损坏或断线 ③降压变压器有故障 ④启动开关损坏	检查、修复或更新
启动后,线路工作正常,但不起弧	①焊接回路未接通 ②焊丝与焊件接触不良	①接通焊接回路 ②清理焊件
送丝机构工作正常,焊接参数正确,但焊丝送给不均匀或经常断弧	①焊丝压紧轮松 ②焊丝给送轮磨损 ③焊丝被卡住 ④软管弯曲太大或内部太脏	①调节压紧轮 ②更换焊丝送给轮 ③整理被卡焊丝 ④软管不要太弯,用酒精清洗内弹簧管
焊机工作正常,但焊接过程中电弧常被拉断或粘住焊件	①前者为网络电压突然升高 ②后者是网络电压突然降低	①减小焊接电流 ②增大焊接电流

续表

故障现象	产生原因	排除方法
焊接过程中,焊剂突然停止下漏	①焊剂用光 ②焊剂漏斗堵塞	①添加焊剂 ②疏通焊剂漏斗
焊剂漏斗带电	漏斗与导电部件短路	排除短路
导电嘴被电弧烧坏	①电弧太长 ②焊接电流太大 ③导电嘴伸出太长	①减小电弧电压 ②减小焊接电流 ③缩短导电嘴伸出长度
焊丝在送给轮和软管口之间常被卷成小圈	软管的焊丝进口离送给轮间距离太远	缩短此间距离
焊丝送给机构正常,但焊丝送不出	①焊丝在软管中塞住 ②焊丝与导电嘴熔接住	①用酒精洗净软管 ②更换导电嘴
焊接停止时,焊丝与焊件粘住	停止时焊把未及时移开	停止时及时移开焊把

第六章
CO$_2$半自动电焊机和切割机的结构与维修

第一节 CO$_2$半自动电焊机的结构与维修

一、CO$_2$半自动电焊机的工作原理、特点及应用范围

1. 工作原理

CO$_2$气体保护焊是利用专门输送到熔池周围的CO$_2$气体作为介质的一种熔化极电弧焊方法，简称CO$_2$焊。

CO$_2$气体保护焊的焊接过程如图6-1所示。焊接电源和两端分别接

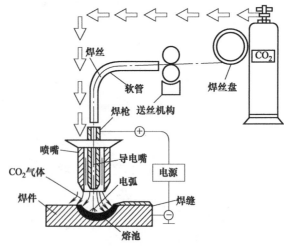

图6-1 CO$_2$气体保护焊焊接过程

在焊枪与焊件上，盘状焊丝由送丝机构带动，经软管与导电嘴不断向电弧区域送给，同时，CO_2 气体以一定的压力和流量送入焊枪，通过喷嘴后，形成一股保护气流，使熔池和电弧与空气隔绝，随着焊枪的移动，熔池金属冷却凝固成焊缝。

CO_2 气体保护焊有三种熔滴过渡形式：短路过渡、滴状过渡及射流过渡，其特点及应用范围如下。

（1）特点

① 短路过渡。电弧燃烧、熄灭和熔滴过渡过程稳定，飞溅小，焊缝质量较高。

② 滴状过渡。焊接电弧长，熔滴过渡轴向性差，飞溅严重，工艺过程不稳定。

③ 射流（射滴）过渡。焊接过程稳定，母材熔深大。

（2）应用范围

① 短路过渡。多用于 $\phi 1.4mm$ 以下的细焊丝，在薄板焊接中广泛应用，适合全位置焊接。

② 滴状过渡。生产中很少应用。

③ 射流（射滴）过渡。中厚板平焊位置焊接。

2. 特点

（1）焊接熔池与大气隔绝，对油、锈敏感性较低，可以减少焊件及焊丝的清理工作。电弧可见性良好，便于对中，操作方便，易于掌握熔池熔化和焊缝成形。

（2）电弧在气流的压缩下使热量集中，工作受热面积小，热影响区窄，加上 CO_2 气体的冷却作用，因而焊件变形和残余应力较小，特别适用于薄板的焊接。

（3）电弧的穿透能力强，熔深较大，对接焊件可减少焊接层数。对厚 10mm 左右的钢板可以开 I 形坡口一次焊透，角接焊缝的焊脚尺寸也可以相应地减小。

（4）抗锈能力强，抗裂性能好，焊缝中不易产生气孔，所以焊接接头的力学性能好，焊接质量高。CO_2 气体价格低，焊接成本低于其他焊接方法，仅相当于埋弧焊和焊条电弧焊的 40% 左右。

（5）焊后无焊接熔渣，所以在多层焊时就无需中间清渣。焊丝自动送进，容易实现自动操作，短路过渡技术可用于全位置及其他空间焊缝的焊接，生产率高。

（6）CO_2 焊机的价格比焊条电弧焊机高。大电流焊接时，焊缝表面成形不如埋弧焊和氩弧焊平滑，飞溅较多。为了解决飞溅的问题，可采用药芯焊丝。或者在 CO_2 气体中加入一定量的氩气形成混合气体保护焊。

（7）室外焊接时，抗风能力比焊条电弧焊弱。半自动 CO_2 焊焊炬重，焊工在焊接时劳动强度大。焊接过程中合金元素烧损严重。如保护效果不好，焊缝中易产生气孔。

3. 应用范围

CO_2 焊适用范围广，可进行各种位置焊接。常用于焊接低碳钢及低合金钢等钢铁材料和要求不高的不锈钢及铸铁焊补。不仅适用于焊接薄板，还常用于中厚板焊接。薄板可焊到 1mm 左右，厚板采用开坡口多层焊，其厚度不受限制。CO_2 焊是目前广泛应用的一种电弧焊方法，主要用于汽车、船舶、管道、机车车辆、集装箱、矿山和工程机械、电站设备、建筑等金属结构的焊接。

二、CO_2 半自动电焊机的结构及其配置

半自动 CO_2 焊和自动 CO_2 焊所用设备基本相同，如图 6-2 所示，半自动 CO_2 焊设备主要由焊接电源、供气系统、送丝系统、焊炬和控制系统组成。而自动 CO_2 焊设备仅多一套焊炬与工件相对运动的机构，或者采用焊接小车进行自动操作。

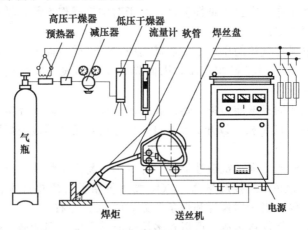

图 6-2　CO_2 半自动电焊机的结构

1. CO_2 焊接电源

CO_2 半自动焊为直流电源，一般采用反接。

（1）对焊接电源外特性的要求。由于 CO_2 电弧的静特性是上升的，所以平（恒压）和下降外特性电源可以满足电源电弧系统和稳定条件。弧压反馈送丝焊机配用下降外特性电源，等速送丝焊机配用平或缓降外特性电源。

（2）对电源动特性的要求。颗粒过渡时，对焊接电源动特性无特别要求；而短路过渡焊接时，则要求焊接电源具有足够大的短路电流增大速度；当焊丝成分及直径不同时，短路电流增长速度可进行调节。

2. 供气系统

供气系统的作用是将钢瓶内的液态 CO_2 变成合乎要求的、具有一定流量的气态 CO_2，并及时地输送到焊枪。如图 6-3 所示，CO_2 供气系统由气瓶、预热器、干燥器、减压流量计及气阀等组成，其说明见表6-1。

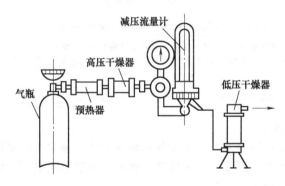

图 6-3　CO_2 供气系统

表 6-1　供气系统的组成

类别	说　明
气瓶	用作储存液体 CO_2，外形与氧气瓶相似，外涂黑色标记，满瓶时可达 5～7MPa 压力
预热器	由于液态 CO_2 转化为气态 CO_2 时要吸收大量热量，同时流经减压器后，气体膨胀，也会使气体温度下降，因而易使减压器出现白霜和冻结现象，造成气体阻塞。因此，CO_2 气体在减压之前必须经预热。预热器结构较简单，一般采用电热式，通以 36V 交流电，功率约 100W。气体预热器结构如图 6-4 所示

续表

类别	说　　明
预热器	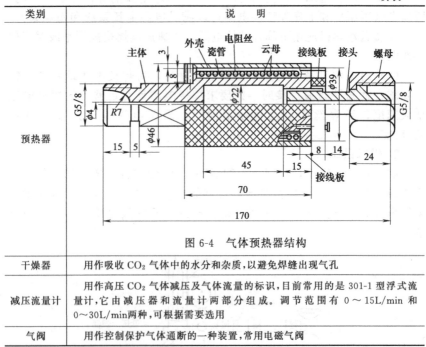 图 6-4　气体预热器结构
干燥器	用作吸收 CO_2 气体中的水分和杂质,以避免焊缝出现气孔
减压流量计	用作高压 CO_2 气体减压及气体流量的标识,目前常用的是 301-1 型浮式流量计,它由减压器和流量计两部分组成。调节范围有 $0 \sim 15L/min$ 和 $0 \sim 30L/min$ 两种,可根据需要选用
气阀	用作控制保护气体通断的一种装置,常用电磁气阀

3. 水路系统

系统中通以冷却水,用于冷却焊炬及电缆。通常水路中设有水压开关,当水压太低或断水时,水压开关将断开控制系统电源。使焊机停止工作,保护焊炬不被损坏。

4. 送丝系统

半自动 CO_2 焊通常采用等速送丝系统,送丝方式有推丝式、拉丝式和推拉式 3 种,3 种送丝方式的使用特点见表 6-2。半自动 CO_2 焊的 3 种送丝方式如图 6-5 所示。目前生产中应用最广的是推丝式,该系统包括送丝机构、调速器、送丝软管、焊丝盘和焊炬等,其说明见表6-3。

表 6-2　3 种送丝方式的使用特点

送丝方式	最长送丝距离/m	使用特点
推丝式	5	焊炬结构简单,操作方便,但送丝距离较短
拉丝式	15	焊炬较重,劳动强度较高,仅适用于细丝焊
推拉式	30	送丝距离长,但两动力须同步,结构较复杂

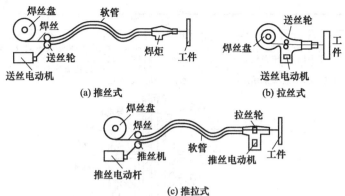

图 6-5　半自动 CO_2 焊的 3 种送丝方式

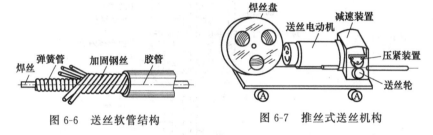

图 6-6　送丝软管结构　　　　图 6-7　推丝式送丝机构

表 6-3　送丝系统

类别	说　明
送丝软管	送丝软管是引导焊丝的通道,既有一定的挺度以保证送丝顺利,又能柔软地弯曲以便操作。送丝软管结构如图 6-6 所示。为了便于送丝,软管内径应与焊丝直径匹配。送丝软管与焊丝的配用见如下附表 附表　送丝软管与焊丝的配用 <table><tr><td>焊丝直径/mm</td><td>弹簧管内径/mm</td><td>软管长度/m</td></tr><tr><td>0.8</td><td>1.2</td><td>2～3</td></tr><tr><td>1.0</td><td>1.5～2.0</td><td>2～3.5</td></tr><tr><td>1.2</td><td>1.8～2.4</td><td>2.5～4</td></tr><tr><td>1.6</td><td>2.5～3.0</td><td>3～5</td></tr></table>
送丝机构	送丝机构由电动机、差速装置、送丝轮和压紧装置等组成。送丝机构有手提式、小车式和悬挂式之分。推丝式送丝机构如图 6-7 所示
调整器	调整器一般采用改变送丝电动机电枢电压的方法来实现无级调速。目前使用最普遍的是可控硅整流器调速方式
焊丝盘	按送丝方式的不同,焊丝盘分为大盘和小盘两种。一般推丝式、推拉式为大盘,拉丝式为小盘。为了保证送丝时均匀,绕丝时焊丝应密排层绕,同时要注意焊丝不硬弯

类别	说　明
焊炬	焊炬用于传导焊接电流、导送焊丝和 CO_2 保护气体。其主要零件有喷嘴和导电嘴。焊炬按其应用不同分为半自动焊炬和自动焊炬；按其形式不同分为鹅颈式和手枪式；按送丝方式不同分为推丝式和拉丝式；按冷却方式不同分为空冷式和水冷式。自动焊炬的基本构造与半自动焊炬相同，但其载流容量较大，工作时间较长，一般都采用水冷式。粗丝水冷自动焊炬构造如图 6-8 所示 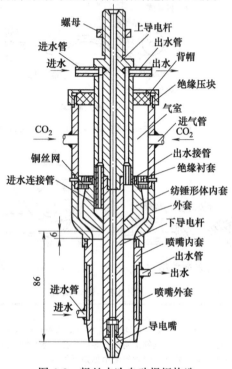 　　　　　　图 6-8　粗丝水冷自动焊炬构造 　　导电嘴的孔径应根据焊丝直径来选择：当焊丝直径<1.6mm 时，导电嘴孔径为 [焊丝直径＋(0.1～0.3)]mm；当焊丝直径>1.6mm 时，导电嘴的孔径为[焊丝直径＋(0.4～0.6)]mm；粗丝导电嘴的长度为 35mm，细丝导电嘴的长度为 25mm 左右，导电嘴常用紫铜、磷青铜或铬锆铜等材料制作
控制系统	控制系统的功能是在 CO_2 焊时，使焊接电源、供气系统、送丝系统实现程序控制。自动焊时，还要控制焊车行走或工件转动等 　　①送丝控制。控制送丝电动机，保证完成正常送丝和制动动作，调整焊接前的焊丝伸出长度，并对网络电压波动有补偿作用 　　②供电控制。主要是控制弧焊电源。供电在送丝前或与送丝同时进行；停电在停止送丝之后进行，以避免焊丝末端与熔池黏结，保证收尾良好 　　③供气系统控制。对供气系统的控制大致分四步进行：第一步预调气，按工艺要求调节 CO_2 气体流量；第二步引弧提前 2～3s 给电弧区送气，然后进行引弧；第三步在焊接过程中控制均匀送气；第四步是在停弧后应继续送气 2～3s 使熔化金属在凝结过程中仍得到保护。磁气阀采用延时继电器控制，也可由焊工利用焊枪上的开关直接控制供气 　　④控制程序。半自动 CO_2 焊焊接程序如图 6-9 所示。程序控制系统可控制焊接程序过程

图 6-9 半自动 CO_2 焊焊接程序

三、CO_2 半自动电焊机技术参数

CO_2 半自动电焊机技术参数见表 6-4。

表 6-4　CO_2 半自动电焊机技术参数

焊机名称及型号	CO_2 半自动电焊机					
	NBC-200 (GD-1200)	NBC1-200	NBC1-300 (GD-300)	NBC1-500	NBC1-500-1	NBC4-500 (FN-1)
电源电压/V	380	220/380	380	380	380	380
空载电压/V	17～30	14～30	17～30	75	75	75
工作电压/V	17～30	14～30	17～30	15～42	15～40	15～42
电流调节范围/A	40～200	—	50～300	—	50～500	—
额定焊接电流/A	200	200	300	500	500	500
焊丝直径/mm	0.5～1.2	0.8～1.2	0.8～1.4	0.8～2	1.2～2.0	0.8～1.6
送丝速度/(m/min)	1.5～9	1.5～15	2～8	1.7～17	8	1.7～25
气体流量/(L/min)	—	25	20	25	25	25
额定负载持续率/%	—	100	70	60	60	—
配用电源	硅整流电源	ZPG-200型电源	可控硅整流电源	ZPG1-500型电源	硅整流电源	ZPG1-500型电源
适用范围	拉式半自动焊机，适用于0.6～4mm厚低碳钢薄板的焊接	适用于低碳钢薄板的焊接，为推式半自动焊机	推式半自动焊机，适用于低碳钢板焊接	推式半自动焊机，冷却水耗量1L/min。适用于中、厚低碳钢板的焊接	推式半自动焊机，适用于焊接中、厚低碳钢板	推式半自动焊机，适用于点焊或缝焊

注：( ) 内为旧型号。

四、焊接材料及焊接规范的选择

(一) 焊接材料

焊接材料说明见表 6-5。

(二) 焊接规范选择

1. 短路过渡焊接

CO_2 电弧焊中短路过渡应用最广泛，主要用于薄板及全位置焊接，规范参数为电弧电压焊接电流、焊接速度、焊接回路电感、气体流量及焊丝伸出长度等。

表 6-5 焊接材料

材料	说 明
CO_2 保护气体	CO_2 有固态、液态、气态三种状态。瓶装液态 CO_2 是 CO_2 焊接的主要保护气源，液态 CO_2 是无色液体,其密度随温度变化而变化。当温度低于 $-11℃$ 时密度比水大,当温度高于 $-11℃$ 时则密度比水小。由于 CO_2 由液态变为气态的沸点为 $-78℃$,所以工业焊接用 CO_2 都是液态。在常温下能自己汽化。CO_2 气瓶漆成黑色标有"CO_2"黄色字样
焊丝	CO_2 气体保护焊对焊丝化学成分的要求如下: ①焊丝的含碳量要低,一般在要求小于 0.11%,这样可减少气孔和飞溅 ②焊丝必须含有足够数量的脱氧元素以减少焊缝金属中的含氧量和防止产生气体 ③焊缝金属具有满意的力学性能和抗裂性能 国内在生产中应用最广的焊丝为 H08Mn2SiA 焊丝,该焊丝有较好的工艺性能及抗热裂纹能力,适用于焊接低碳钢、屈服极限小于 500MPa 的低合金钢和经焊后热处理抗拉强度小于 1200MPa 的低合金高强钢,而且焊丝表面的清洁程度影响到焊缝金属中含氢量。焊接重要结构应采用机械、化学或加热办法清除焊丝表面的水分和污染物
药芯焊丝	①由于药芯成分改变了纯 CO_2 电弧的物理、化学性质,因而飞溅小且飞溅颗粒容易清除,又因熔池表面盖有熔渣,焊缝成形类似手工弧焊,焊缝较实心焊丝电弧焊美观 ②与手工焊相比由于 CO_2 电弧耐热效率高加上电流密度比手工弧焊大,生产效率可为手工弧焊的 3~5 倍 ③调整药芯成分就可焊不同的钢种,而不像冶炼实心丝那样复杂 ④于熔池受到 CO_2 气体和熔渣两方面的保护,所以抗气孔能力比实心焊丝能力强

(1) 电弧电压和焊接电流。对于一定的焊丝直径及焊接电流（即送丝速度），必须匹配合适的电弧电压，才能获得稳定的短路过渡过程，此时的飞溅最少，所以在作业时选择合适的焊接参数非常必要。

不同直径焊丝的短路过渡参数见表 6-6。

表 6-6 不同直径焊丝的短路过渡参数

焊丝直径/mm	0.8	1.2	1.6
电弧电压/V	18	19	20
焊接电流/A	100~110	120~135	140~180

(2) 焊接回路电感的作用

① 调节短路电流增长速度 di/dt。di/dt 过小会发生大颗粒飞溅以致焊丝大段爆断而使电弧熄灭，di/dt 过大则产生大量小颗粒金属飞溅。

② 调节电弧燃烧时间控制母材熔深。

③ 焊接速度。焊接速度过快会引起焊缝两侧吹边，焊接速度过慢

容易发生烧穿和焊缝组织粗大等缺陷。

④ 气体流量大小取决于接头形式、板厚、焊接规范及作业条件等因素。通常细丝焊接时气体流量为 $5\sim15L/min$，粗丝焊接时为 $20\sim25L/min$。

⑤ 焊丝伸长度。合适的焊丝伸出长度应为焊丝直径的 $10\sim20$ 倍。焊接过程中，尽量保持在 $10\sim20mm$ 范围内，伸出长度增加则焊接电流下降，母材熔深减小，反之则电流增大，熔深增加。电阻率越大的焊丝这种影响越明显。

⑥ 电源极性。CO_2 电弧焊一般采用直流反极性，此时飞溅小，电弧稳定，母材熔深大，成形好，而且焊缝金属含氢量低。

2. 细颗粒过渡

（1）对于一定的直径焊丝，当电流增大到一定数值后同时配以较高的电弧压，焊丝的熔化金属即以小颗粒自由飞落进入熔池，这种过渡形式为细颗粒过渡。

（2）细颗粒过渡时，电弧穿透力强，母材熔深大，适用于中厚板焊接结构。细颗粒过渡焊接时也采用直流反接法。

达到细颗粒过渡的电流和电压范围见表 6-7。

表 6-7　达到细颗粒过渡的电流和电压范围

焊丝直径/mm	电流下限值/A	电弧电压/V
1.2	300	$34\sim35$
1.6	400	$34\sim45$
2.0	500	$34\sim65$

随着电流增大电弧电压必须提高，否则电弧对熔池金属有冲刷作用，焊缝成形恶化，适当提高电弧电压能避免这种现象，但电弧电压太高飞溅会显著增大。在同样电流下，随焊丝直径增大电弧电压降低。CO_2 细颗粒过渡和在氩弧焊中的喷射过渡有着实质性差别。氩弧焊中的喷射过渡是轴向的，而 CO_2 中的细颗粒过渡是非轴向的，仍有一定金属飞溅。另外氩弧焊中的喷射过渡界电流有明显交变特征（尤其是焊接不锈钢及黑色金属），而细颗粒过渡则没有。

3. 减少金属飞溅措施

（1）焊接电弧电压：在电弧中对于每种直径焊丝其飞溅率和焊接电流之间都存在着一定规律。在小电流区，短路过渡飞溅较小，进入大电流区（细颗粒过渡区）飞溅率也较小。

（2）焊枪角度：焊枪垂直时飞溅量最少，倾向角度越大飞溅越大。

焊枪前倾或后倾最好不超过 20°。

(3) 焊丝伸出长度：焊丝伸出长度对飞溅影响也很大，焊丝伸出长度从 20mm 增至 30mm，飞溅量增加约 5%，因而伸出长度应尽可能缩短。

4. 保护气体种类不同其焊接方法有区别

(1) 利用 CO_2 气体为保护气的焊接方法为 CO_2 电弧焊。在供气中要加装预热器，因为液态 CO_2 在不断汽化时吸收大量热能，经减压器减压后气体体积膨胀也会使气体温度下降，为了防止 CO_2 气体中水分在钢瓶出口及减压阀中结冰而堵塞气路，所以在钢瓶出口及减压器之间将 CO_2 气体经预热器进行加热。

(2) $CO_2 + Ar$ 气作为保护气的 MAG 焊接法，称为物性气体保护焊。此种焊接方法适用于不锈钢焊接。

(3) Ar 作为气体保护焊的 MIG 焊接方法，适用于铝及铝合金焊接。

5. CO_2 气体的性质、提纯措施及选用

CO_2 气体的性质、提纯措施及选用见表 6-8。

表 6-8　CO_2 气体的性质、提纯措施及选用

材料	说　明
CO_2 气体的性质	CO_2 气体是一种无色、无味的气体，在 0℃和 0.1MPa 气压时，它的密度为 1.9768g/L，为空气的 1.5 倍。CO_2 气体在常温下很稳定，但在高温下几乎能全部分解。CO_2 有固态、液态和气态 3 种状态。气态 CO_2 只有受到压缩才能变成液态。当不加压力冷却时，CO_2 气体将直接变成固态(干冰)。由于干冰表面冷凝着空气里的水分，所以它不适用于焊接。CO_2 焊使用液态的 CO_2，其密度随温度变化而变化，常温下自己汽化(−780℃为液态变为气态的沸点)，在 0℃和 0.1MPa 气压下，1kg 液态 CO_2 可以汽化成 509L 的气态 CO_2。CO_2 气体主要是酿造厂和化工厂的副产品 　　液态 CO_2 中可溶解约占质量 0.059/6 的水分。因此用于 CO_2 焊的保护气体，必须经过干燥处理。焊接用的 CO_2 气体的一般标准为 $[CO_2] >$ 99%，$[O_2] < 0.1$%，水分 $< 1.22g/m^3$，对于质量要求高的焊缝，CO_2 纯度应 > 99.5%
CO_2 气体的提纯措施	焊接用 CO_2 气体都是钢瓶(外表漆成黑色，并标有黄字 CO_2 字样)充装，为了获得优质焊缝，应对瓶装 CO_2 气体进行提纯处理，以减少其中的水分和空气，提纯可采取以下措施： 　　①将气瓶倒立静止 1~2h，然后打开瓶阀，把沉积于下部的自由状态的水排出，根据瓶中含水的不同，可放水 2~3 次，每隔 30min 放一次，放水结束后将气瓶放正 　　②经放水处理后的气瓶，在使用前先放气 2~3min，放掉气瓶上部分的气体 　　③在气路系统中，设置高压干燥器，进一步减少 CO_2 气体中的水分。一般用硅胶或脱水硫酸铜作干燥剂，用过的干燥剂经烘干后可反复使用 　　④瓶中气压降到 1MPa 时不再使用，因为当瓶内气压降到 1MPa 以下时，CO_2 气体中所含水分将增加到原来的 3 倍左右，如继续使用，焊缝将产生气孔，并降低焊接接头的塑性

续表

材料	说　明
CO_2 保护气体的选用	由于 CO_2 在高温时具有氧化性,故所配用的焊丝应有足够的脱氧元素,以满足 Mn、Si 联合脱氧的要求 对于低碳钢、低合金高强度钢、不锈钢和耐热钢等,焊接时可选用活性气体保护,以细化过渡熔滴,克服电弧阴极斑点飘移及焊道边缘咬边等缺陷 焊接低碳钢或低合金钢时,在 CO_2 气体中加入一定量的 O_2,或者在 Ar 中加入一定量的 CO_2 或 O_2,可产生明显效果。采用混合体保护,还可增大熔深,消除未焊透、裂纹及气孔等缺陷。焊接用 CO_2 保护气体及适用范围见表 6-9

表 6-9　焊接用 CO_2 保护气体及适用范围

材料	保护气体	混合比	化学性质	焊接方法	简要说明
碳钢及低合金钢	Ar+ O_2 + CO_2	加 O_2 为 2% 加 CO_2 为 5%	氧化性	MAG	用于射流电弧,脉冲电弧及短路电弧
	Ar+ CO_2	加 CO_2 为 2.5%			用于短路电弧。焊接不锈钢时加入 CO_2 的体积分数最大量应小于 5%,否则渗碳严重
	Ar+ CO_2	加 O_2 为 1%~5% 或 20%			生产率较高,抗气孔性能优。用于射流电弧及对焊缝要求较高的场合
	Ar+ CO_2	Ar 为 70%~80% CO_2 为 20%~30%			有良好的熔深,可用于短路过渡及射流过渡电弧
	Ar+ O_2 + CO_2	Ar 为 80% O_2 为 15% CO_2 为 5%			有较佳的熔深,可用于射流、脉冲及短路电弧
	CO_2	—			适于短路电弧,有一定飞溅

五、CO₂半自动电焊机的基本操作与常见故障的排除方法

(一) CO₂半自动电焊机的基本操作

1. 注意事项

(1) 电源、气瓶、送丝机、焊枪等连接方式参阅说明书。

(2) 选择正确的持枪姿势。

① 身体与焊枪处于自然状态,手腕能灵活带动焊枪平移或转动。

② 焊接过程中软管电缆最小曲率半径应大于 300mm/m,焊接时可任意拖动焊枪。

③ 焊接过程中能维持焊枪倾角不变，还能清楚方便观察熔池。

④ 保持焊枪匀速向前移动，可根据电流大小、熔池的形状、工件熔合情况调整焊枪前移速度，力争匀速前进。

2. 基本操作

(1) 检查全部连接是否正确，水、电、气连接完毕，合上电源，调整焊接规范参数。

(2) 引弧：CO_2 气体保护焊采用碰撞引弧，引弧时不必抬起焊枪，只要保证焊枪与工件距离。

① 引弧前先按遥控盒上的点动开关或焊枪上的控制开关，将焊丝送出枪嘴，保持伸出长度 $10\sim15$mm。

② 将焊枪按要求放在引弧处，此时焊丝端部与工件未接触，枪嘴高度由焊接电流决定。

③ 按下焊枪上控制开关，电焊机自动提前送气，延时接通电源，保持高电压、慢送丝，当焊丝碰撞工件短路后自然引燃电弧。短路时，焊枪有自动顶起的倾向，故引弧时要稍用力下压焊枪，防止因焊枪抬起太高，电弧太长而熄灭。

3. 焊接

引燃电弧后，通常采用左焊法，焊接过程中要保持焊枪适当的倾斜和枪嘴高度，使焊接尽可能地匀速移动。当坡口较宽时为保证两侧熔合好，焊枪作横向摆动。焊接时，必须根据焊接实际效果判断焊接工艺参数是否合适。看清熔池情况、电弧稳定性、飞溅大小及焊缝成形的好坏来修正焊接工艺参数，直至满意为止。

4. 收弧

焊接结束前必须收弧。若收弧不当容易产生弧坑并出现裂纹、气孔等缺陷。焊接结束前必须采取措施。

(1) 电焊机有收弧坑控制电路。焊枪在收弧处停止前进，同时接通此电路，焊接电流，电弧电压自动减小，待熔池填满。

(2) 若电焊机没有弧坑控制电路或因电流小没有使用弧坑控制电路。在收弧处焊枪停止前进，并在熔池未凝固时反复断弧、引弧几次，直至填满弧坑为止。操作要快，若熔池已凝固才引弧，则可能产生未熔合和气孔等缺陷。

(二) CO_2 半自动电焊机的常见故障现象、产生原因及排除方法

CO_2 半自动电焊机的常见故障现象、产生原因及排除方法见表6-10。

表 6-10　CO₂ 半自动电焊机常见故障现象、产生原因及排除方法

故障现象	产生原因	排除方法
空载电压过低	①单相运行 ②输入电压不正确 ③三相全波整流器元件损坏	①检修输入电源熔断器 ②检查输入电压,并调至额定值 ③检修元件
调不到正常空载电压范围	①粗调或细调的开关触点接触不良 ②变压器初级线圈抽头引线有故障	①检修虚接触点 ②检查各挡变压器是否正常,修复变压器线圈或引出线
送丝机构不运转	①焊炬开关失灵 ②控制电路或送丝电路的熔丝烧断 ③多芯插头虚接 ④接触器不动作 ⑤送丝电路有故障 ⑥电动机故障	①检修焊炬开关上的弹簧片位置 ②更换熔丝 ③拧紧各控制插头 ④检修接触器触点接触情况 ⑤检修控制电路 ⑥检修电动机
CO₂ 气体不能流出或关不断	①电磁气阀失灵 ②流量计不通	①检修电磁气阀 ②检查 CO₂ 预热器及减压流量计
焊接过程中送丝不均匀	①送丝轮槽口磨损或与焊丝直径不符 ②压丝手柄压力不够 ③送丝软管堵塞或损坏 ④送丝软管弯曲,直径过小	①更换送丝轮 ②调整压丝手柄压力 ③检修清理送丝软管 ④伸直送丝软管
焊接过程飞溅过大	①极性接反 ②焊丝伸出太长 ③焊丝给送不匀 ④导电嘴磨损	①负极接工件 ②压低喷嘴与工件的间距 ③更换送丝轮调整手柄压力 ④换导电嘴

六、典型 CO₂ 半自动电焊机的结构

日本 X 系列 CO₂ 半自动电焊机,有 XⅢ-200S、XⅢ-350PS、XⅢ-500PS 三种规格,其工作原理基本相同。现在生产的大阪新型电焊机,在原来的基础上有所改进。由于目前原大阪型机的使用还比较广泛,其图纸资料也比较齐全,而改进后的电焊机,缺少其图纸资料,因此仍选原大阪机为例。下面就以 XⅢ-500PS 型 CO₂ 半自动电焊机为例加以说明。

1. 电焊机结构

电焊机结构说明见表 6-11。

表 6-11　电焊机结构说明

类别	说　明
送丝机	自动输送焊丝。主要设备部件有：送丝电动机、电磁气阀、减速箱、送丝轮、矫正轮、加压手柄等
遥控盒	用来远距离调节电弧电压和焊接电流，手动控制送丝，装有电位器和按钮
焊枪	具有送气、送丝和输电的功能 半自动 CO_2 焊枪，一般采用鹅颈式焊枪，主要零件有导电嘴、喷嘴、绝缘体、连杆、鹅颈管、焊把、手把开关、三位一体(气管、弹簧软管、焊接电缆线及控制电线)的电缆、导管、导管套等
焊接电源	具有一定程度缓降的外特性，提供可调的焊接电压和电流。主要由主变压器、晶闸管(可控硅)整流器、平稳电抗器、滤波电抗器、接触器、风机、控制元器件所组成。印制电路板都装在焊接电源内，其功能见如下附表 附表　印制电路板的功能 {{APPENDIX_TABLE}}
流量计	预热、减压和调节 CO_2 气体流量。主要零件有加热装置，高、低压室，压力表，调压手柄，外表管，内表管，浮子，流量调节旋钮等

附表　印制电路板的功能

印制电路板号	功能	印制电路板号	功能
P7539S	触发电路	P1589J	触发主晶闸管的接线板
P7530Q	模拟榨制电路；送丝机控制电路	P7204J	主接触器控制电路
P7204P	±15V 电源，同步脉冲电路，缺相保护电路	O7541R	焊接程序控制电路

2. 各元件的作用

各元件的作用见表 6-12。

表 6-12　各元件的作用

元件	作　用
交流接触器 KM	用来接通或断开主电路
主变压器 T1	主要功能是把三相 380V 的电网电压降低到整流电路所需的电压值，该电压经晶闸管整流后，得到适合于焊接的电压值。T1 的原边为三角形接法，副边有两个三相绕组，都接成星形，且同名端相反(即相位相反)，故称双反星形。此外，T1 的副边还有两个绕组，即流量计加热器的电源(100V)、送丝机主回路和程序控制电路的电源(26V)
晶闸管 VT1~VT6	为可控整流元件，通过调节 VT1~VT6 的导通角，来调节电焊机输出电压的大小
平衡电抗器 L1	是一个带中心抽头的有铁芯的电感
滤波电抗器 L2	用来作滤波，可减少飞溅，改善电焊机的动特性，使电弧燃烧更稳定些
续流电阻 R1	为晶闸管的维持电流提供通路

3. 设备主要技术参数

设备主要技术参数见表 6-13。

表 6-13 设备主要技术参数

额定容量/kV·A	32	焊接电压范围/V	15~45
额定输入相数、电压/V	三相~380±10%	空载电压/V	50~70(RP4 从 0 到最大时)
额定输出电流/A	500	额定负载持续率/%	60
额定输出电压/V	45	焊丝直径/mm	ϕ1.2、ϕ1.6
焊接电流范围/A	50~500		

七、CO₂ 半自动电焊机的维修工艺及维修实例

(一) CO₂ 半自动电焊机的维修工艺

1. 维修操作准备

工具选用电笔、万用表(有时用电压表、电流表)、兆欧表、示波器、调压器、试灯、内六角扳手、活扳手、套筒扳手、各类大小十字或一字螺丝刀等工具。有时还需要备动力电源线(要符合电焊机容量要求的动力电源)。

2. 维修工艺制定

根据电焊机的故障原因和性质,制定维修工艺程序,完成故障点的查找。

3. 维修故障工艺步骤

维修故障工艺步骤见表 6-14。

表 6-14 维修故障工艺步骤

工艺步骤		说 明
通电前的检查	验笔测试法	用验电笔检查电焊机的电源(三相或单相)是否正常,是初步判断故障的一种方式(在没有万用表的情况下),也可以进一步对焊机的熔断器(保险管)进行检查(把熔断器或保险管拆下来,一端对着已经确定有电的一相电源,另一端用验电笔触在熔断器另一端,观察验电笔是否亮,如果亮说明熔断器是完好的,相反就是坏的,要及时更换)。但是在做检测前一定要采取好安全措施,手一定不要触碰熔断器金属部分(或戴好手套)以免触电,伤及人身安全
	万用表法	用万用表检查输入电源(三相或单相)是否正常。如果正常就要进一步检查熔断器的好坏,拆下后用万用表的电阻挡检查其好坏。此时一定要在无电的情况下进行
	观察法	前提必须通电进行。主要观察电焊机面板上各个仪表和指示灯等是否异常,来判断故障

续表

工艺步骤	说　　明
拆开检查	①开关拆机检查。内部的断路器(开关或是空气开关)、接触器、电磁阀、手动开关的检查 ②变压器的检查 ③器件的检查
修后验收	检查电源和电焊机的接线以及辅助设备的情况。准备好后,就可以进行送电试电焊机

(二) NBC-250 型 CO_2 半自动直流电焊机故障维修实例

NBC-250 型 CO_2 半自动直流电焊机故障现象、分析及故障处理方法见表 6-15。

表 6-15　NBC-250 型 CO_2 半自动直流电焊机故障现象、分析及故障处理

故障现象	故障分析	故障处理方法
电焊机工作时,按动鹅头式焊枪上的按钮后电焊机不送保护气体,但电焊机的指示灯亮,此时,电焊机的其他动作都正常	由 NBC-250 型 CO_2 半自动直流电焊机原理图可知,当按动焊枪上的按钮(SA3)后,电磁气阀 YV 应该立即有电而打开,开始送保护气体,而现在电焊机根本不送气。很明显,故障在电磁气阀 YV 上,即电磁气阀没有打开。电磁气阀不动作只有两个原因:一是控制变压器 T2 没有电,可是现在故障电焊机的指示灯却亮着,说明 T2 有电,显然不是这里的故障。二是电磁阀本身的故障,电磁气阀给电后不动作的原因有两个,一是电磁阀绕组烧毁,二是电磁绕组的引线有断头,或接线掉头(开焊或假焊)	从电焊机中把电磁阀拆下,用万用表测试,或打开进行检查,或接入 36V 交流电源试验,确定电磁气阀的故障绕组烧损还是引线掉头(开焊或假焊)。如果是引线掉头(开焊或假焊),就将引线重新接好即可,如果是绕组烧了,可以购置新的线圈或利用该绕组的旧骨架重绕一个新的线圈即可(用原绕组同种规格的漆包线绕制)。如果该设备(电焊机)使用较频繁而且工作量较大,亦可以购置一个新的电磁阀换上或备一个
在电焊机工作中电源和气路都正常,但进行焊接时,按动鹅头式焊枪的按钮后没有上正常的送气程序动作,而气、电同一时刻动作	从电焊机原理图上分析可知,当按动焊枪上的按钮 SA3 时,首先是电磁阀 YV 有电而被打开,开始送保护气;同时,整流桥 UR1 向电容 C2 充电,要经大约 2~3s 的时间后,C2 两端的电压被充到直流继电器 KA 的动作电压时,KA 吸合,而 KA 的常开触点 KA-4 使接触器 KM 吸合而接通电源变压器 T1 该电焊机在按动 SA3 按钮时,送电不延时,几乎与送气同时,这种故障会使焊缝开始一段保护效果不好,焊接质量不高。出现上述故障的原因是与继电器 KA 并联的电容 C2 失灵(电容老化失效、电容内部断线或是电容的引线折断)。因 C2 没有充电升压的过程,所以继电器 KA 没有延时作用而电磁阀、气阀同时动作	更换电容 C2(要用同种规格型号的电容器),故障可以消除

故障现象	故障分析	故障处理方法
电焊机工作时,电压调节部分出现故障,高挡电压有10挡无法调出,低挡的10挡调节正常	该电焊机的电压调节是用转换开关SA6和SA1联合使用,调节变压器一次绕组抽头实现的。SA6可调2挡(一次绕组全接入为低挡,接入一半为高挡),SA1可调10挡,共计20挡 现在的故障是高挡电压有10挡调不出来,显然是调节开关SA6的抽头断线,使SA6只有一挡好用,即一次绕组全匝接入那一挡。产生这种故障的可能原因是: ①转换开关SA6抽头那一挡接触不良,每转到此位置时,三相的开关触头均没有接触 ②SA6开关的抽头连接螺钉松脱或断头 ③SAs开关转到抽头这一挡位置时,开关并未接通,而越过该位置时才能接通,这是转换开关的转角定位器出了问题所致 ④变压器一次绕组抽头根部折断	首先把变压器一次绕组抽头根部折断处接好,或更换变压器一次绕组的抽头转换开关SA6,按SA6原开关的规格型号进行更换,即可排除此故障
电焊机在接入电网上电源开关后指示灯亮,按动焊枪的"焊接"微动开关时,电焊机无任何动作,人为地用旋具触动电源接触器时,电焊机有空载电压	从电气原理图可知,电焊机的电路有以下特点:主电路采用三相桥式整流电路;变压器T1为Y/Y接法;电焊机输出电压调节采用变压器一次抽头方式(通过三相转换开关SA6和三相换挡开关SA1),由滤波电抗L两挡调节,控制电路是为控制焊接程序和送丝电动机的调速而设;直流电动机M由晶闸管单相全波半控桥供电和调速,焊接程序控制由继电器实现 根据电焊机上述故障可以看出,电焊机的电源供电回路和主电路无故障,只是控制电路有故障:不送保护气、不送丝、不能进行焊接程序。由于控制系统的这三个方面的故障同时出现,可以判定此故障一定是它们共同电源(控制变压器T2)的故障所致。因为三个方面的单独故障同时出现的概率是很小的,所以排除上述情况 经过对电焊机实际检查,电焊机的焊接电源系统正常,控制系统的一次电源电压正常;控制变压器T2的一次电压正常;而T2的二次无电压,进一步检查发现变压器绕组烧毁	对故障电焊机进行大修(更换烧坏的二次绕组,但在修理时,一定要做好检修记录如线径、匝数以及绕向等方面的资料);或者更换新的电焊机,即可解决

故障现象	故障分析	故障处理方法
电焊机在按动焊枪的焊接按钮后,电焊机能正常引弧、焊接,但不久电弧就很不稳定,同时接触器发出连续的"咔啦"振动响声,使电焊机无法工作	从电气原理图可知,当按动焊枪上的启动(焊接)按钮 SA3 之后,能够正常引弧、焊接,说明焊接电源没有问题,电焊机的控制程序也没有问题;能正常送气,说明气路也没有故障。现在的故障是电焊机启动后,电焊机的电源接触器 KM 出现振动,发出连续的"咔啦"响声。这是接触器动铁芯的磁路被异物阻碍而产生的电磁振动声。由于接触器活动铁芯的振动,使它的动合触点吸合不好,产生此种现象,因而电源的供电便时有时断,导致送丝电动机的供电也是时有时断,因此,使电弧燃烧不稳定,难以维持正常焊接	把接触器拆开,清除磁路中的异物,清除磁铁表面的油污、铁锈和灰垢,也可以更换一个新的交流接触器,即可排除此故障
电焊机在使用时发现送丝速度太慢,而旋转调节送丝速度的电位器时仍有效,但无论快速或慢速均比过去慢了许多	NBC-50 型 CO_2 半自动直流电焊机是推丝式送丝方式。电焊机有一个单独的送丝机构(小车)。它是由一台 70SZ55A3 型直流伺服电动机 M,经减速器减速而驱动送丝滚轮,完成向软管和焊枪送丝的,由电气原理图可知,送丝直流电动机 M 是他励式。励磁电源由单相整流桥 UR4 供恒定直流电压 24V。该电动机的调速,是由两只晶闸管 VT1、VT2 和两只二极管 VD8、VD9 组成的单相整流桥,由触发电路改变晶闸管的导通角来改变整流桥输出而实现调速的。现在,该电焊机送丝速度从小到大能够均匀调节,说明晶闸管调节电路没有故障。而送丝速度从慢到快全面均匀的大幅度降低,显然是励磁电压下降所致。因此,如果直流电动机的电枢电压不变,而改变励磁电压,也会使电动机的速度改变,如果整流桥 UR4 半臂整流元件损坏,或整流桥有一个二极管开焊、断线,都会使整流桥 UR4 的直流电压由全波变成半波而降低一半,可使送丝速度下降一半,调节时各速度均比原先时降低一半 经测试,UR4 输出电压仅 12V,是正常时的一半,仔细检查发现有一个整流二极管阻值无穷大	更换一只新的整流二极管,故障消除

故障现象	故障分析	故障处理方法
电焊机在不焊接时焊枪也有微细的气流漏出。为了不浪费气体,只好去关气瓶阀门,对正常工作很不方便	正常的 CO_2 气体保护电焊机,在焊接时电磁阀打开气阀,CO_2 从焊枪喷嘴喷出,保护电弧。当电焊机不焊接时,电磁气阀应关闭,CO_2 气体停止从焊枪喷出。现在,该电焊机在不焊接时仍有微细的气流从焊枪喷出,说明电磁气阀的阀门由关闭不严所致 　　当电磁气阀的电磁线圈没有电时,阀门的活塞被弹簧的压力所迫,其端部的密封塞将阀门口关紧,所以电磁气阀关闭。而当电磁气阀的电磁线圈有电时,则此线圈的电磁力克服了弹簧的弹力,将阀门的活塞吸动上移,使之打开气门口,于是电磁气阀打开,气体便流出气阀 　　由此可知,若电磁气阀的活塞与气门口封闭不严,则电磁气阀一定漏气。造成电磁气阀阀门(活塞)关闭不严的原因如下: 　　①电磁气阀的气门口和活塞端部密封塞周围不干净,有污物,当阀门关闭时,活塞端部被微小的异物所隔,使阀门密封面有气隙而漏气 　　②电磁气阀活塞前面的橡皮密封塞老化,失去了弹性,致使活塞关闭不严 　　③电磁气阀活塞的弹簧用久了,产生疲劳,使弹性降低.活塞关闭时,弹簧压力不够导致关闭不严所致	打开电磁气阀,并按上述分析查找,确定其漏气的确切原因 　　①的故障是常易发生的。出现此种故障,可以把活塞端面及气门的周围清洁干净,使污物去除,再把电磁气阀装好,接通电源开关,连续动作几次,同时再用较高压力的气体从气口连吹几次,当电磁气阀打开时出气口也有高压吹出时,气路导通便修好了 　　②、③的故障不常发生,出现时,可以更换橡皮密封塞和弹簧,也可以更换新的电磁气阀
供电电源及气源供气均正常,但电焊机在空载调试时发现,拨动试气的钮子开关时电焊机的电磁气阀不打开(听不到"咔"的轻微响声),焊枪也没有气流喷出	CO_2 气体保护电焊机在空载时一般都要进行试气动作,一是检查一下气瓶有无气体;二是试一下气流流量,不合适时应调节流量计。现在,该电焊机打开试气开关而电磁气阀无动作,说明是电路出现故障,故障可能存在的地方如下: 　　①电磁气阀的供电电源的熔断器可能烧断 　　②试气的钮子开关可能失灵 　　③电磁气阀供电的电源变压器可能烧毁 　　④电磁气阀本身的线圈烧毁 　　磁气阀的供电电路导线有断线、接头有掉头 　　以上各处只要有一个部位存在故障,便能产生电磁气阀电路接不通、电磁气阀不动作而气路不通的故障	①、②的故障,应更换新的熔断器、钮子开关;③的故障,应修理或更换变压器;④的故障,应打开电磁气阀更换烧坏的线圈;⑤的故障,应接好断线及掉头的接头

故障现象	故障分析	故障处理方法
在使用过程中均正常,只是在焊接停止时电焊机送丝电动机不能立即停止转动,总要拖一段时间才能停下来,常发生焊后焊丝粘到焊件上的现象	正常情况下 CO_2 气体保护电焊机的送丝电动机接入电源时能立即转动送丝,当切断电源时,应立即停止转动。但是,由于电动机转子的转动惯性,在无措施的情况下并不能立即停转,必然要维持一段时间才能停止转动。焊接中的送丝电动机,当停止焊接时要求电动机马上停转,这就需要采取制动措施 该故障正是由于送丝电动机无制动电路,或制动电路失效造成的。常见的 CO_2 气体保护电焊机的送丝电动机制动电路如图 6-10 所示 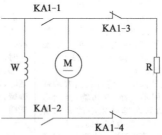 图 6-10 送丝电动机制动电路 电焊机送丝时,继电器 KA 工作,常开触点 KA1-1 和 KA1-2 吸合,接通电动机 M 电路,常闭触点 KA1-3 和 KA1-4 断开,切断制动电阻 R 电路,使电动机接成励磁形式,电动机转动,同时正常送丝 当需要停止送丝时,继电器 KA 断电,常开触点 KA1-1 和 KA1-2 断开,电动机 M 电枢断电;常闭触点 KA1-3 和 KA1-4 将电阻接入制动电路,因惯性电枢继续旋转,这时电动机 M 变成他励发电机。电枢电流方向相反,发电机的电动势使电动机的电磁转矩与电动机的转动方向相反,起到制动作用,使电动机很快停止转动 由此可知,在图 6-10 所示的制动电路中,若电阻 R 烧断或接头断线,或继电器 KA 常闭触点失灵(触点烧损),或制动电路导线断头等都会使制动电路失效,使电动机不能立即停止	首先检查该电焊机是否有制动电路 NBC-250 型 CO_2 半自动直流电焊机电气原理图中没有设置该制动电路,则应按图 6-10 组装上制动电路。如果电焊机已有制动电路,则应按上述程序检查并进行处理 ①检查制动电阻 R 是否是电阻丝烧断。如发现电阻已烧断,则应更换新的同型号、同规格的电阻 ②检查继电器的常闭触点闭合时是否可靠。对烧坏的触点应进行更换或更换其整个继电器 ③检查制动电路的各段导线是否有断头、掉头。如果查找出有断头、掉头,应立即接好并焊牢或更新导线 经过上述处理故障可以消除

故障现象	故障分析	故障处理方法
电焊机在工作中送丝电动机转速突然增加，飞转起来，同时电动机还有过热现象	该故障是由于送丝电动机突然无磁场(失磁)产生的结果。这种现象称为"飞车"。因为直流电动机运转起来以后，电动机内产生反电动势与外加给电动机(电枢)的电压相平衡，而此反电动势 E 的大小与电动机定子的磁通 Φ、电动机(电枢)的转速 n 及电动机的结构常数 C 成正比，即 $E=C\Phi n$ 　　由此可知，直流电动机的转速应为 $n=E/C\Phi$，即转速与电动机磁场的磁通成正比。磁通越大，转速越小；反之，磁通越小，则转速越大。但是，磁通不可为零($\Phi=0$)即无磁通，由公式可知，$\Phi=0$，则 $n=\infty$，电动机飞转，这是很危险的。一般小型直流电动机使用时不注意就容易产生上述故障。该电焊机的送丝电动机有四个接线端子，其中两个接磁场励磁绕组，两个接电枢。在使用中若出现磁场线掉头、漏接等都会使磁场无磁，进而导致电动机飞转 　　送丝电动机励磁绕组电路断路，或励磁供电线路无直流电压，例如整流器坏了、变压器损坏、熔断器烧断、继电器触点失灵，都可促成这种故障产生	找出故障处，予以更换元件，接好电路，电动机便可正常运转了
一台 CO$_2$ 气体保护电焊机正常工作中突然送丝不均匀	CO$_2$ 气体保护电焊机突然送丝不均匀是由以下原因造成的： 　　①送丝机的送丝轮或是压紧轮有严重磨损，使送丝轮的沟槽磨深，或深浅不一致；作为压紧轮的滚珠轴承的外圆表面也磨成深沟 　　③压紧轮的弹簧已失效，没有弹力和压力了 　　④送丝机齿轮箱内的转动齿轮和蜗杆、蜗轮有严重磨损 　　⑤送丝电动机控制电路故障，致使电动机有间歇性转动或时快时慢，促成送丝不均匀 　　⑥焊枪的导电嘴内径过小或过大 　　⑦软管内径过大，使焊丝在输送时中间有曲折现象，也造成送丝不均匀等	送丝轮及压紧轮有磨损严重时应更换；压紧轮弹簧失效的应更换新的弹簧；送丝机齿轮箱磨损严重，应重新更换减速器；电路故障应调整检修电路或更换电路元件；焊枪及导电嘴不好的，应更换新的导电嘴及焊枪；导丝软管孔径过大或过小时应更换导丝软管，导丝软管内径直径 $D=1.8d$ (mm)，如 0.8mm 的焊丝，可选用 1.44mm 导丝软管

(三) 日本大阪 X 系列 （XⅢ-500PS） CO_2 半自动直流电焊机故障维修实例

日本大阪 X 系列（XⅢ-500PS） CO_2 半自动直流电焊机故障现象、原因及故障排除方法见表 6-16。

表 6-16　故障现象、原因及故障处理方法

故障现象	故障原因	排除方法
当该机送电后，FIL 电源指示灯不亮，风机也没有转动，按启动 SB1 时，KM 接触器也不吸合	①主要是供电电源回路有问题 ②变压器 T2 损坏或供电回路熔断器（FU7、FU8）损坏 ③熔断器 FU_2 损坏或者是 PCB/P7204J 主接触器控制（板）回路有故障 ④焊接电源控制开关 S1 有问题	①检查供电回路，如是电源问题立即进行处理 ②检查是变压器 T2 损坏或供电回路熔断器（FU7、FU8）损坏，对损坏的变压器应进行修理或更换，对损坏的熔断器应按原规格进行更换 ③对损坏的熔断器按原规格进行更换；检查并处理 PCB/P7204J 主接触器控制（板）回路 ④对焊接电源控制开关 S1 修理或更换
该机送电后，FIL 电源指示灯亮，焊接电源控制开关 S1 已合，但风机没有转动，按启动 SB1 后电焊机没有工作	①说明电源正常，风机有故障或损坏 ②焊接电源控制开关 S1 有问题	①检查风机排除故障（断线、掉头、电机线圈损坏），需要大修时，一定要按标准进行大修 ②对焊接电源控制开关 S1 修理或更换
在工作中电弧燃烧不稳故障	①电焊机中的导电嘴与导电杆螺钉接触不良 ②所用（选型）导电嘴孔径不对 ③使用时间比较长，导致导电嘴孔径磨损 ④焊丝干伸长太长 ⑤电焊机电缆损坏或与焊枪连接处接触不良 ⑥焊接规范（使用的标准）不合适 ⑦焊丝质量差，不符合要求 ⑧送丝速度不稳所致，或调节 RP3 电位器接触不良使给定电压升高，造成 VT4、VT7 的触发脉冲前移，使送丝电动机的端电压和转速不稳等原因 ⑨送丝轮槽磨损太严重 ⑩压紧轮压力太小或太大	①更换新的导电嘴 ②更换合适孔径的导电嘴 ③检查清理后紧固 ④降低焊枪离工件的距离 ⑤修复、更换电缆线紧固件连接螺钉 ⑥调整焊接规范 ⑦更换合格的焊丝 ⑧调整送丝机，更换不良的 RP3 电位器 ⑨更换新送丝轮 ⑩调整压力至适当

续表

故障现象	故障原因	排除方法
在设备焊接时飞溅太大	①焊接规范选择不当 ②焊丝直径的选择开关不对（不合适） ③供电电压波动太大 ④焊件或焊丝灰尘、油污、水、锈等杂物过多 ⑤焊丝质量不好 ⑥电焊机内电路板有故障 ⑦电缆线正负极接反 ⑧焊枪太高,干伸长太长	①调整规范(使焊接电流、电压、焊速搭配得当) ②将开关扳到正确位置 ③控制电压波动:加稳压器;变压器单独供电;避开用电高峰 ④清理杂物 ⑤更换好的焊丝 ⑥修理或更换电路板,如果更换新的控制电路板一定要更换同型号、规格的 ⑦调整正负极电缆线 ⑧降低焊枪高度
焊件焊缝收弧不好	①收弧规范不当 ② 收弧时间调节旋钮位置不对 ③CO_2 气流太大 ④焊枪位置太低 ⑤下坡量太大	①仔细调整收弧规范 ②调节旋钮位置至合适处 ③减少 CO_2 气体流量 ④适当提升焊枪 ⑤减小下坡量
焊件的焊缝产生大量气孔	①CO_2 气体纯度不够 ②气体流量不足 ③ 气体压力低于 $1kgf/cm^2$ $(1kgf/cm^2=98.0665kPa)$ ④焊丝伸出导电嘴太长 ⑤焊丝焊道有油锈水、飞溅剂等 ⑥CO_2 气阀损坏或堵塞 ⑦飞溅物堵塞焊枪出气网孔或喷嘴 ⑧电磁阀线圈无电 ⑨CO_2 橡皮管漏气 ⑩减压阀或气瓶出口被冻住(冬天常见)	①使用纯度高于 99.5％的 CO_2 气体 ②调好(加大)气体流量 ③换新气瓶 ④降低焊枪高度 ⑤清理焊道 ⑥更换或修理 CO_2 气阀 ⑦清理飞溅物,使用防飞溅剂或换新焊枪 ⑧检查气阀电源及线路 ⑨更换或修理橡胶管 ⑩检修加热器,使用可靠性较高的加热管
送丝机不送丝,形不成焊逢	①送丝电源熔丝烧坏 ②遥控盒与电焊机连接电缆线断线或接触不良 ③送丝板工作不正常 ④程序控制板 P7539Q 损坏 ⑤送丝机变速机构损坏 ⑥送丝机电刷磨损严重 ⑦送丝机电枢烧坏 ⑧压紧轮压力太大 ⑨焊丝与导电嘴烧坏 ⑩未开电焊机	①更换熔丝(管) ②修复电缆,拧紧插头 ③修复或更换送丝板 ④修复或更换同型号、规格的控制板 ⑤修复、更换变速机构或送丝机 ⑥更换新电刷 ⑦更换新送丝机或重绕电枢 ⑧减少压力(松开及扣紧螺丝) ⑨清理或更换导电嘴(减少返烧时间) ⑩打开电源开关

故障现象	故障原因	排除方法
焊接时总焊偏	①焊枪位置不对 ②导电嘴孔径为椭圆 ③工件船形大小不合适 ④轮辐高度不一致	①调整好焊枪位置 ②更换新导电嘴 ③调整工作台角度或焊枪角度 ④车削轮辐爪平面,检查轮辐冲床或模具
焊件焊缝咬边	①焊枪位置不当 ②焊接工作台角度不合适 ③焊枪角度不合适 ④焊接规范不对 ⑤工件放不到位 ⑥轮辐与胎具间隙太大 ⑦轮辐高度不一致	①调整焊枪位置 ②调整工作台角度 ③调整焊枪倾斜机构 ④调整焊接工艺参数 ⑤固定胎具尺寸不合适:清理工作台面焊渣;轮辐大孔磨平毛刺 ⑥加大胎具尺寸;反映给轮辐制造者检修冲床或模(刀)具 ⑦车削轮辐爪平面;检修轮辐加工冲床
焊件出现未焊透现象	①焊接规范参数选择太小 ②焊枪位置及倾角不对 ③电焊机容量小 ④电网电压低	①加大规范参数(特别是电流) ②调整焊枪位置及倾角 ③更换大容量电源 ④暂停焊接,待网压高时再焊
出现引弧收弧处后移现象	①焊枪位置沿圆周周向移动 ②调速电机制动性能变差	①调整焊枪位置 ②更换制动系统;修改控制程序,增加制动时间;提高刹车用气压
焊件出现裂缝问题	①焊接速度太快 ②焊接电流太小 ③弧坑未填好 ④焊材含 S、P 杂质过多 ⑤轮辐轮辋装配间隙大	①降低焊接速度 ②提高焊接电流 ③调整收弧规范 ④选用合适焊丝 ⑤告知装配工序,提高装配质量
焊件出现焊缝凹陷现象	轮辐轮辋间隙大	①减少间隙 ②先手工再自动焊 ③补焊至平焊
工作时,时不时发生焊件焊穿	①转台转速太慢或不转 ②焊接规范参数太大(选择不对) ③内焊枪偏到轮辋上,外焊枪偏到轮辐上	①调速旋钮置于适当位置(不能置于零位),检修调速电机控制板 ②减小焊接规范参数 ③调整焊枪位置
在工作过程中焊件上出现引弧处成形不良现象	①引弧处有油锈等杂质 ②焊丝干伸长太长 ③工作台转速太快 ④电焊机工作不稳定	①清理工件杂质 ②减小焊丝干伸长 ③降低工作台转速 ④检查 Q7541R 焊接控制程序电路,增加引弧控制程序
焊件的焊缝有金属溢出	①下坡量太大 ②焊枪偏向轮辐太多 ③焊速太慢	①减小下坡量 ②调整焊枪位置 ③提高焊接速度

第二节 等离子焊接切割机的结构与维修

一、等离子切割机基本原理

等离子焊接切割机一般有以下两种起弧方式。

1. 接触起弧

接触起弧是指把与极针绝缘的喷嘴贴在工件（连接切割电源正端）上，然后把高频高压电流加到连接电源负端的电极针（钨针），使极针喷出电弧，电弧在电压、气压、磁场作用下形成等离子弧，通过大电流维持等离子弧稳定燃烧，然后稍抬高喷嘴（避免炽热的工件损坏喷嘴），开始切割。其工作过程简图如图 6-11 所示，这种切割方式多适用于小电流（小功率）的切割机。

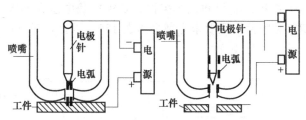

图 6-11　接触起弧工作过程简图

2. 转移起弧（维弧式）

转移起弧是指把电源正端通过一定的电阻和继电器开关连接到喷嘴上，使得极针与喷嘴间形成电弧（由于有电阻限流，电弧较小），然后把喷嘴靠近直接连接电源正端的工件上，极针与工件间便形成能量更大的电弧，电弧被压缩后形成等离子弧，而喷嘴与电源正端的连接被断开，开始切割。如图 6-12 所示为其工作过程简图，转移起弧切割方式

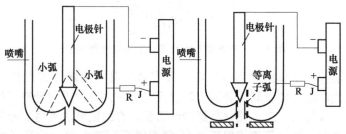

图 6-12　转移起弧工作过程简图

可以避免电弧在气压的作用下偏离喷嘴中心而损坏喷嘴。此种方式适用于大功率切割机。

转移起弧要求先在极针上喷嘴间产生小电弧，然后靠近工件产生等离子弧，通以大电流维持电弧稳定后断开用于起弧的高频高压电流以及小电弧。

二、通用焊接切割电动机电路分析

等离子切割需要陡降外特性的直流电源，其电源的空载电压要高，一般为150～400V，切割电源有专用的切割电源和通用的整流器型电源两种类型。

1. 通用的整流器型电源

整流器型等离子切割机电气原理如图6-13所示。等离子弧要求电源与一般电弧焊电源相同，具有陡降的外特性。但是，为了便于引弧，对一般等离子焊接、喷焊和堆焊来说，要求空载电压在80V以上；对于等离子切割和喷涂，则要求空载电压在150V以上，对自动切割或大厚度切割，甚至高达400V。

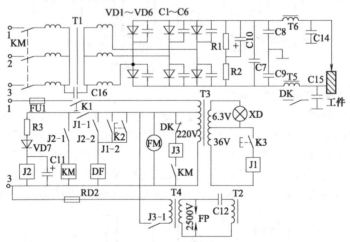

图6-13　整流器型等离子切割机电气原理图

目前等离子弧所采用的电源，大多数为具有陡降外特性的直流电源。这些电源有的就利用普通旋转直流电焊机，有的采用硅整流的直流电焊机。根据某种工艺或材料焊接的需要，有的则要求垂直下降外特性的直流电源（微束等离子焊接），有的则需要交流电源（等离子粉末喷焊、用微弧等离子焊接铝及铝合金）。

2. 专用的切割电源

专用的切割电源如 ZXG2-400 型弧焊整流器，其空载电压为 300V，额定电流为 400A。LG-400-1 型等离子切割机的电源就是选用这种类型的弧焊电源。LGK40/60 等离子切割机电路如图 6-14 所示。

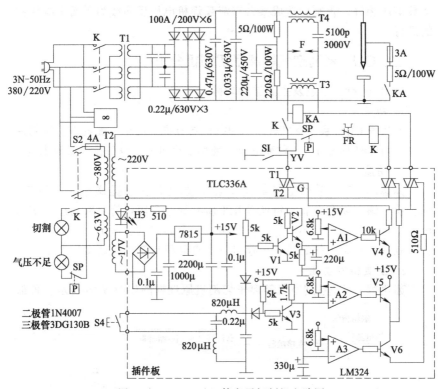

图 6-14　LGK40/60 等离子切割机电路图

目前，国产等离子弧电源的品种日益增多。按额定电流分为 100A 及 100A 以下，250A、400A、500A 和 1000A 等类型。前两种主要用于空气等离子切割。其中，100A 以下的也有晶体管逆变式的，还开发出了小电流等离子弧切割和焊条电弧焊两用逆变式电源。

在没有专用等离子切割电源时，可以将两台以上的直流弧焊机或整流弧焊机串联起来使用以获得较高的空载电压。一般当两台焊机串联时，切割厚度可达 40～50mm，三台焊机串联时，切割厚度可达 80～100mm。

直流弧焊机的串联运用比较简单，也不必要求是同一型号的焊机，只要是陡降外特性，工作电流又在额定值范围内就可以。串联的方法是用电缆将前一台的"＋"和后一台的"－"连接起来，最后剩下的一个"＋"端和一个"－"端分别接到工件和割炬上。需要说明的是，当用AX1-500型直流弧焊机串联作等离子切割电源时，应调整到每台焊机空载电压相等，否则会造成某台直流弧焊机电压反向或为零而影响切割的进行。

三、CUT 系列空气等离子切割机分析

（一）特点、用途及主要结构功能

1. 特点

苏达牌 CUT 系列空气等离子切割机具有操作简单、能耗省、切割速度快、切口窄而光滑、工件变形小、使用安全可靠、设备投资低等优点。

2. 用途

苏达牌 CUT 系列空气等离子切割机是各种普通碳钢、不锈钢、铝、钛、镍、复合金属、铸铁等几乎所有导电金属板管材料的理想切割设备，可广泛用于船舶修造、车辆制造、金属结构、锅炉、压力容器及管道制造、轻工机械制造、医疗机械及食品机械制造等诸多行业中。

3. 主要结构功能

苏达牌 CUT 系列空气等离子切割机原理框图如图 6-15 所示。各部

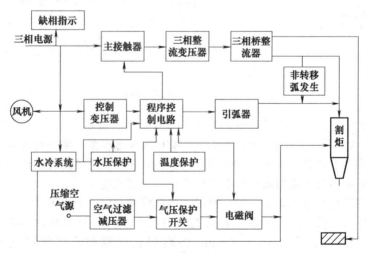

图 6-15　苏达牌 CUT 系列空气等离子切割机原理框图

分主要功能见表 6-17。

表 6-17　苏达牌 CUT 系列空气等离子切割机主要功能

类别	说　明
主接触器	控制切割主电源的启动和停止
三相整流变压器	将三相输入交流电变换成所需要的交流电
三相桥整流器	将三相整流变压器输出的交流电变换成切割所需要的直流电
引弧器	产生用以引燃等离子弧的高频高压
控制变压器	提供控制电路所需的电压
程序控制电路	按规定程序控制主电源工作、压缩空气通气、等离子弧引燃、切割气体延时关闭等过程
温度保护	当主机尤其是三相整流变压器切割时间过长、温度过高时,保护部立即动作,使主机处于停机状态(故又称过温保护)
非转移弧发生	用以发生非接触引弧时所需要的非转移弧电能
过滤减压器	把输入压缩空气中的水分、油分过滤干净,并将供入机内的空气压力降低和稳定在 0.455MPa 左右
气压开关	当输入压缩空气压力降低至 0.25MPa 时,为保护主机和割炬不受损坏所设置的自动保护关机电路
电磁阀	控制输入压缩空气的开启和关闭
割炬	用以发生等离子弧束
水冷系统	用以冷却割炬相互间产生的余热
水压保护	当循环水工作不正常时,使主机处于自动保护关机状态

(二) 工作原理及主要技术参数

1. 工作原理

苏达牌 CUT 系列空气等离子切割机工作原理如图 6-16 所示。

接通输入三相电源和输入压缩空气源,打开主机"电源"开关及割炬开关,电磁阀导通,压缩空气经过空气过滤减压器过滤并减压后,流经电磁阀,至割炬,并从喷嘴中喷出,约延时 0.2s 以后,主接触器吸合,三相变压器通电工作,变压后的交流电输入三相桥式整流电路,使其成为直流电,供割炬发生等离子弧束用。与此同时,引弧器及非转移弧发生器开始工作,产生引弧时所需要的高频高压电,引弧时间 0.5～1s。当等离子弧引弧成功,割炬喷嘴中喷出高温高速的等离子弧,在喷嘴的机械压缩效应、弧的热收缩效应和磁感应的作用下,形成直径很细的等离子弧束,将工件局部迅速熔化,而高速的气流将熔化的金属吹离基体,形成切口,完成切割过程。切割完毕,关闭割炬开关,压缩空气延时喷出一段时间后,自动停止。

为加快主机的散热速度,机内设有冷风扇,用以冷却主变压器及主机的热量,为防止主机过热而损坏三相整流变压器,机内设有温度保护

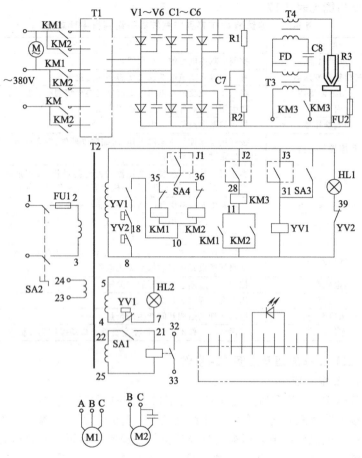

注：SA1（控制器接口）在控制把上。

图 6-16　苏达牌 CUT 系列空气等离子切割机工作原理图

电路。为保证割炬工作正常，机内还设有气压不足保护停机机构。

　　该机在切割厚板时，一般情况下采用水冷式割炬切割。此时，水冷系统内循环开始工作，用以冷却割炬及电极，提高耐用度。

　　为使水冷割炬不致缺水损坏，机内设置水压不足指示及保护电路。当水冷系统水压低于下限值时，自动保护关机。

　　等离子切割机工作过程曲线如图 6-17 所示。

2. 技术参数

　　苏达牌 CUT 系列空气等离子切割机技术数据见表 6-18。

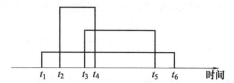

图 6-17　苏达牌 CUT 系列空气等离子切割机工作过程曲线

$t_1 \sim t_6$—压缩空气喷出时间；$t_3 \sim t_5$—切割时间；$t_2 \sim t_3$—引弧时间

表 6-18　苏达牌 CUT 系列空气等离子切割机技术数据

机型 （CUT 系列）		单机								并机					
		15	40	60	100	120	160	200	250	60 120	80 120	100 200	120 250	160 315	200 100
输入电流/A		8	12	20	30	42	62	80	86	20	30	32	42	62	80
切割厚度 /mm	碳钢、不锈钢、铸钢	0.1～3	0.3～120	0.2～22	1～32	1～42	1～55	1～65	1～80	0.5～42	1～55	1～65	1～80	1～95	1～115
	铝	0.1～2	10	16	25	32	40	50	60	32	40	50	60	70	80
	铜	0.1～2	6	12	16	20	26	30	38	20	26	30	38	45	55
外形尺寸 /cm	长	40	64	64	64	115	115	115	115	64	64	64	115	115	115
	宽	30	44	44	44	64	64	64	64	44	44	44	64	64	64
	高	22	58	58	58	77	77	77	77	58	58	58	77	77	77
质量/kg		15	85	115	160	260	310	345	360	115×2	140×2	160×2	260×2	310×2	345×2
输入交流电压/V		380±10%													
频率、相数		50Hz 三相													
交流空载电压/V		220	165	170	190	230	240	250	255	170	175	190	230	240	250
直流工作电压/V		100	90	100	110	130	130	140	140	100	105	110	130	130	140
直流工作电流/A		15	40	60	100	120	160	200	250	120	160	200	250	315	400
持续工作率/%		70													
计算周期/min		60													
空气压力/MPa		0.5													
空气流量/(L/min)		300													

（三）安装与操作过程

1. 安装注意事项

苏达牌 CUT 系列空气等离子切割机的安装注意事项如下：

（1）将主机的输入电源线接入相应的供电线路，并按用电有关规定安装保护装置。供电线路容量应参考技术参数，输入交流电压不低于

380V，电源输入为三相四线制，安全接地线必须可靠接地，以保证安全。

（2）主机外壳后背有一安全接地螺钉，必须按用电有关规定可靠接地。

（3）在主机后背"空气过滤减压器"的输入连接口上，接通输入压缩空气，请注意空气压力不低于 0.45MPa，流量不小于 300L/min。

（4）把主机用垫块垫高，空间高度不小于100mm。

（5）将主机上"切割地线"夹头夹紧在工件或与工件导电良好的金属上。

（6）安装好割炬，并注意一定要拧紧各连接螺母及接口，不得松动。

（7）水箱中加满洁净的自来水，并将水泵电源线插头插在主机后面板上对应的插座中。

（8）单机安装参考图 6-18，其中 CUT40、60、100 型无冷却水箱。

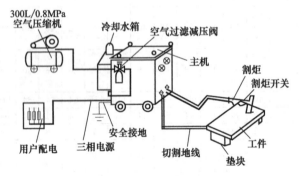

图 6-18　单机安装示意图

（9）CUT60、90、100、120 型并机安装参考图 6-19、图 6-20，其

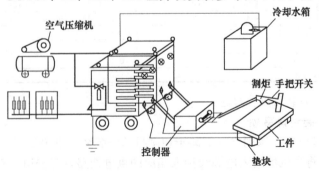

图 6-19　CUT60、90、100 型并机安装参考图

中 CUT40 型无切厚选择开关、冷却水泵，CUT60 型无冷却水泵。

（10）CUT120 型以上安装参考图 6-20。

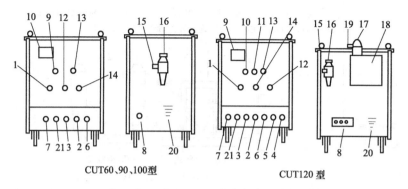

CUT60、90、100型　　　　　　CUT120 型

图 6-20　CUT60、90、100、120 型并机安装参考图

1—电源开关；2—保险插座；3—控制口；4—出水口；5—进水口；6—输出接口；7—非转移弧接口；8—电源输入法；9—输入交流电压表；10—电源指示灯；11—水压不足指示；12—切厚选择开关；13—气压不足指示；14—试气开关；15—进气接口；16—空气过滤减压阀；17—冷却水泵；18—冷却水箱；19—接线盒；20—接地螺栓；21—切割地线

2. 操作过程

苏达牌 CUT 系列空气等离子切割机的操作过程见表 6-19。

表 6-19　苏达牌 CUT 系列空气等离子切割机的操作过程

类别	说　　明
准备工作	①按图 6-18 所示连接设备，并仔细检查，若一切正常，即可进行下一步操作 ②闭合供电开关，向主机供电。当三相供电正常后，主机内冷却风扇应按箭头所指方向转动。若转动方向相反，应将输入三相电源相位调换任意两相，即能改变转向 ③将主机面板上电源开关置于"开"的位置，此时，电源开关灯应点亮 ④主机供气，并置于"试气"位置。此时割炬喷嘴中应喷出压缩空气。试验 3min，此间，气压不足红灯不应点亮，检查空气过滤减压器上压力表指示值不应低于 0.45MPa，否则，表明气源压力不足 0.45MPa，或流量不足 300L/min，也可能是供气管路内孔太小，气压降太大。若存在上述问题，应检查解决。另外请注意空气过滤减压器是否失调，若失调，应重新调整。调整方法为：顺时针方向旋转手柄，压力增高，反之则降低。将压力表上的指示值调至 0.45MPa，若供气正常，气压不足的指示灯熄灭。这时，请将切割、试气开关置于"切割"位置 ⑤打开主机电源开关观察冷却水泵转向是否合乎规定，若转向相反，应调整水泵电源相序。水泵转向合乎要求后，检查水箱回水管道口回水是否正常，如回水顺利，表明循环水冷系统工作正常(此刻水压不足指示灯点亮)

类别	说　明
手动非接触式切割	①将割炬滚轮接触工件,喷嘴离工件平面间距调整至 3～6mm,如图 6-21(a)所示。主机上切厚选择开关置于高挡,接近工件 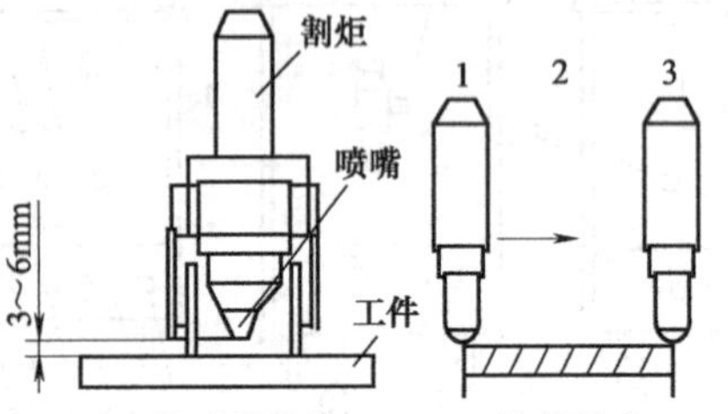 (a) 非接触式　　　　　(b) 接触式 图 6-21　手动切割 ②开启割炬开关,引燃等离子弧,切透工件后,向切割方向匀速移动。切割速度以切穿为宜,太快则切不透工件,而太慢将影响切口质量,甚至产生断弧现象 ③切割完毕,关闭割炬开关,等离子弧熄灭,这时,压缩空气延时喷出,以冷却割炬,数秒后,自动停止喷出。移开割炬,完成切割全过程
手动接触式切割	①切割选择开关置于低挡,单机切割较薄板材时使用,如图 6-21(b)所示 ②将割炬喷嘴置于工件被切割起始点。开启割炬开关,引燃等离子弧,并切透工件,然后,沿切缝方向匀速移动即可 ③切割完毕,关闭割炬开关,此时,压缩空气仍在喷出,数秒后,自动停止喷出。移开割炬,完成切割全过程
自动切割	①自动切割采用非接触式切割方式,切割选择开关至于高挡 ②把割炬滚轮卸去后,按图 6-22(割炬与半自动切割机连接图)所示方法连接紧固,随机附件中备有连接件 ③把半自动切割机电源连接妥,根据工件形状,接好导轨或半径杆(若为直线切割,应采用导轨;若切割圆或圆弧,则应该选择半径杆) ④将割炬开关航空插头拨下,换上遥控开关插头(随机附件中备有) ⑤根据工件厚度,调整合适的行走速度。并将半自动切割机上"倒""顺"开关置于切割方向 ⑥将喷嘴与工件之间距离调整至 3～6mm,并将喷嘴中心位置调整至工件切缝的起始点上 ⑦开启遥控开关,切穿工件后,开启半自动切割机电源开关,即可进行切割。切割的起始阶段,应随时注意切缝情况,调整至合适的切割速度 ⑧切割完毕,关闭遥控开关及半自动切割机电源开关。至此,完成切割全过程

续表

类别	说 明
自动切割	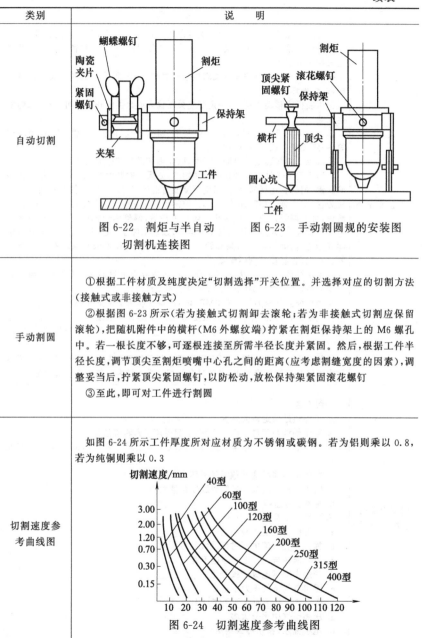图 6-22 割炬与半自动切割机连接图　　图 6-23 手动割圆规的安装图
手动割圆	①根据工件材质及纯度决定"切割选择"开关位置。并选择对应的切割方法（接触式或非接触方式） ②根据图 6-23 所示（若为接触式切割卸去滚轮;若为非接触式切割应保留滚轮），把随机附件中的横杆（M6 外螺纹端）拧紧在割炬保持架上的 M6 螺孔中。若一根长度不够，可逐根连接至所需半径长度并拧紧。然后，根据工件半径长度，调节顶尖至割炬喷嘴中心孔之间的距离（应考虑割缝宽度的因素），调整妥当后，拧紧顶尖紧固螺钉，以防松动,放松保持架紧固滚花螺钉 ③至此，即可对工件进行割圆
切割速度参考曲线图	如图 6-24 所示工件厚度所对应材质为不锈钢或碳钢。若为铝则乘以 0.8，若为纯铜则乘以 0.3

图 6-24 切割速度参考曲线图

类别	说　明
切割注意事项	①为降低能耗,提高喷嘴及电极寿命,当切割较薄工件时,尽量选择低挡 ②当切厚选择开关位于高挡时,宜采用非接触式切割(特殊情况除外),并优先选择水冷割炬 ③当必须调换切厚选择开关高挡或低挡时,一定要关断电源开关后才可操作,以防损坏机件 ④当装拆或移动主机时,一定要先关断输入电源供电开关方可进行,以防发生危险 ⑤当装拆主机上任何附件时(如割炬、切割地线、电极、喷嘴以及其他零件等)一定关断主机上的电源开关 ⑥避免反复快速地开启割炬开关,以免损坏系统或相关元件 ⑦当需要从工件中间开始引弧切割时,如果工件厚度22mm以下(指不锈钢或碳钢,如是其他材质,应按切割厚度能力适当减低),可以直接穿孔切割。方法为:把割炬置于切缝起始点上,并使割炬喷嘴轴线与工件平面约呈75°夹角,然后,合上割炬开关,引弧穿孔。切穿工件后,调整割炬轴线与工件平面之间角度为垂直,进入正常切割状态。但是,如果工件厚度超过22mm时需要从中间开始切割,则必须在切割起始点上转一小孔(直径不限),从小孔中引弧切割。否则,容易损坏割炬喷嘴 ⑧主机持续率70%,若连续工作过长而导致温度过高时,温度保护系统将自动关机,必须冷却20min左右才能继续工作 ⑨当压缩空气压力低于0.3MPa时,设备立即属于保护关机状态,此时应检修供气系统,排除故障后,压力恢复0.45MPa时方能继续工作;当水冷系统循环不良时,主机将处于停机保护状态,此时应检查解决,须将水压恢复正常后,水箱回水口回流顺畅,方能继续使用水冷割炬 ⑩每五件4～8h(间隔时间应视压缩空气干燥度定),应将空气过滤减压器放水螺钉拧紧排放净积水,以防过多的积水进入机内或割炬内引起故障
切割中常见问题及原因	①切不透 a. 工件超过额定最大厚度 b. 割炬轴线与工件平面不垂直,引起等离子弧轨迹过长 c. 压缩空气压力不正常。空气过滤减压器上压力表指示值应在0.45MPa左右 d. 割炬电极喷嘴或其他零件损坏 e. 输入三相交流电压过低或线径容量太小 f. 喷嘴型号差错 ②等离子弧弧束不稳定 a. 割炬移动速度过慢 b. 输入三相交流电压过低或线径容量太小 c. 切割地线与工件之间导电不良 d. 割炬中喷嘴电极烧损严重 e. 压缩空气供气压力不正常 f. 喷嘴离工件平面之间距离过大 g. 压缩空气中水分太多 h. 电极漏水(指水冷式割炬)

（四）割炬安装、维护及零件更换

1. 割炬更换

注意：割炬装拆及零件更换以前，一定要把主机电源开关置于"关"的位置。

（1）割炬零件安装顺序可参照图 6-25。安装时请注意：分配器不

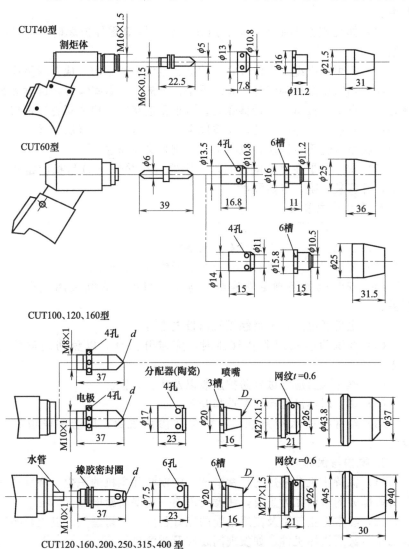

图 6-25　割炬零件安装顺序示意图

能装反，压帽一定要拧紧，但不能使用扳手，过大的压力易将分配器压碎。形圈是水冷式割炬专用件。

（2）喷嘴的中心孔烧损到一定程度而影响切缝质量时，应及时更换。

（3）电极损耗至减短 4mm 左右时，应及时更换，否则，可能损坏割炬。

（4）如发现割炬中保护套、压帽、分配器等零件损坏时，应及时更换。

（5）割炬的电缆、工作气管、护套、电线有破损时，应及时更换。

（6）当需要装拆割炬时，先卸下手把上的 M3 紧固螺钉，再拆去绝缘管，后拆下连接口及非转移弧线。再重新连接时，应注意各连接口不得松动，凡有裸露导电体处，应按原来样子，都包上绝缘胶带并套上绝缘管。胶带应包至少四层，以免引弧时割炬高压击穿。

（7）水冷割炬在更换电极时，一定要检查并保证 O 形橡胶密封圈完好，并安装正确，以防漏水。

2. 安全注意事项

（1）在未阅读和理解说明书以前，不得操作和维修设备。

（2）主机外壳一定连接好安全接地线。

（3）装拆或移动主机时，一定要切断输入电源开关。

（4）安装或更换割炬喷嘴电极等零部件时，必须关闭主机电源开关。

（5）主机通电后，不得触摸机内带电部位。

（6）在试验引弧用非转移弧时，应避开人体，以免伤到皮肤或人体。

（7）操作人员应穿戴好防护服装以及防护眼镜。

（8）切割时不准切换切厚选择开关。

（9）经常检查水冷系统，不得存在渗漏现象，以防漏电或损坏设备。

3. 维护与保养

（1）保持主机及割炬的日常清洁，定期清除主机的积尘，特别是高压引弧部分的清洁尤为重要，注意清理前一定要切断电源。

（2）经常检查气路及割炬电缆的完好程度，不得漏气，以免影响正常工作甚至损坏机件，如发现问题应及时解决。

（3）冷风机每年需加注 20 号机械油数滴。

（4）切割机在运输或转移中应防止强烈振动。

（5）每切割 4～8h，必须将空气过滤减压器里的积水排放净。

（6）冷却水箱应定期换水、清洗，以保证清洁。

（五）切割机故障检修

苏达牌 CUT 系列空气等离子切割机常见现象、故障原因及排除方法见表 6-20。

表 6-20　苏达牌 CUT 系列空气等离子切割机常见现象、故障原因及排除方法

故障现象	故障原因	排除方法
打开主机电源开关后,电源指示灯不亮	①电源指示灯坏 ②2A 熔丝坏 ③无输入三相 380V 电压 ④电源开关坏 ⑤控制板或主机坏	①更换指示灯 ②更换熔丝 ③检修电源 ④更换电源开关 ⑤检修或更换控制板
接通输入三相电源后,风扇不转,但电源指示灯亮	①输入三相电源缺相 ②风扇叶被异物卡住 ③风扇电源插头松动 ④风扇引线断 ⑤风扇损坏	①检查电源 ②清除异物 ③重新插好插头 ④接好引线 ⑤更换或检修风扇
接通三相输入电源后,电源指示灯亮,风扇正常转但开启试气开关后,割炬喷嘴中无气流	①无输入压缩空气 ②主机后背空气过滤减压器失调,压力指示表指示值为零,气压不足,指示红灯亮 ③试气开关坏 ④主机内电磁气阀坏 ⑤供气管道漏气或断路	①检修气源及供气管道 ②重新调整压力,顺时针方向转动空气过滤减压器手轮为增高,反之为降低 ③更换试气开关 ④检修或更换电磁气阀 ⑤检修供气管路
开启试气开关后,喷嘴中有气流,而当开启切割开关,闭合割炬开关后,却无气流喷出,也无主机程序动作	①切割开关坏或开关连线断 ②主机控制线路板损坏 ③主机控制变压器或相关线路及元件损坏 ④主机因气压不足、温度过高等原因处于保护停机状态 ⑤水冷系统工作不正常,或水箱、水源断水,引起水压不足,使主机处于保护停机状态	①更换或检修切割开关 ②检修主机线路板 ③检修主机变压器线路及元件 ④待气压恢复正常或主机温度恢复正常后即自行恢复正常 ⑤检查水冷系统
开启割炬开关,喷嘴中有气流,但高挡与低挡均不能切割	①输入三相电源缺相 ②空气压力不足 0.45MPa ③空气流量过小 ④切割地线夹头与工件间导电不良,或切割地线导线断线	①检修电源 ②将空气压力调至正常 ③增加空气流量至 300L ④重新夹紧或检修导线

故障现象	故障原因	排除方法
开启割炬开关,喷嘴中有气流,但高挡与低挡均不能切割	⑤割炬中喷嘴电极或其他零件损坏 ⑥切割方法不正确 ⑦割炬电缆断路 ⑧主机 FD 火花放电器间隙过大或短路 ⑨主机中相关部分线路或元件损坏 ⑩中控制线路板失调或损坏 ⑪割炬损坏	⑤更换新零件 ⑥应将割炬喷嘴置于工件切割起始点上后再开启割炬开关 ⑦更换电缆 ⑧重新调整钨棒间隙为 0.5～0.8mm,三钨棒型应当适当减少(允许两间隙相加等于 0.5～0.8mm) ⑨检修线路及更换元件 ⑩检修中控线路板 ⑪检修或更换割炬
接触式可以切割,但非接触式不能切割,试验非转移弧无火花喷出喷嘴	①15A 熔丝熔断 ②空气过滤减压器上指示过高 ③割炬中电极喷嘴或其他零件损坏 ④割炬受潮湿压缩空气水分含量大 ⑤引弧接口至割炬之间的导线断路 ⑥割炬损坏 ⑦非转移弧发生器系统有故障	①更换熔丝 ②将空气压力调至正常 ③更换损坏零件 ④将割炬进行干燥处理,并将压缩空气干燥处理后再通入机内 ⑤更换导线 ⑥检修或更换割炬 ⑦检修非转移弧发生器系统
切厚选择开关至于某一挡能切割,但另一挡不能工作	①切厚选择开关或导线坏 ②主机内交流接触器其中一只坏 ③整流主变压器坏或相关导线断路	①更换选择开关或导线 ②更换或维修接触器 ③维修变压器或更换导线
工作时电弧不稳定	①气压过低或过高 ②割炬喷嘴或电极烧损 ③输入交流电压过低 ④切割地线与工件导电不良 ⑤切割移动速度过慢 ⑥火花发生器不能自动断弧 ⑦主机中相关元件工作不正常	①重新调整气压 ②更换喷嘴或电极 ③调整输入交流电压 ④连接妥当 ⑤调整移动速度 ⑥正常时,开启割炬开关火花发生器放电时间应为 0.5s,然后自动停止,否则,表明控制线路板失调 ⑦检修控制线路或故障元件

续表

故障现象	故障原因	排除方法
切割厚度达不到额定指标	①输入三相电源达不到380V ②输入电源容量太小,切割时线压降太大 ③输入压缩空气压力太低或过高 ④输入压缩空气流量太小,工作时压力表显示值从正常下降至0.3MPa左右,停止工作关闭电源开关后,压力马上恢复正常 ⑤切厚选择开关所选择的挡位不合适 ⑥切割速度太快 ⑦工件材质差错 ⑧喷嘴损坏 ⑨电极已烧损 ⑩喷嘴型号不对 ⑪气路系统或割炬电缆破损漏气,这时喷嘴内空气流量明显减少	①调整输入电压 ②应加大输入容量 ③调整空气压力至0.45MPa ④加大输入压缩空气流量至300L/min ⑤调换至高挡 ⑥减慢切割速度 ⑦调整工件材质 ⑧调换喷嘴 ⑨更换电极 ⑩调换型号正确的新喷嘴 ⑪维修气路系统或更换电缆
切口偏斜	①喷嘴、电极已损坏 ②喷嘴、电极安装位置不同轴 ③切割速度过快 ④喷嘴轴线与工件平面不垂直	①更换喷嘴、电极 ②重新正确安装 ③适当减慢切割速度 ④调整解决不垂直
切口过宽,切口质量欠佳	①切割速度过慢 ②喷嘴、电极已烧损 ③工件材质、厚度与切厚选择开关位置不符 ④喷嘴型号不正确,内孔太大	①调整切割速度 ②更换喷嘴、电极 ③调整位置 ④调整不正确的喷嘴
割炬烧坏	①金属压帽未压紧 ②割炬导电连接处松动,电缆气管破裂、水冷割炬接口漏水 ③割炬接头处绝缘不良 ④割炬上陶瓷保护套损坏后未及时更换 ⑤压缩空气中水分过多	①更换电极、喷嘴后应及时压紧 ②及时检查解决 ③应保证连接处绝缘良好 ④应及时更换保护套 ⑤及时排放空气过滤减压器中积水,如果压缩空气中水分含量过多,应考虑加装过滤器
整流二极管经常烧坏	①二极管反向耐压太低 ②整流变压器损坏 ③割炬已损坏	①应选择反向耐压大于1200V的二极管 ②更换或维修整流变压器 ③更换割炬

四、KLG-A系列空气等离子切割机分析

1. 用途与性能特点

KLG-A系列空气等离子切割机是用普通电源，以压缩空气为工作气体，对多种导电材料进行任何形状切割的新型切割设备。利用等离子弧的高温迅速熔化金属并吹除而完成切割过程。经本机切割的各种碳钢、不锈钢、铝、铜板等金属材料可获得优良的切口和平整的表面。本机具有切割速度快、切口窄、变形小、易操作等优点。由于无须使用昂贵的气体，只需要压缩空气作气源，因而切割成本相应降低。

2. 结构

切割电源主要部件安装在电源箱底盘上，直立的安装板将电源分为前后两部分。前室装有主变压器；后室装有高频变压器、熔断器、电磁阀等控制元件。控制面板上装有控制开关及指示灯；后板外侧装有过滤减压阀。割炬气电管线及工作地线则由面板孔接出，使用十分方便。

3. 工作原理

等离子是加热到极高温度并被高度电离的气体，它将电弧功率转移到工件上，高热量使工件熔化并被吹掉，形成等离子弧切割的工作状态。

压缩空气进入割炬后由气室分配两路，即形成等离子气体及辅助气体。等离子气体弧起熔化金属作用，而辅助气体则冷却割炬的各个部件并吹掉已熔化的金属。

切割电源包括主电路及控制电路两部分，电气原理方框图如图6-26所示。

主电路由接触器，高漏抗的三相电源变压器，三相桥式整流器，高频引弧线圈及保护元件等组成，有高漏抗引起陡降的电源外特性。控制电路通过割炬上的按钮开关来完成整个切割工艺过程：预通气→主电路供电→高频引弧→切割过程→熄弧→停止。

主电路的供电由接触器控制；气体的通断由电磁阀控制；由控制电路控制高频振荡器引燃电弧，并在电弧建立后使高频停止工作。

4. 主要技术参数

(1) 输入电源：三相交流50Hz 380V正弦波。

(2) 额定负载持续率：80%。

(3) 压缩空气压力：0.2～0.4MPa。

(4) 其他技术参数见表6-21。

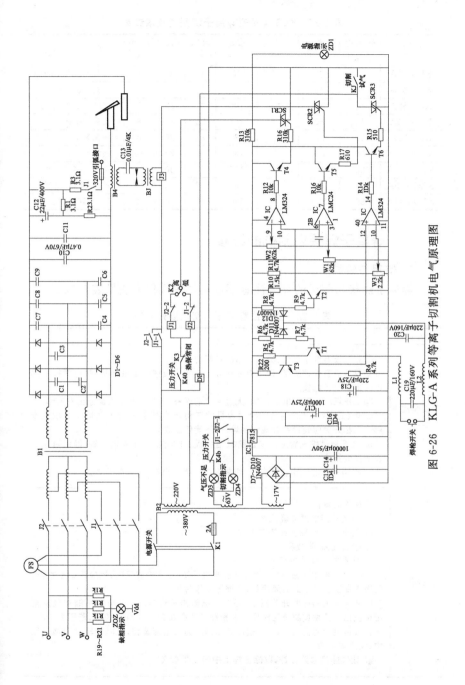

图 6-26　KLG-A 系列等离子切割机电气原理图

表 6-21　KLG-A 系列等离子切割机技术参数

型号	输入功率/kW	切割电流/A	空气压力/MPa	重量/kg	最大切割厚度/mm			外形尺寸/mm
					不锈钢	铝	铜	
KLG-30A	7	30		80	12	6	5	560×600×940
KLG-40A	9	40		85	15	8	3	560×600×940
KLG-50A	11	50	0.2~0.3	100	22	12	5	560×600×940
KLG-60A	13	60		105	25	14	6	560×600×940
KLG-80A	15	80		130	32	20	8	600×620×960
KLG-100A	20	100		135	35	22	10	600×620×960
KLG-120A	25	20		155	42	30	14	600×620×960
KLG-160A	35	60	0.3~0.4	260	52	40	18	600×750×1000
KLG-200A	50	200		350	67	50	22	700×1000×1150

五、等离子焊接切割机的维修

1. 使用与维护

等离子焊接切割机的安装注意事项与切割操作方法见表 6-22。

表 6-22　安装注意事项与切割操作方法

类别	说　明
安装注意事项	①安装设备置于干燥、清洁且通风良好的场所 ②设备应有保护接零,即将机壳部分与三相四线中的零线连接(带电源插头的产品出厂时已内接) ③工作场所电网供电应正常,无过度波动现象,否则设备无法保证正常工作 a. 电源进线与用户自备的合适容量的三相开关相接,三相开关应供切割机专用。三相开关应装设符合规定的熔丝,不能任意放大 b. 气体通过供气管道接到切割机箱后板上的过滤减压阀进气端,即面对压力表的左侧接头 c. 将切割机的工作地线夹头(切割电源正极输出端)夹持在工件上
操作	①操作准备: a. 检查外接电源准确无误 b. 检查工件地线已夹持在工件上 c. 接通气源,排放积水 d. 检查电源开关在断位 e. 闭合电网供电总开关,此时风扇开始工作,注意检查风向,风应该朝里吹,否则因主变压器得不到通风冷却,会缩短工作时间 f. 将面板上的电源开关扳到"通"位,电源指示灯亮。此时应有压缩空气从割炬中流出。注意过滤减压阀压力表指针是否在 0.2~0.4MPa 位置,若压力不符,应在气体流动的情况下,调节过滤减压阀压力表上部旋钮,顺时针转动为增加压力,反之则降低 g. 让气体流通数分钟,以除去焊炬中的冷凝水汽

类别	说　明
操作	②切割操作： a. 割炬与工件接触按下按钮即可切割。可以从工件边缘开始切割,板材厚度不大时,也可在工件任何一点开始切割。割炬可垂直于工件或向一侧略为倾斜,但在工件中间开口时,割炬应略向一侧倾斜,以便吹除熔化金属,割穿金属 b. 将手把按钮按下并保持主电路接通,同时高频振荡器工作,直至切割电弧形成,高频振荡器即停止工作。此后可依靠割炬的移动来进行切割。同时切割指示灯亮 c. 切割时必须割穿金属后方能均匀移动,否则将损坏喷嘴。移动速度过快或过慢将影响切割质量 d. 切割气压的调整。切割气压过高,流量过大,将影响切割厚度。切割气压过小将影响喷嘴的使用寿命 e. 提起割炬离开工件前,必须松开手把按钮,此时等离子弧熄灭,切割过程停止 f. 切割过程中,因割炬离开工件超过 2mm 而熄弧,则需重新起弧 g. 因连接工作时间太长造成主变压器温度超过 110℃时,热控保护开关动作,设备将自动关闭,无法启动,应待变压器冷却后可重新启动 h. 经常排除过滤减压阀中的积水,即逆时针旋转最下部螺钉,排除积水后再拧紧。若压缩空气中含水量过多,应考虑在过滤减压阀与气源间再加一只过滤阀,否则将影响切割质量 i. 未进行切割工件时,尽量少按动割炬按钮,以免损坏机件 j. 切割工件全部结束后,切断电源开关和气源阀

2. 故障与检修

等离子焊接切割机常见故障现象、原因与检修方法见表 6-23。

表 6-23　等离子焊接切割机常见故障现象、原因与检修方法

故障现象	故障原因	检修方法
合上电源开关电源指示灯不亮	①供电电源开关中熔断器断 ②电源箱后熔断器断 ③控制变压器坏 ④电源开关坏 ⑤指示灯坏	①更换 ②检查更换 ③更换 ④更换 ⑤更换
不能预调切割气体压力	①气源未接上或气源无气 ②电源开关不在"通"位置 ③减压阀坏 ④电磁阀接线不良 ⑤电磁阀坏	①接通气源 ②扳到"通"位置 ③修复或更换 ④检查接线 ⑤更换
工作时按下割炬按钮无气流	①管路泄漏 ②电磁阀坏	①修复泄漏部分 ②更换

续表

故障现象	故障原因	检修方法
导电嘴接触工件后按动割炬按钮工作指示灯亮但未引弧切割	①KT1 损坏 ②高频变压器坏 ③火花棒表面氧化或间隙距离不当 ④高频电容器 C7 短路 ⑤气压太高 ⑥导电嘴损耗过短 ⑦整流桥整流元件开路或短路 ⑧割炬电缆接触不良或断路 ⑨工件地线未接至工件 ⑩工件表面有厚漆层或厚污垢	①更换 ②检查或更换 ③打磨或调整 ④更换 ⑤调低 ⑥更换 ⑦检查更换 ⑧修理或更换 ⑨接至工件 ⑩清除使之导电
导电嘴接触工件按下割炬按钮切割指示灯不亮	①热控开关动作 ②割炬按钮开关坏	①待冷却后再工作 ②更换
高频启动后控制熔丝断	①高频变压器损坏 ②控制变压器损坏 ③接触器线圈短路	①检查更换 ②检查更换 ③更换
总电源开关熔丝断	①整流元件短路 ②主变压器故障 ③接触器线圈短路	①检查更换 ②检查更换 ③检查更换
有高频发生但不起弧	①整流元件坏(机内有异常声响) ②主变压器坏 ③C1~C7 坏	①检查更换 ②检查更换 ③检查更换
长期工作中断弧不起	①主变压器温度太高,热控开关动作 ②线路故障	①待冷却后再工作,注意降温风扇是否工作及风向 ②检查修复

参 考 文 献

[1] 孙景荣. 实用焊工手册. 北京：化学工业出版社，2007.
[2] 顾纪清. 实用焊接器材手册. 上海：上海科学技术出版社，2004.
[3] 徐越兰. 焊工简明实用手册. 南京：江苏科学技术出版社，2008.
[4] 刘春玲. 焊工实用手册. 合肥：安徽科学技术出版社，2009.
[5] 周振丰. 焊接冶金学. 北京：机械工业出版社，2001.
[6] 梁文广. 电焊机维修简明问答. 北京：机械工业出版社，1996.
[7] 张永吉. 电焊机维修技术. 北京：化学工业出版社，2010.
[8] 崔晋维. 怎样维修新型电焊机. 北京：中国电力出版社，2015.
[9] 张傅虎. 新型电焊机维修技术. 北京：金盾出版社，2011.
[10] 张永吉. 手把手教你修电焊机. 北京：化学工业出版社，2012.
[11] 张明霞. 电焊机维修技能快速学. 北京：化学工业出版社，2017.